Vermessungskunde

I

Fehlerlehre, Vermessungen und Berechnungen für großmaßstäbige Karten und Pläne, Nivellieren

von

Walter Großmann

und

Heribert Kahmen

16., völlig neu bearbeitete und erweiterte Auflage

mit 173 Figuren

1985

Walter de Gruyter · Berlin · New York

SAMMLUNG GÖSCHEN 2160

Dr.-Ing., Dr. E. h. *Walter Großmann* †
em. Professor an der Universität Hannover

Dr.-Ing. *Heribert Kahmen*
Professor an der Universität Hannover

Die Gesamtdarstellung umfaßt folgende Bände:

Band II: Winkel- und Streckenmeßgeräte, Polygonierung, Triangulation und Trilateration. 13., völlig neubearb. u. erw. Auflage 1983 (Sammlung Göschen Band 2161).

Band III: Trigonometrische und barometrische Höhenmessung, Tachymetrie und Abstecken von Geraden und Kurven; Ingenieurgeodäsie. 11., erw. Auflage 1979 (Sammlung Göschen Band 2162).

CIP-Kurztitelaufnahme der Deutschen Bibliothek

Grossmann, Walter:
Vermessungskunde / von Walter Grossmann u. Heribert Kahmen. – Berlin ; New York : de Gruyter
(Sammlung Göschen ; ...)
1. Grossmann, Walter: Fehlerlehre, Vermessungen und Berechnungen für großmaßstäbige Karten und Pläne, Nivellieren. – 16., völlig neubearb. u. erw. Aufl. – 1985
NE: Kahmen, Heribert [Bearb.]

Grossmann, Walter:
Fehlerlehre, Vermessungen und Berechnungen für großmaßstäbige Karten und Pläne, Nivellieren / von Walter Grossmann u. Heribert Kahmen. – 16., völlig neubearb. u. erw. Aufl. – Berlin ; New York : de Gruyter, 1985.
(Vermessungskunde / von Walter Grossmann u. Heribert Kahmen ; 1) (Sammlung Göschen ; 2160)
ISBN 3-11-010262-5
NE: Kahmen, Heribert [Bearb.]; 2. GT

Vorbemerkung

Verfasser der 1. bis 9. Auflage dieses Bandes I war Prof. Dr.-Ing. Paul Werkmeister. Mit der 10. Auflage (1958) übernahm Prof. Dr.-Ing. Walter Großmann die Bearbeitung und führte sie bis zur 15. Auflage fort. Nach seinem Tode brachte Prof. Dr.-Ing. Heribert Kahmen mit der nunmehr vorgelegten 16. Auflage den Stoff auf den neuesten Stand.

Die Bände Vermessungskunde I, II und III sind so geschrieben, daß sie für eine Einführung in das Vermessungswesen und nachfolgend für ein vertieftes Studium verwendet werden können. In erster Linie dienen sie als Fachliteratur für Studierende der Fachrichtungen Vermessungswesen, Kartographie, Bauingenieurwesen, Architektur, Raum- und Landesplanung, Geographie und weiterer Geowissenschaften. Bei der schnellen Fortentwicklung von Techniken und Methoden sollen sie all denjenigen eine Hilfe sein, die um ihre Fort- und Weiterbildung bemüht sind.

Besonderer Dank gebührt Herrn Hans-Jürgen Kramer für das Anfertigen vieler neuer Zeichnungen.

Inhaltsverzeichnis

Symbolverzeichnis

1. Meßwerte

L angezeigte oder abgelesene Distanz der mechanischen Längenmessung
h beobachteter Höhenunterschied auf einer Niv.-Station
Δh beobachteter Höhenunterschied zweier Festpunkte; $\Delta h = \sum h$
R Länge der Niv.-Strecke
L Länge der Niv.-Linie; $L = \sum R$
F Länge der Niv.-Schleife; $F = \sum R = \sum L$
z Zielweite beim Nivellement

2. Abgeleitete bzw. reduzierte Meßergebnisse

L_0 Sollänge eines Maßstabes oder Meßbandes unter Normalbedingungen
L mechanisch bestimmte horizontale Strecke
L^R Schrägstrecke
L^0 Strecke in Meereshöhe
S ellipsoidische Länge
s Strecke im Gauß-Krüger-Koordinatensystem
H Orthometrische Höhe
ΔH Orthometrischer Höhenunterschied

3. Koordinaten

rechtwinklige Koordinaten
x, y in nordorientierten Abbildungssystemen

Polarkoordinaten
s, t in nordorientierten Abbildungssystemen
t Richtungswinkel

4. Statistik

$s(\cdot)$	empirische Standardabweichung
$\sigma(\cdot)$	theoretische Standardabweichung

1 Grundlagen

1.1 Einleitung

Die Vermessungskunde befaßt sich mit der Vermessung und Berechnung größerer oder kleinerer Teile der Erdoberfläche und ihrer Darstellung in Karten und Plänen. Man unterteilt die Vermessungskunde in die Erdmessung, die Landesvermessung und die Land- oder Feldmessung. Die beiden erstgenannten Gebiete, bei denen die Krümmung der Erdoberfläche und die Verteilung der Schwerebeschleunigung auf ihr berücksichtigt werden müssen, werden auch als Geodäsie bezeichnet, während die Land- und Feldmessung (englisch surveying) auch praktische Geometrie genannt wird. Ganz allgemein gliedern die vermessungstechnischen Arbeiten sich in Horizontal- oder Lagemessungen und Vertikal- oder Höhenmessungen. Dabei versteht man unter „Messung" einen einzelnen Messungsgang und unter „*Ver*messung" die Summe aller für die Erfassung eines Objekts notwendigen Messungen.

Die wichtigste Aufgabe der Vermessungstechnik ist die Herstellung von Landesvermessungs- und Kartenwerken. Dazu gehören in erster Linie die vorwiegend in den Maßstäben 1 : 500, 1 : 1000 und 1 : 2000 gezeichneten Katasterkarten, die insbesondere die Lage, die rechtmäßigen Grenzen und die Bebauung der Grundstücke nachweisen, und die in den Maßstäben von 1 :5000 bis etwa 1 : 250000 stehenden topographischen Karten, die vor allem eine Geländedarstellung enthalten. Daneben gibt es Spezialkartenwerke für Siedlungsräume, Verkehrsanlagen, Wasserbauten und zahlreiche andere Zwecke; überhaupt bilden Vermessung und Karte die Grundlage allen Planens und Bauens.

Als Unterlage für Ingenieurbauten werden in Kulturländern bei der Vorplanung die Kartenwerke der Landesvermessung verwendet. Für die spezielle Bauplanung, für die Absteckung der Bauelemente, für die Baukontrolle und für die Schlußabnahme sind besondere Baumessungen notwendig. Diese werden generell nicht anders angelegt als die Vermessungen für die Landeskartenwerke. Die Krümmung der Erdoberfläche braucht aber bei ihnen nur selten berücksichtigt zu werden. Dafür wird im einzelnen oftmals eine sehr hohe Genauigkeit und außerordentliche Wendigkeit des Vermessungsingenieurs verlangt.

In Neuländern muß der Ingenieur in der Lage sein, die etwa vorhandenen Vermessungsunterlagen von den Lage- und Höhenfestpunkten an bis zu den Kartenwerken zu beurteilen und sie erforderlichenfalls selbst herzustellen.

1.2 Bezugsflächen

Um die zu vermessenden Gegenstände nach Lage und Höhe festlegen zu können, bedarf es einer Ausgangs- oder Bezugsfläche. Hierfür empfiehlt sich, da man die Vertikalachsen der Vermessungsinstrumente mit Hilfe von Pendeln oder Libellen in die Richtung der Schwerkraft zu bringen pflegt, eine Niveaufläche, d. h. eine Fläche, die in jedem ihrer Punkte normal zu der jeweiligen Richtung der Schwerkraft verläuft. Eine Fläche dieser Art ist auf der Erde durch die Oberfläche des Weltmeeres gegeben, das man sich hierzu in einer von Gezeiten, Strömungen usw. freien mittleren Lage ruhend vorzustellen und mittels kommunizierender Röhren unter den Kontinenten fortgesetzt zu denken hat. Diese auf der ganzen Erde eindeutig definierbare Fläche wird in Anlehnung an das griechische Wort für Erde als *Geoid* bezeichnet und als die mathematische Figur der Erde betrachtet (Abb. 1.1).

Die Meeresoberfläche stellt sich nach Maßgabe der Schwerkraft ein. Da diese aber infolge der Massenverteilung im Erdinnern gewisse Unregelmäßigkeiten aufweist, ist auch das Geoid keine regelmäßige Fläche. Es gleicht jedoch mit Abweichungen, die 80 m kaum überschreiten, einem *Umdrehungsellipsoid,* dessen

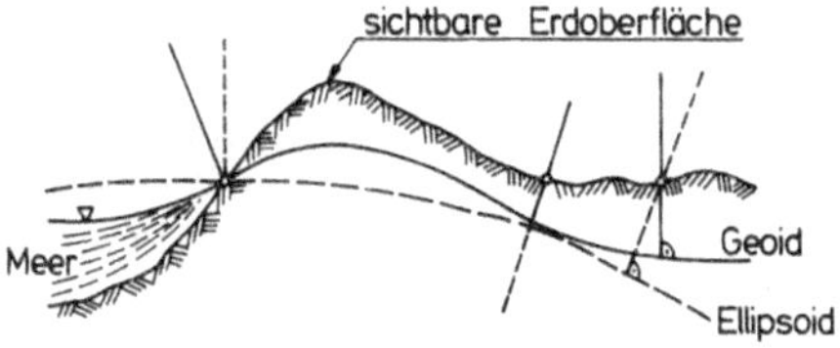

Abb. 1.1 Geoid, Ellipsoid, physische Erdoberfläche

Äquatorhalbmesser im Jahre 1979 während der „General Assembly der I.U.G.G." (Internationale Union für Geodäsie und Geophysik) in Canberra durch internationale Vereinbarung zu 6378137 m festgelegt ist. Als Maß für die Abplattung – das ist die relative Verkürzung der Drehachse gegenüber der Äquatorachse – ist 1 : 298,25 angenommen worden (*Torge* 1975, 1980). Die Drehachse ist also nur rund 3‰ kürzer als die Äquatorachse.

Soll nun ein Ausschnitt aus der *sichtbaren Erdoberfläche* vermessen werden, so denke man sich alle Oberflächenpunkte in der jeweiligen Lotrichtung auf das Geoid projiziert. Als Fläche gilt dann die Projektion des Ausschnitts auf das Geoid. Die horizontale Entfernung zweier Punkte ist die auf dem Geoid zu messende kürzeste Entfernung der Lotfußpunkte; die Höhe (= Meereshöhe) eines Punktes ist sein in der Lotlinie gemessener Abstand vom Geoid, und der Höhenunterschied zweier Punkte ist die Differenz ihrer Meereshöhen.
Angesichts der geringen Unterschiede von Geoid und Umdrehungsellipsoid kann man, sofern man sich auf Länder von mittlerer Größe beschränkt, für Lagemessungen ein Umdrehungsellipsoid als Bezugsfläche nehmen und hat dann den Vorteil, auf einer mathematisch beherrschbaren Fläche rechnen zu können. Für kleinere Länder wählt man eine sich der Erdkrümmung im Vermessungsgebiet möglichst eng anschmiegende Kugel, und wenn das Vermessungsgebiet 10 km im Quadrat nicht überschreitet, genügt die Ebene als Bezugsfläche.

Bei den Höhenmessungen sind diese Vereinfachungen nicht erlaubt. Einerseits ist nämlich die Krümmung der Erdoberfläche so bedeutend, daß eine Tangentialebene, die man in irgendeinem Punkt an die als Ellipsoid oder Kugel betrachtete Erde legt, in 35 km Entfernung vom Berührungspunkt bereits rund 100 m von der Erde absteht. Zum anderen machen die Unterschiede zwischen Ellipsoid und Geoid sich bei der Höhenmessung durchaus bemerkbar. Höhenmessungen werden daher stets auf das Geoid – oder wie man in der Praxis zu sagen pflegt – auf den mittleren Meereshorizont bezogen.

Die Vermessungskunde wird in diesem Bändchen nur insoweit behandelt, als die Bezugsfläche für Lagemessungen als Ebene angesehen werden kann. Von den Höhenmessungen wird lediglich das Verfahren des Nivellements besprochen, bei dem es dem Praktiker gar nicht zum Bewußtsein kommt, daß er auf einer gekrümmten Bezugsfläche arbeitet.

1.3 Maßsysteme und Maßeinheiten

1.3.1 Vom Archivmeter zum Einheitensystem SI

Auf Vorschlag der Pariser Akademie der Wissenschaften beschloß im Jahre 1791 die damalige französische Nationalversammlung, ein einheitliches Längenmaß einzuführen, das dem zehnmillionsten Teil eines Erdmeridians gleichen und „Meter" heißen sollte. Die Größe des Meters wurde in den nächsten Jahren aus mehreren Gradmessungen abgeleitet. Damit es aber jederzeit zu reproduzieren war, wurde ein Prototyp aus Platin hergestellt und im französischen Staatsarchiv niedergelegt. Dieses „Archivmeter" ist die Grundlage des Metersystems, auf das außer dem Längenmaß auch die Einheiten des Flächenmaßes, des Raummaßes und des Gewichts bezogen wurden.

Das Metersystem wurde in den nächsten Jahrzehnten von mehreren Staaten übernommen. In Deutschland wurde es durch die Maß- und Gewichtsordnung für den Norddeutschen Bund vom 17. 8. 1868 eingeführt, die mit ihrem Inkrafttreten am 1. 1. 1872 für das ganze damalige Deutsche Reich verbindlich wurde.

Um die internationale Anerkennung des Metersystems weiter zu betreiben, schlossen im Jahre 1875 die damaligen Teilnehmerstaaten die „Internationale Meter-Konvention" ab und luden alle Staaten der Erde zum Beitritt ein. Die Staaten einigten sich ferner auf die

Einrichtung eines Internationalen Büros für Maß und Gewicht in Breteuil bei Paris; doch sollte die Entscheidungsbefugnis über neue Vorlagen den Zusammenkünften der Delegierten der Teilnehmerstaaten verbleiben, die fortan als „Generalkonferenzen für Maß und Gewicht" bezeichnet wurden.

Als erste größere Aufgabe erarbeitete das Büro in 10-jährigen Versuchen einen neuen Meterprototyp mit X-förmigem Querschnitt aus Platin-Iridium, der das Meter noch genauer festlegen sollte als das Archivmeter. Diesen Stab erklärte die 1. Generalkonferenz (1889) zum neuen internationalen Meterprototyp und definierte das Meter als den Abstand zweier auf dem Prototyp von Breteuil angebrachten Strichmarken bei 0° C. Von diesem Prototyp erhielten alle der Konvention beigetretenen Staaten eine Kopie. Angesichts der fortschreitenden Vertiefung der physikalischen Grundlagen und der steigenden Genauigkeitsansprüche hat auch diese Definition sich auf die Dauer als nicht ausreichend erwiesen. Sie wurde daher, ohne daß die Länge des Meters geändert wurde, abgelöst durch den Beschluß der 11. Generalkonferenz für Maß und Gewicht vom 14. Oktober 1960. Danach ist das Meter das 1650763,73fache der Wellenlänge der von den Atomen des Nuklids ^{86}Kr, eines Isotops des Edelgases Krypton mit der Masse 86, beim Übergang vom Zustand 5d zum Zustand $2p_{10}$ ausgesandten Strahlung. Diese Strahlung läßt sich unter bestimmten Voraussetzungen mit der sogenannten *Engelhard-Lampe* realisieren, die sich dabei in einem Kältebad von 63 Kelvin befindet.

In den Jahrzehnten nach 1875 wurden unabhängig von der Meterkonvention, in deren Zuständigkeit lediglich die Einheiten Meter, Quadratmeter, Kubikmeter und Kilogramm fielen, die elektromagnetischen Einheiten Volt, Ampere, Ohm und Watt eingeführt. 1901 erkannte der italienische Physiker Giovanni Giorgi, daß man aus diesen Einheiten und den mechanischen Einheiten Meter, Kilogramm und Sekunde ein kohärentes (= eng zusammenhängendes) Einheitensystem mit nur vier Grund- oder Basiseinheiten bilden könne, wenn man nur die Definitionen der elektromagnetischen Einheiten etwas anders formulierte. Später wurden noch rund 15 weitere Einheiten darunter das Kelvin für die thermodynamische Temperatur und die Candela für die Lichtstärke festgelegt. Alle diese Einheiten aber ließen sich nach dem Vorgang von Giorgi auf (z. Zt.) 7 Basiseinheiten reduzieren.

Diesem großartigen System erteilte im Jahre 1954 die 10. Generalkonferenz für Maß und Gewicht ihre Zustimmung. Die 11. Generalkonferenz (1960) gab ihm den Namen „Système International d'Unités", abgekürzt SI. In der Bundesrepublik Deutschland wurde das System durch das Gesetz über die Einheiten im Meßwesen vom 2. 7. 1969 und die Ausführungsverordnung zu diesem Gesetz vom 26. 6. 1970 eingeführt (*Ledersteger* 1956; *Straßer* 1974; *Bayer-Helms* 1974; *Winter* 1974; *Simmerding* 1970).

In den nun folgenden Abschnitten sind die Regelungen zusammengestellt, die das Vermessungswesen an irgend einer Stelle berühren.

1.3.2 Grundlegende Vorschriften des Einheitengesetzes

Das SI kennt nach §§ 2 und 3 des Gesetzes, die folgenden 7 Basiseinheiten und Einheitenzeichen

für die Länge	das Meter	= m
für die Masse	das Kilogramm	= kg
für die Zeit	die Sekunde	= s
für die elektrische Stromstärke	das Ampère	= A
für die thermodynamische Temperatur	das Kelvin	= K
für die Lichtstärke	die Candela	= cd
für die Stoffmenge	das Moll	= mol

Nach § 5 des Gesetzes und dem 2. Abschnitt der Ausführungsverordnung können aus den 7 Basiseinheiten durch Multiplikation mit 1 oder mit einem von 1 verschiedenen Faktor neue Einheiten abgeleitet werden. Durch Multiplikation mit dem Faktor 1 entstehen die kohärenten Einheiten des SI z. B.

für die Fläche	$1\ m^2$
für die Geschwindigkeit	$1\ m\ s^{-1}$
für die Beschleunigung	$1\ m\ s^{-2}$
für die Kraft	$1\ m\ kg\ s^{-2}$, genannt 1 Newton (N)
für den Druck	$1\ m^{-1}\ kg\ s^{-2} = 1\ N/m^2$.

Nichtkohärente Einheiten können mit einer ganzzahligen Potenz von 10 oder mit einer anderen Zahl zusammengesetzt werden, z. B.

die Fläche $10^2\ m^2$	$= 1$ a
Die	$= 1$ Gal
Beschleunigung $10^{-2}\ m\ s^{-2}$	$= 10^{-5}\ N = 1$ dyn
die Kraft $10^{-5}\ m\ kg\ s^{-2}$	$= 10^5\ N/m^2 = 1$ bar
der Druck $10^5\ m^{-1}\ kg\ s^{-2}$	

und

die Kraft $9{,}806\,65\ m\ kg\ s^{-2}$	$= 9{,}806\,65\ N = 1$ kp
der Druck $101\,325\ m^{-1}\ kg\ s^{-2}$	$= 101\,325\ N/m^2 = 1$ atm.

Nach § 6 des Gesetzes lassen sich aus den vorgenannten Einheiten durch Vorsätze dezimale Vielfache und Teile bilden und durch Vorsatzzeichen folgendermaßen kennzeichnen:

	Vorsatz	Vorsatz-zeichen		Vorsatz	Vorsatz-zeichen
10^{1}	Deka	da	10^{-1}	Dezi	d
10^{2}	Hekto	h	10^{-2}	Zenti	c
10^{3}	Kilo	k	10^{-3}	Milli	m
10^{6}	Mega	M	10^{-6}	Mikro	μ
10^{9}	Giga	G	10^{-9}	Nano	n
10^{12}	Tera	T	10^{-12}	Piko	p

1.3.3 Die alten und die neuen Maßeinheiten in der Vermessungstechnik

1.3.3.1 Die Einheiten des Längen-, Flächen- und Volumenmaßes

Diese sind in ihrer 1875 von der Meterkonvention erarbeiteten Form durch das Einheitengesetz bestätigt. Lediglich die Einheiten des Längenmaßes sind um einige Zehnerpotenzen nach oben und unten erweitert worden. Nach dem Einheitengesetz und der Ausführungsverordnung gilt nunmehr folgendes:

a) Die SI-Einheit des Längenmaßes ist die Basiseinheit Meter (m). Aus ihr folgen mit dem Vorsatzzeichen unter [1.3.2]

1 Dekameter	$= 10^{1}$ m	= 1 dam	1 Dezimeter	$= 10^{-1}$ m	= 1 dm
1 Hektometer	$= 10^{2}$ m	= 1 hm	1 Zentimeter	$= 10^{-2}$ m	= 1 cm
1 Kilometer	$= 10^{3}$ m	= 1 km	1 Millimeter	$= 10^{-3}$ m	= 1 mm
1 Megameter	$= 10^{6}$ m	= Mm	1 Mikrometer	$= 10^{-6}$ m	= 1 μm
1 Gigameter	$= 10^{9}$ m	= 1 Gm	1 Nanometer	$= 10^{-9}$ m	= 1 nm
1 Terameter	$= 10^{12}$ m	= 1 Tm	1 Pikometer	$= 10^{-12}$ m	= 1 pm

b) Die SI-Einheit des Flächenmaßes ist die abgeleitete Einheit Quadratmeter (m^2). Aus ihr folgt mit den obigen Vorsatzzeichen

1 Ar	$= 10^{2}\,m^2$	= 1 a	1 Quadrat-dezimeter	$= 10^{-2}\,m^2$	$= 1\,dm^2$
1 Hektar	$= 10^{4}\,m^2$	= 1 ha	1 Quadrat-zentimeter	$= 10^{-4}\,m^2$	$= 1\,cm^2$

1 Quadratkilometer usw.	$= 10^6\,m^2 = 1\,km^2$	1 Quadratmillimeter usw.	$= 10^{-6}\,m^2 = 1\,mm^2$

c) Die SI-Einheit des Volumenmaßes ist die abgeleitete Einheit Kubikmeter (m^3). Daraus sind mit den Vorsätzen in 1.3.2 das dm^3, das cm^3 und das mm^3 usw. abgeleitet worden. Zu Fläche und Volumen bestimmt die Ausführungsverordnung:

Die Flächenmaße Ar (a) und Hektar (= Hektoar: ha) werden als abgeleitete Maßeinheiten für Grundstücksflächen beibehalten (§ 48). Die amtliche Begründung hierzu bezieht sich ausdrücklich auf den Ausweis der Grundstücksflächen in den Grundbüchern.

1.3.3.2. Die SI-Einheiten des ebenen Winkelmaßes

Sie weichen von den überkommenen Maßeinheiten in unterschiedlicher Weise ab. Daher müssen – schon im Hinblick auf die vorhandene Literatur – der bisherige und der neue Zustand einander gegenübergestellt werden. Bislang wurden benutzt: die Sexagesimalteilung, die Zentesimalteilung und das Arcus- oder Bogenmaß. Im einzelnen sind die beiden ersten Systeme folgendermaßen aufgebaut:

die Sexagesimalteilung:	1 Vollkreis = $360°$ (Grad);
$1° = 60'$ (Minuten)	$1' = 60''$ (Sekunden)
die Zentesimalteilung:	1 Vollkreis = 400^g Neugrad oder Gon
$1^g = 100^c$ (Neuminuten)	$1^c = 100^{cc}$ (Neusekunden)

wobei das hochgestellte *c* als Abkürzung für „centi" stand.

Die Sexagesimalteilung ist wegen ihrer engen Beziehungen zur Astronomie und zum Gradnetz der Erdoberfläche mit ihren bisherigen Einheiten Grad, Minute und Sekunde und deren Zeichen in das SI unverändert übernommen worden. Die früher gerne benutzten Bezeichnungen Altgrad, Altminute und Altsekunde sind fortgefallen.

Die Zentesimalteilung kennt als SI-Einheit nur noch das Gon (Einheitenzeichen gon); die Bezeichnungen Neugrad, Neuminute und Neusekunde sind ebenfalls fortgefallen. Die Bruchteile des Gon sind im SI im Prinzip als Dezimale des Gon darzustellen; doch ist es mit den in 1.3.2 angegebenen Vorsätzen erlaubt, das Zentigon (Einheitenzeichen cgon) und das Milligon (Einheitenzeichen mgon) zu bilden. Ein

Einheitenzeichen für die ehemalige Neusekunde (^{cc}) gibt es nicht. Vielmehr ist künftig

$$1^{cc} = 1 \cdot 10^{-4} \text{ gon} = 0{,}1 \text{ mgon}.$$

Für den rechten Winkel oder den „Rechten" ist das Einheitenzeichen $1^{\llcorner}$ geschaffen worden.

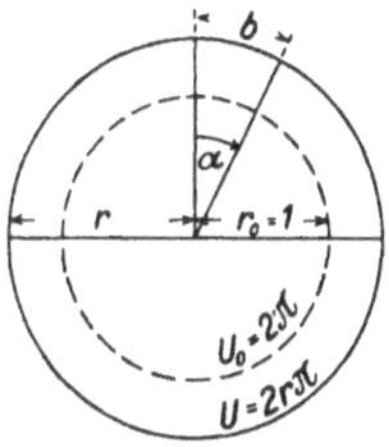

Abb. 1.2
Definition des Bogenmaßes

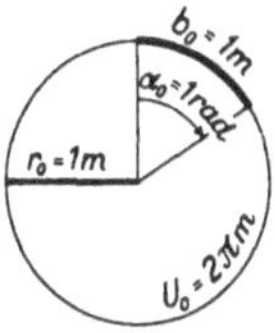

Abb. 1.3
Das Bogenmaß im Einheitskreis

Das Bogenmaß eines Winkels, die dritte der überkommenen Winkeleinheiten, ist das Verhältnis des Bogens b, den die Schenkel eines Winkels α aus einem um seinen Scheitelpunkt geschlagenen Kreis ausschneiden, zu dem Kreishalbmesser r (Abb. 1.2). Die Einheit des Bogemaßes ist der Winkel, für den dieses Verhältnis gleich 1 ist, d. h. für den $b = r$ ist. Dieser Winkel wird als „Radiant" bezeichnet, weil er entsteht, wenn der Halbmesser eines Kreises auf seinem Umfang abgewickelt wird. Das Bogenmaß des vollen Winkels ist daher 2π, das des Rechten $\pi/2$.

Das Bogenmaß ist also der Quotient zweier Längen, und wohl deshalb ist der Radiant (Einheitenzeichen rad) im SI, das die Anzahl der Basiseinheiten möglichst klein halten möchte, zur (abgeleiteten) SI-Einheit des ebenen Winkels erklärt. Etwas spezieller als im vorigen Absatz heißt es im § 5 der Ausführungsverordnung: „1 Radiant ist gleich dem ebenen Winkel, der als Zentriwinkel eines Kreises vom Halbmesser 1 m aus dem Kreis einen Bogen der Länge 1 m ausschneidet". Zur Veranschaulichung dieses Satzes sind in Abb. 1.3 (Einheitskreis) der Zentriwinkel α, der zugehörige Bogen b und der Halbmesser r mit dem Index Null ($_0$) versehen worden.

Um aber dem Bedürfnis der Praxis nach den Einheiten der Sexagesimal- und Zentesimalteilung gerecht zu werden, sind – ebenfalls im § 5

a. a. O. – aus dem Radianten noch folgende Einheiten abgeleitet, bei deren Erläuterung für das Wort Einheitenzeichen hier die Abkürzung Ez benutzt ist.

$$\begin{aligned}
&1\ \text{Vollwinkel (kein EZ.)} &&= 2\pi\ \text{rad} &&= 360^\circ = 400\ \text{gon}\\
&1\ \text{Rechter (Ez.: } \llcorner) &&= \pi/2\ \text{rad} &&= \ \ 90^\circ = 100\ \text{gon}\\
&1\ \text{Grad (Ez.: } ^\circ) &&= \frac{\pi}{180}\ \text{rad} &&= \ \ 90\text{ster Teil des Rechten}\\
&1\ \text{Minute (Ez.: } ') &&= \frac{\pi}{180\cdot 60}\ \text{rad} &&= \ \ 60\text{ster Teil des Grades}\\
&1\ \text{Sekunde (Ez.: } '') &&= \frac{\pi}{180\cdot 60^2}\ \text{rad} &&= \ \ 60\text{ster Teil der Minute}\\
&1\ \text{Gon (Ez.: gon)} &&= \frac{\pi}{200}\ \text{rad} &&= 100\text{ster Teil des Rechten}\\
&1\ \text{Zentigon (Ez.: cgon)} &&= \frac{\pi}{200\cdot 10^2} &&= 100\text{ster Teil eines Gon}\\
&1\ \text{Milligon (Ez.: mgon)} &&= \frac{\pi}{200\cdot 10^3} &&= 1000\text{ster Teil eines Gon}
\end{aligned} \tag{1.1}$$

1.3.3.3 Vermessungstechnische Sonderzeichen

Die Reziproken der in (1.1) auftretenden Quotienten $\pi/180^\circ$ und $\pi/200\,\text{gon}$ – allgemein $\pi/2^\llcorner$ – werden in der Geodäsie so häufig benutzt, daß dafür das Symbol ϱ eingeführt ist, und zwar ist

$$180/\pi = \varrho^{(\text{o})} \text{ lies } \varrho \text{ in Grad)} \parallel 200/\pi = \varrho^{(\text{gon})} \text{ (lies } \varrho \text{ in Gon)} \tag{1.2}$$

Zu einer ersten Anwendung entnehme man der Abb. 1.2 den Ansatz

$$\alpha : b = 4^\llcorner : 2\pi.$$

Im *Einheitskreis* (Abb. 1.3) folgt daraus wegen $b_0 = r_0 = 1$ für einen Winkel $\alpha_0 = 1\,\text{rad}$, wenn die jeweiligen Winkeleinheiten eingesetzt werden,

$$\alpha = \frac{2^\llcorner}{\pi}\varrho;\ \ \alpha^{(\text{o})} = \frac{180^\circ}{\pi}\varrho^\circ;\ \ \alpha^{(\text{gon})} = \frac{200\,\text{gon}}{\pi}\varrho^{(\text{gon})}$$

Die Winkelwerte der ϱ im Sexagesimal- und Zentesimalsystem sind demnach gleich denen des Radianten in den entsprechenden Maßsystemen. Zahlenmäßig sind diese Werte

$$\begin{aligned} &\varrho^{(\circ)} = 57{,}295779\ldots \qquad &&\varrho^{(\mathrm{gon})} = 63{,}661977\ldots \\ &\varrho^{(')} = 3437{,}7467\ldots \qquad &&\varrho^{(\mathrm{cgon})} = 6366{,}1977\ldots \\ &\varrho^{('')} = 206264{,}8\ldots \qquad &&\varrho^{(\mathrm{mgon})} = 63661{,}973\ldots \end{aligned} \tag{1.3}$$

Für eine zweite Anwendung ergibt sich aus Abb. 1.2

$$b : 2r\pi = \alpha : 4^{\llcorner}$$

Multipliziert man beide Seiten dieser Gleichung mit 2π, so erhält man mit (1.2) die in der Vermessungstechnik viel benutzte Formel

$$b : r = \alpha : \varrho, \tag{1.4}$$

in die b und r bzw. α und ϱ jeweils mit den einander entsprechenden Einheiten einzusetzen sind.

Zahlenbeispiel: Eine 150 m lange Achse soll um 12 cgon verschwenkt werden. Um welchen linearen Betrag b wird dadurch das freie Ende der Achse seitwärts verlegt? Die Gleichung (1.4) gibt mit dem $\varrho^{(\mathrm{gon})}$ aus (1.3)

$$b^{(\mathrm{m})} = r^{(\mathrm{m})} \frac{\alpha^{(\mathrm{gon})}}{\varrho^{(\mathrm{gon})}} = \frac{150 \cdot 12 \cdot 10^{-2}}{63{,}66} = 0{,}283\,\mathrm{m}$$

Eine dritte Sonderanwendung ist der Übergang auf andere Winkeleinheiten. Die Umwandlung von Grad oder Gon in die Einheit Radiant und umgekehrt ist in der Vermessungstechnik kaum erforderlich. Auch der Übergang von der Sexagesimalteilung in die Zentesimalteilung und umgekehrt verliert an Bedeutung, weil das Sexagesimalsystem in der Vermessungspraxis nur noch selten gebraucht wird. Zum Übergang vom Sexagesimal- in das Zentesimalsystem gibt es zahlreiche Tafeln. Bequemer ist heute das Umrechnen mit einem elektronischen Taschenrechner unter Verwertung nachstehender Identitäten:

$$\begin{aligned} &1^\circ = 10/9\,\mathrm{gon} = 1{,}111\ \ldots\ \mathrm{gon} \qquad &&1\,\mathrm{gon} = 0{,}9^\circ \\ &1' = 1{,}85185185\ \ldots\ldots\ \mathrm{cgon} \qquad &&1\,\mathrm{cgon} = 0{,}54' \\ &1'' = 0{,}308641975308\ ..\ \mathrm{mgon} \qquad &&1\,\mathrm{mgon} = 3{,}24'' \end{aligned}$$

Auch hierfür wird man zweckmäßig zuvor die Sexagesimalminuten und -sekunden in Dezimale des Grades verwandeln.

Für Überschlagrechnungen merke man:

$$1' \approx 2\,\mathrm{cgon}; \quad 1'' \approx 0.3\,\mathrm{mgon} = 3 \cdot 10^{-4}\,\mathrm{gon}$$

In der Bautechnik werden die Höhenunterschiede meistens in Prozenten des Längenunterschiedes oder durch das Steigungsmaß $1:n$ seltener durch den Neigungswinkel α ausgedrückt. In runden Werten bestehen folgende Zusammenhänge:

%	1	2	3	5	10	25	50	100
α (gon)	0,6	1,3	1,9	3,2	6,3	16,1	29,5	50
1 : *n*	1 : 100	1 : 50	1 : 33⅓	1 : 20	1 : 10	1 : 4	1 : 2	1 : 1

Man beachte ferner bei Benutzung fremdsprachlicher Literatur:

im Englischen ist Grad → degree, gon → grade
im Französischen Grad → degré, gon → grade.

1.3.4 Seltener gebrauchte SI-Einheiten

1.3.4.1 Die (abgeleitete) SI-Einheit des räumlichen Winkels

Die SI-Einheit des räumlichen Winkels ist nach § 6 der Ausführungsverordnung der Steradiant (Einheitenz. sr). 1 Steradiant ist gleich dem räumlichen Winkel, der als gerader Kreiskegel mit der Spitze im Mittelpunkt einer Kugel vom Halbmesser 1 m aus der Kugeloberfläche eine Kalotte der Fläche 1 m^2 ausschneidet.

1.3.4.2 Die (abgeleitete) SI-Einheit des Drucks

Die SI-Einheit des Drucks oder der mechanischen Spannung, die in der Vermessungstechnik vor allem für die barometrische Höhenmessung gebraucht wird, ist nach § 20 a.a.O. das Pascal (Einheitenz.: Pa). 1 Pascal ist gleich dem auf eine Fläche gleichmäßig wirkenden Druck, bei dem senkrecht auf die Fläche 1 m^2 die Kraft 1 N = 1 Newton ausgeübt wird. 10^5 Pa sind gemäß [1.3.2] 1 Bar (bar), 10^2 Pa 1 Millibar (mbar).

Die Einheiten technische Atmosphäre (at), physikalische Atmosphäre (atm), Torr (torr), Meter-Wassersäule (mWs), Millimeter-Quecksilbersäule (mm Hg) waren nur noch bis Ende 1977 zugelassen.

1.3.4.3 Die Basiseinheit der (thermodynamischen) Temperatur (T)

Die Basiseinheit der Temperatur, auch Kelvintemperatur genannt, ist nach § 3 des Einheitengesetzes das Kelvin (Einheitenzeichen K). Dieses ist definiert als der 273,16^{te} Teil der thermodynamischen Temperatur des Tripelpunktes des Wassers.

Hierzu vermerkt das Normblatt DIN 1301 S. 11: Die Einheit, das Kelvin, gilt auch für die Angabe von Temperaturdifferenzen. – Als Celsius-Temperatur (t) wird die besondere Differenz einer beliebigen thermodynamischen Temperatur T gegenüber der Temperatur $T_0 =$ 273,15 K bezeichnet. Es ist also

$$t = T - T_0 = T - 273{,}15\,\mathrm{K}.$$

Bei der Angabe von Celsius-Temperaturen sind der Einheitenname Grad Celsius und das Einheitenzeichen °C anzuwenden. Die Differenz Δt zweier Celsius-Temperaturen z. B. der Celsius-Temperaturen $t_1 = T_1 - T_0$ und $t_2 = T_2 - T_0$ ist

$$\Delta t = t_1 - t_2 = T_1 - T_2 = \Delta T.$$

Eine derartige Temperaturdifferenz ist nicht mehr auf die dynamische Temperatur T_0 bezogen, somit keine Celsius-Temperatur im Sinne der Definition nach der ersten der beiden obigen Gleichungen.

1.3.4.4 Die (gesetzliche) SI-Einheit der Zeit

Die SI-Einheit der Zeit ist gem. [1.3.2] die Sekunde (Einheitenzeichen s); von dieser werden folgende Vielfache abgeleitet:

1 Minute (min) = 60 s, 1 Stunde (h) = 60 min = 3600 s,
1 Tag (d) = 24 h = 86400 s; h von lat. hora, d von lat. dies.

Die Vorsatzzeichen in [1.3.2] sind auf dezimale Vielfache oder Teile der Zeiteinheiten nicht anzuwenden.

1.3.4.5 Die (abgeleitete) SI-Einheit der Frequenz

Die SI-Einheit der Frequenz ist nach § 12 der Ausführungsverordnung das Hertz (Einheitenzeichen Hz). 1 Hertz ist gleich der Frequenz eines Schwingungsvorgangs der Periodendauer 1 s. Zur Kennzeichnung von Vielfachen und Teilen dienen die Vorsatzzeichen in [1.3.2]

1.4 Fehlerrechnung und Bilden von Mittelwerten

1.4.1 Die Aufgabe der Fehlerrechnung

Die geodätischen Messungen müssen im Hinblick auf ihren jeweiligen Zweck mit einer bestimmten Genauigkeit ausgeführt und gegen Irrtümer gesichert sein. Völlig fehlerfreie Messungen sind infolge der Mängel der Meßgeräte und der Unvollkommenheit der menschlichen Sinne nicht möglich. Die Messungen werden daher in der Regel mehrere Male wiederholt und möglichst noch durch zusätzliche Messungen gestützt, indem man z. B. außer den Katheten noch die Hypotenuse mißt, oder neben zwei Dreieckswinkeln, die man braucht, auch den dritten beobachtet.

Bei der Auswertung der Messungen entsteht die Aufgabe,

1. aus den Beobachtungen den günstigsten Mittelwert der gesuchten Größe abzuleiten,
2. eine Maßzahl für die Genauigkeit einer einzelnen Messung oder ihre „Streuung“ anzugeben,
3. die Genauigkeit oder die Streuung des Mittelwertes und seinen „Vertrauensbereich“ abzuschätzen.

1.4.2 Fehlerarten

Die Messungsfehler unterteilt man nach Art ihrer Entstehung in grobe, systematische und zufällige Fehler.

Grobe Fehler sind grob fehlerhafte Ablesungen an den Meßinstrumenten, Zielverwechslungen und dergleichen. Sie werden durch Kontrollmessungen entdeckt und ausgeschieden.

Systematische Fehler verfälschen das Meßergebnis stets in demselben Sinne. Sie werden hervorgerufen durch unzureichende Eichung und einseitige Handhabung der Meßinstrumente sowie durch einsinnig wirkende Einflüsse von Temperatur, Luftdruck usw. auf das Meßinstrument oder den zu messenden Gegenstand. Diese Fehler lassen sich in allen Regelfällen durch Eichung der Meßinstrumente, Wahl geeigneter Meßverfahren und rechnerisches Berücksichtigen der einsinnigen Einflüsse zum größten Teil eliminieren.

Als *zufälligen Fehler* einer Messung betrachtet man die Summe der nach dem Ausscheiden der groben und der systematischen Fehler übrigbleibenden unbekannten „Elementarfehler“, die auf begrenzte Schärfe der menschlichen Sinne, Unvollkommenheiten der Meßinstrumente, unkontrollierbare Veränderungen der äußeren Umstände und gelegentlich auch des Gegenstandes der Messung zurückzuführen sind. Die zufälligen Fehler werden ebenso oft positives wie negatives Vorzeichen annehmen und sind im Sinne der mathematischen Statistik *stochastisch unabhängige Veränderliche*. Trotz ihrer scheinbaren Regellosigkeit unterliegen sie den Gesetzen des Zufalls.

Abb. 1.4 läßt die Verteilung der wahren Fehler ε_i [1.4.3] erkennen, die bei 160 Beobachtungen desselben Winkels gemacht wurden. Die ε_i sind dazu ihrer Größe nach in die auf der Abszissenachse angedeuteten Gruppen von je 0,1 mgon Breite eingeordnet, und über den Abszissenabschnitten sind Rechtecke eingezeichnet, deren Höhe der Anzahl der in die betreffende Gruppe fallenden Fehler proportional ist. Wie die so entstandene Treppenkurve (= Histogramm) zeigt, ist die Häufigkeit, mit der ein Fehler ε auftritt, eine Funktion seiner Größe. Diese Erscheinung ist von C. F. Gauß in das nach ihm benannte Fehlergesetz

$$\varphi(\varepsilon) = \frac{h}{\sqrt{\pi}} e^{-h^2 \varepsilon^2} \tag{1.5}$$

gebracht worden, in dem $\varphi(\varepsilon)$ die relative – d. h. prozentuale – Häufigkeit des Auftretens, e die Basis der natürlichen

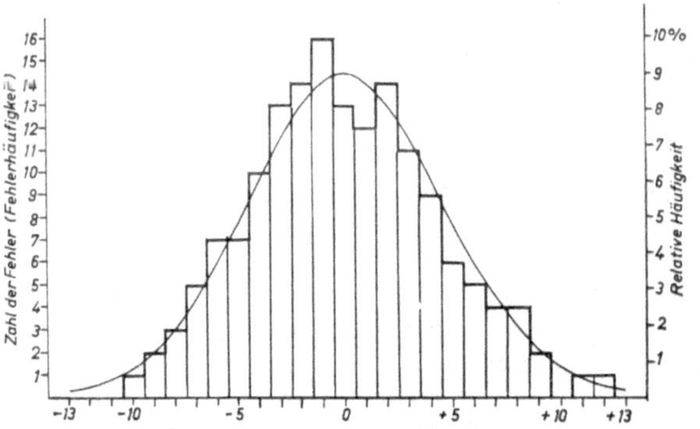

Abb. 1.4 Histogramm eines wiederholt gemessenen Winkels

Logarithmen und h eine Konstante ist, die die Messungsgenauigkeit charakterisiert. Die danach zu erwartende theoretische Fehlerverteilungskurve ist in Abb. 1.4 als durchlaufende Kurve eingezeichnet; sie stimmt mit der aus den Messungen gewonnenen Treppenkurve gut überein. Das gilt für alle größeren Messungsreihen, die überwiegend zufällige Fehler aufweisen. Solche Messungsreihen besitzen in der Sprache der Statistik eine *Normalverteilung*. Die überwiegend durch zufällige Fehler verursachten Messungswidersprüche aber lassen sich nach der auf C. F. Gauß zurückgehenden *Methode der kleinsten Quadrate* willkürfrei ausgleichen.

1.4.3 Mittelwerte und Streuungsmaße

Die Einzelergebnisse l_i, die sich ergeben würden, wenn man eine Größe beliebig oft ($n \to \infty$) durch gleichgenaue, unabhängige und nur mit zufälligen Fehlern behaftete Messungen bestimmte, werden um einen gewissen *Mittelwert* ξ schwanken, den man den *Erwartungswert* oder auch den *wahren Wert* der Größe nennt. Da jedoch in allen Regelfällen nur eine begrenzte Anzahl von Messungen (eine Stichprobe vom Umfang n) vorliegt, benutzt man als Näherungswert für den wahren Wert das *arithmetische Mittel*

$$\hat{x} = \frac{1}{n}(l_1 + l_2 + \cdots + l_n) = \frac{1}{n}[l]^*. \tag{1.6}$$

Für die nach dem Bilden des arithmetischen Mittels *übrigbleibenden Fehler* oder *Verbesserungen*

$$v_1 = \hat{x} - l_1;\; v_2 = \hat{x} - l_2;\; v_n = \hat{x} - l_n$$

gilt, daß deren Quadratsumme $[vv]$ ein Minimum wird, also

$$[vv] = v_1^2 + v_2^2 + \cdots + v_n^2 = \text{Min.} \tag{1.7}$$

Das ist gleichzeitig die Grundforderung der Methode der kleinsten Quadrate, aus der das arithmetische Mittel sich als Sonderfall herleiten läßt.

* In der Fehlerrechnung verwendet man nach dem Vorbild von C. F. Gauß gern eckige Klammern als Summenzeichen.

Um gemäß [1.4.2] Ziff. 2 ein *Maß für die Streuung* einer einzelnen Messung l_i zu bekommen, betrachtet man – zunächst für $n \to \infty$ – die Abweichungen der Beobachtungen l_i von dem wahren Wert ξ, die sogenannten *wahren Fehler*

$$\varepsilon_1 = \xi - l_1; \; \varepsilon_2 = \xi - l_2; \; \varepsilon_n = \xi - l_n$$

und definiert als Genauigkeitsmaß für eine einzelne Messung l_i die *„theoretische Standardabweichung“*

$$\sigma = \sqrt{\frac{[\varepsilon\varepsilon]}{n}} \; ; \; n \to \infty. \tag{1.8}$$

Die ε_i sind jedoch in allen Regelfällen nicht bekannt; man muß daher auf die in [1.4.3] eingeführten übrigbleibenden Fehler v_i zurückgehen und erhält daraus aufgrund einer statistischen Abschätzung anstelle von σ den Näherungs- oder Schätzwert

$$s = \sqrt{\frac{[vv]}{n-1}}, \tag{1.9}$$

der als *„empirische Standardabweichung“ einer einzelnen Beobachtung* bezeichnet wird*.

Das arithmetische Mittel aus n Beobachtungen hat, wie in [1.4.4] begründet werden wird, die Standardabweichung

$$s(\hat{x}) = \frac{s}{\sqrt{n}}. \tag{1.10}$$

Damit sind die in [1.4.1] gestellten Aufgaben für den Fall gleich genauer Beobachtungen gelöst.

1.4.4 Das Fehlerfortpflanzungsgesetz

Neben der Standardabweichung einer einzelnen Messung wird oftmals auch die Standardabweichung einer Funktion gemessener Größen benötigt. Das leistet das *Fehlerfortpflanzungsgesetz*.

* In der Vergangenheit wurde in der Regel die Bezeichnung mittlerer Fehler verwendet.

Lineare Funktionen: Gegeben seien die Messungen l_1 und l_2 sowie deren Standardabweichungen σ_1 und σ_2. Gesucht werde die Standardabweichung $s(x)$ der Funktion

$$x = l_1 + l_2. \tag{1.11}$$

Zur Berechnung von $s(x)$ geht man zurück auf die Definitionsgleichung (1.8) und unterstellt, die l_i in (1.11) seien die Mittel aus v Urmessungen mit den wahren Fehlern $\varepsilon_1', \varepsilon_1'' \cdots \varepsilon_1^{(v)}$ bzw. $\varepsilon_2', \varepsilon_2'' \cdots \varepsilon_2^{(v)}$, wobei unter v eine sehr große Zahl verstanden sei. Dann bestehen v Gleichungen von der Form $\varepsilon_x = \varepsilon_1 + \varepsilon_2$, aus denen durch Quadrieren, Aufaddieren und Division durch v folgt

$$\frac{[\varepsilon_x \varepsilon_x]}{v} = \frac{[\varepsilon_1 \varepsilon_1]}{v} + \frac{[\varepsilon_2 \varepsilon_2]}{v} + \frac{2[\varepsilon_1 \varepsilon_2]}{v}.$$

Die 3 ersten Ausdrücke ergeben nach (1.8) die Werte $\sigma(x)^2, \sigma_1^2$ und σ_2^2. Im letzten Ausdruck werden die gemischten Produkte, da nur zufällige Fehler, d. h. stochastisch unabhängige Variable vorausgesetzt sind, im Durchschnitt gleich oft positiv und negativ sein und sich daher beim Aufaddieren so weitgehend tilgen, daß der Ausdruck, zumal nach Division durch v, gegen Null geht. Also bleibt

$$\sigma(x)^2 = \sigma_1^2 + \sigma_2^2.$$

Ersetzt man dann noch, wie beim Übergang von (1.8) auf (1.9), die σ durch die entsprechenden Schätzwerte s, so erhält man zur Berechnung eines Schätzwertes für die Standardabweichung der in (1.11) erhaltenen Summe x die Regel

$$s(x)^2 = s_1^2 + s_2^2. \tag{1.12}$$

Anwenden desselben Gedankenganges auf die Funktion

$$\left.\begin{aligned} & x = \alpha_1 l_1 + \alpha_2 l_2 + \cdots + \alpha_n l_n \\ \text{gibt}\quad & s(x)^2 = \alpha_1^2 s_1^2 + \alpha_2^2 s_2^2 + \cdots + \alpha_n^2 s_n^2. \end{aligned}\right\} \tag{1.13}$$

Man beachte folgende Sonderfälle:

a) Ist $s_1 = s_2 = \cdots s_n = s$, so wird

$$s(x)^2 = [\alpha\alpha]\, s^2. \tag{1.14}$$

b) Sind ferner alle α_i entweder $+1$ oder -1, so ist

$$s(x)^2 = n s^2 \quad \text{oder} \quad s(x) = s\sqrt{n}. \tag{1.15}$$

Dieser Fall tritt z. B. beim Nivellement und bei der Streckenmessung auf. In Worten lautet die Regel:

Werden mehrere gleich genaue Einzelmessungen zu einer Summe oder Differenz vereinigt, so wächst die Standardabweichung des Ergebnisses mit der Quadratwurzel aus der Anzahl der Einzelmessungen.

c) Bringt man die Gleichung (1.6) in die Form

$$\hat{x} = \frac{l_1}{n} + \frac{l_2}{n} + \cdots \frac{l_n}{n},$$

wobei alle $s_i = s$ sind, so folgt daraus nach (1.13) für $s(\hat{x})^2$ der bereits in (1.10) angegebene Wert

$$s(\hat{x})^2 = \frac{s^2}{n^2} + \frac{s^2}{n^2} + \cdots \frac{s^2}{n^2} \quad \text{oder} \quad s(\hat{x}) = \frac{s}{\sqrt{n}}. \tag{1.10)*$$

In Worten: Wird ein und derselbe Gegenstand n mal mit gleicher Genauigkeit gemessen, so geht die Standardabweichung des arithmetischen Mittels mit der Quadratwurzel aus der Anzahl der Wiederholungen zurück.

Der Leser möge die Fälle b) und c) wohl auseinanderhalten. Vgl. auf S. 31 u. 32 die Beispiele 1 und 2.

Nichtlineare Funktionen macht man gewöhnlich mit Hilfe der Taylorschen Reihe linear und wendet auf das Ergebnis die Gleichung (1.13) an. Das Fehlerfortpflanzungsgesetz lautet dann in seiner allgemeinsten Form:

Für $x = f(l_1, l_2 \cdots l_n)$

$$\text{ist} \quad \sigma(x)^2 = \left(\frac{\partial f}{\partial l_1}\right)^2 \sigma_1^2 + \left(\frac{\partial f}{\partial l_2}\right)^2 \sigma_2^2 + \cdots + \left(\frac{\partial f}{\partial l_n}\right)^2 \sigma_n^2. \tag{1.16}$$

Zahlenbeispiele

1. Bei einer Längenmessung mit einem 20 m-Meßband ist die von dem ungenauen Aneinanderlegen des Meßbandes

herrührende Standardabweichung einer einzelnen Meßbandlage gleich 2 mm. Wie groß ist die Standardabweichung einer Strecke von 100 m?

Aus (1.15) folgt: $s_{100} = 2\sqrt{5} = 4\,\text{mm}$.

2. Eine Strecke von 160 m wurde viermal unabhängig gemessen. Eine einzelne Messung hat die Standardabweichung 12 mm. Wie groß ist die Standardabweichung des arithmetischen Mittels aus den 4 Messungen?

Aus (1.10) folgt: $s(\hat{x}) = \dfrac{12}{\sqrt{4}}\,\text{mm} = 6\,\text{mm}$.

3. Gegeben ist $a = 87{,}46$. Wie groß ist die Standardabweichung von $x = lg$ a, wenn $s(a) = 0{,}04$ ist?

Aus (1.16) folgt:

$$s(x) = \frac{dlg\,a}{da}\,s(a) = \frac{\text{Mod}}{a}\,s(a) = \frac{0{,}4343}{87{,}46}\cdot 0{,}04 = 0{,}00020.$$

4. Die Seiten eines Rechtecks und ihre Standardabweichungen sind $a = 39{,}12\,\text{m}$, $b = 71{,}38\,\text{m}$, $s(a) = 0{,}02\,\text{m}$ und $s(b) = 0{,}04\,\text{m}$. Gesucht sind die Fläche des Rechtecks und ihre Standardabweichung.

Aus $F = ab$ folgt gem. (1.16) $s(F)^2 = (b\,s(a))^2 + (a\,s(b))^2$ und mit den gegebenen Zahlen $F = 2792\,\text{m}^2$ mit $s(F)^2 = 2{,}1\,m^2$.

5. Im Dreieck ABC sind gemessen $b = 221{,}41$ m, $c = 166{,}14$ m und $\alpha = 54{,}2110$ gon, wobei $s(b) = 0{,}06$ m, $s(c) = 0{,}05$ m und $s(\alpha) = 4{,}0$ mgon ist. Gesucht sind die Seite a und ihre Standardabweichung.

Aus $a = \sqrt{b^2 + c^2 - 2bc\cos\alpha}$ folgt gem. (1.16)

$$s(a)^2 = \left(\frac{b - c\cos\alpha}{a}\,s(b)\right)^2 + \left(\frac{c - b\cos\alpha}{a}\,s(c)\right)^2 + \left(\frac{b\,c\sin\alpha}{a}\cdot\frac{s(\alpha)}{\varrho}\right)^2$$

und mit den gegebenen Zahlen $a = 167{,}80\,\text{m}$ mit $s(a) = 0{,}04\,\text{m}$.

1.4.5 Ausgleichung direkter Beobachtungen von gleicher Genauigkeit

Ist eine Größe mehrfach gemessen worden, so müssen die Messungen zur Lösung der Aufgaben in [1.4.1] nach (1.6), (1.9) und (1.10) ausgeglichen werden. Um mit kleinen Zahlen rechnen zu können, führt man für die Unbekannte einen Näherungswert x_0 ein und setzt $x = x_0 + \delta x$. Bezeichnet man dann die Messungsgrößen anstatt mit l_i künftig mit L_i, so hat man die Ausgangsgleichung

$$L_i + v_i = x_0 + \delta x. \tag{1.17}$$

Darin bringt man L_i nach rechts und erhält die *Fehlergleichung*

$$v_i = \delta x - (L_i - x_0) = \delta x - l_i, \tag{1.18}$$

in der l_i eine neue Bedeutung erhalten hat.

Damit ergibt sich folgendes Rechenschema: Bilde

1. die Absolutglieder $-l_i = -(L_i - x_0)$
2. den Mittelwert $\delta x = \frac{1}{n}[l$
3. die übrigbleibenden Fehler $v_i = \delta x - l_i$
4. die [v]-Probe $[v] = 0$
5. die [vv]-Proben $[vv] = [ll - [l\,\delta x = [ll - \frac{[l^2}{n}$
6. die Standardabweichung einer Messung $s = \sqrt{\frac{[vv]}{n-1}}$
7. die Standardabweichung des Mittelwertes $s(\hat{x}) = \frac{s}{\sqrt{n}}$

und setze als Schlußprobe die gewonnenen Ergebnisse in Gleichungen (1.17) ein, die erfüllt sein müssen.

Zahlenbeispiel: Zur Bestimmung eines Winkels seien die in Spalte 1 des nachstehenden Schemas eingetragenen Beobachtungen gemacht. Als Näherungswert werde $x_0 = 52{,}350$ gon *eingeführt.*

L_i	$l_i = L_i - x_0$	$v_i = \delta x - l_i$ +	$v_i = \delta x - l_i$ −	vv	ll
1	2	3		4	5
gon	mgon	mgon	mgon	$mgon^2$	$mgon^2$
52,356	+ 6		5,3	28	36
52,348	− 2	2,7		07	04
52,346	− 4	4,7		22	16
52,347	− 3	3,7		14	09
52,352	+ 2		1,3	01	04
52,355	+ 5		4,3	18	25
	+ 4	11,1	10,9	90	94

$$\delta x = \frac{+\,4}{6} = 0{,}7\,\text{mgon}; \quad [v] = 0{,}2; \quad \text{soll} = \text{Null}.$$

$$[vv] = 94 - 4 \cdot \delta x = 94 - \frac{4^2}{6} = 91; \quad \text{soll} = 90.$$

Ausgleichsergebnisse: $\hat{x} = x_0 + \delta x = 52{,}351\,\text{gon}$;

$$s = \sqrt{\frac{0{,}90}{6-1}} = \pm\,0{,}004\,\text{gon}; \quad s(\hat{x}) = \frac{0{,}004}{\sqrt{6}} = 0{,}0013\,\text{gon}.$$

1.4.6 Ausgleichung direkter Beobachtungen von verschiedener Genauigkeit

1.4.6.1 Einführen von Gewichten

Ist eine Messungsgröße mehrere Male mit *verschiedener* Genauigkeit beobachtet worden, müssen beim Bilden des Mittelwertes die Genauigkeitsverhältnisse oder – in der Sprache der Ausgleichungsrechnung – die *Gewichte* der einzelnen Messungen berücksichtigt werden. Eine Messung habe das Gewicht p, wenn sie die gleiche Standardabweichung hat wie das arithmetische Mittel aus p tatsächlichen oder fingierten Standardmessungen mit dem Gewicht 1. Mithin gilt im Hinblick auf (1.10) für die

Messungen $L_1, L_2 \dots L_n$ mit den Gewichten $p_1, p_2 \dots p_n$ der Ansatz

$$p_1 : p_2 \dots : p_n = \frac{\sigma^2}{\sigma_1^2} : \frac{\sigma^2}{\sigma_2^2} \dots : \frac{\sigma^2}{\sigma_n^2}. \tag{1.19}$$

Die Gewichte sind also den Quadraten der Standardabweichungen umgekehrt proportional. Die Standardabweichung einer Messung vom Gewicht 1 wird *Gewichtseinheitsfehler* genannt und gewöhnlich mit σ_0 bezeichnet. Zur Berechnung des Gewichts p_i einer Beobachtung L_i mit der Standardabweichung σ_i hat man dann die Gleichung

$$p_i = \frac{\sigma_0^2}{\sigma_i^2}. \tag{1.20}$$

Die Gewichtseinheit wählt man so, daß die Gewichte möglichst wenig von 1 abweichen. Gebräuchliche Gewichtseinheiten sind die Gewichte einer Streckenmessung von 100 m, eines Nivellements von 1 km und das Gewicht eines in beiden Fernrohrlagen einmal beobachteten Winkels.

Aus dem Fehlerfortpflanzungsgesetz (1.13) folgt mit den aus (1.20) abzuleitenden Werten der σ_i^2 das *Gewichtsfortpflanzungsgesetz*

$$\frac{1}{p_x} = \frac{\alpha_1^2}{p_1} + \frac{\alpha_2^2}{p_2} + \cdots \frac{\alpha_n^2}{p_n}. \tag{1.21}$$

Multipliziert man eine Beobachtung L_i mit der Wurzel aus ihrem Gewicht, so erhält nach (1.21) der Ausdruck

$$L_i \sqrt{p_i} \text{ das Gewicht 1.} \tag{1.22}$$

Dieser Ausdruck wird als *normierte oder standardisierte Variable* bezeichnet.

Zahlenbeispiel: In einem Dreieck wurde Winkel α mit $s(\alpha) =$ 0,6 mgon und Winkel β mit $s(\beta) = 0{,}4$ mgon beobachtet. Gefragt ist a) wie groß ist p_β, wenn $p_\alpha = 1$ gesetzt wird; b) wie groß ist p_γ für $\gamma = 200\,\text{gon} - \alpha - \beta$?

Zu a) $\quad p_\alpha : p_\beta = \frac{1}{0{,}6^2} : \frac{1}{0{,}4^2} = \frac{0{,}36}{0{,}36} : \frac{0{,}36}{0{,}16}; \quad p_\beta = 2{,}2.$

Zu b) $$\frac{1}{p_\gamma} = \frac{1}{p_\alpha} + \frac{1}{p_\beta} = \frac{1}{1} + \frac{1}{2{,}2} = 1{,}45; \quad p_\gamma = 0{,}7.$$

1.4.6.2 Das gewogene Mittel

Um einen Mittelwert aus Messungen verschiedenen Gewichts zu erhalten, ersetzt man wegen (1.22) die Minimumsbedingung (1.7) durch die allgemeinere Forderung

$$[vvp] = \text{Minimum}. \tag{1.23}$$

An die Stelle des einfachen Mittels (1.6) tritt dann, wenn man wie in (1.17) einen Näherungswert x_0 abspaltet, als Mittelwert aus n Messungen L_i mit verschiedenen Gewichten das *gewogene Mittel*

$$\hat{x} = \frac{L_1 p_1 + L_2 p_2 + \cdots L_n p_n}{p_1 + p_2 + \cdots p_n} = x_0 + \frac{[lp]}{[p]} = x_0 + \delta x. \tag{1.24}$$

Die Standardabweichungen einer Beobachtung vom Gewicht 1 bzw. vom Gewicht p_i sind gemäß (1.9) und (1.22)

$$s_0 = \pm \sqrt{\frac{[vvp]}{n-1}} \quad \text{bzw.} \quad s_i = \pm \frac{s_0}{\sqrt{p_i}}. \tag{1.25}$$

Die Standardabweichung und das Gewicht des gewogenen Mittels sind

$$s(\hat{x}) = \pm \frac{s_0}{\sqrt{[p]}} \quad \text{bzw.} \quad p_x = [p]. \tag{1.26}$$

Der *Rechenweg* entspricht durchaus dem Verfahren in 1.4.5. Hinzu kommt lediglich, daß jede Fehlergleichung ihr besonderes Gewicht hat. Dadurch treten im nachstehenden Zahlenbeispiel an die Stelle von [1.4.5] Ziffer 2., 6. und 7. die Gleichungen (1.24) bis (1.26); es erscheinen zusätzlich die Spalten *lp* und *vp*; und *vv* und *ll* werden durch *vvp* und *llp* ersetzt. Ferner erhalten die [*v*]-Probe und die [*vv*] – vgl. [1.4.5] Ziffer 4. und 5. – die Formen

$$[vp] = 0 \tag{1.27}$$

$$[vvp] = [llp] - [lp]\delta x = [llp] - \frac{[lp]^2}{[p]}. \tag{1.28}$$

Zahlenbeispiel: Ein Winkel wurde am 1. Tage 8mal, am 2. Tage 4mal, am 3. Tage 12mal und am 4. Tage 8mal gemessen. Man erhielt als Tagesmittel der Reihe nach 40,1714 gon, 40,1718 gon, 40,1721 gon und 40,1725 gon. Gesucht sind der Mittelwert und seine Standardabweichung.

Als Näherungswert sei 40,17 gon gewählt. Die Gewichtseinheit sei ein viermal gemessener Winkel. Damit erhält man

p	$l_i = L_i - x_0$	lp	$v_i = \delta x - l_i$	vp +	vp −	vvp	llp
1	2	3	4	5		6	7
	mgon	mgon	mgon	mgon	mgon	$mgon^2$	$mgon^2$
2	1,4	2,8	+ 0,6	1,2		0,72	3,92
1	1,8	1,8	+ 0,2	0,2		0,04	3,24
3	2,1	6,3	− 0,1		0,3	0,03	13,23
2	2,5	5,0	− 0,5		1,0	0,50	12,50
8		15,9		1,4	1,3	1,29	32,89

$$\delta x = \frac{15{,}9}{8} = 1{,}988\,\text{mgon}; \quad [vp] = +\,0{,}1\,\text{mgon (soll = Null)}$$

$$[vvp] = 32{,}89 - 15{,}9 \cdot \delta x = 32{,}89 - \frac{15{,}9^2}{8} = 1{,}29; \ \text{soll } 1{,}29.$$

(Beachte: Damit die $[vvp]$-Probe stimmt, muß δx auf 1 bis 2 Stellen genauer berechnet werden, als sachlich notwendig ist).

Ausgleichsergebnisse:

$\hat{x} = 40{,}17\,\text{gon} + 0{,}002\,\text{gon} = 40{,}1720\,\text{gon};$

$$s_0 = \sqrt{\frac{129}{4-1}} = 0{,}7\,\text{mgon}; \quad s(\hat{x}) = \frac{s_0}{\sqrt{[p]}} = \frac{7}{\sqrt{8}} = 0{,}24\,\text{mgon}.$$

1.4.7 Ausgleichung von direkten Beobachtungen mit einer Summenbedingung

Oftmals müssen die ausgeglichenen Werte mehrerer Messungen L_i einer mathematischen Bedingung genügen, z. B. muß die

Summe der den Horizont füllenden Winkel 400 gon betragen und eine Nivellementschleife, die zum Ausgangspunkt zurückgeführt wird, muß mit Null abschließen. Für die Ausgleichung solcher Messungen ergibt das Prinzip des gewogenen Mittels folgenden Weg:

Ist S der Sollwert und $[L]$ die Summe aus den Ergebnissen der n die Summe bildenden Messungen, so wird der *Widerspruch* $w = [L] - S$ bei lauter gleichgewichtigen Messungen auf alle Einzelmessungen zu gleichen Teilen verteilt. Die Standardabweichungen einer ursprünglichen Messung L_i bzw. die einer ausgeglichenen Messung x_i sind

$$s_i = \frac{w}{\sqrt{n}} \quad \text{bzw.} \quad s(x_i) = s_i \sqrt{1 - \frac{1}{n}} \,. \tag{1.29}$$

Bei ungleichen Gewichten der Einzelmessungen dagegen wird der Widerspruch proportional zu den reziproken Gewichten $1/p_i$ verteilt. Die Standardabweichung einer ursprünglichen Messung von Gewicht 1 bzw. die einer ausgeglichenen Messung x_i sind dann

$$s_0 = w : \sqrt{\left[\frac{1}{p}\right]} \quad \text{bzw.} \quad s(x_i) = \frac{s_0}{\sqrt{p_i}} \sqrt{1 - \frac{1}{p_i} : \left[\frac{1}{p}\right]} \,. \tag{1.30}$$

1.4.8 Berechnung der Standardabweichungen aus Doppelmessungen

Oftmals werden der Sicherheit halber n gleichartige Größen (Winkel, Strecken, Höhenunterschiede, Flächeninhalte usw.) je zweimal mit gleicher Genauigkeit beobachtet. L_i und ε_i seien die Beobachtungen und die wahren Fehler der ersten Serie, L_i' und ε_i' die der zweiten Serie. Beobachtung + als wahrer Fehler ergeben laut Definition den wahren Wert einer Größe. Also muß sein

$$L_i + \varepsilon_i = L_i' + \varepsilon_i' \quad \text{oder} \quad L_i - L_i' = d_i = -\varepsilon_i + \varepsilon_i' \,.$$

Mithin sind die $d_i = -\varepsilon_i + \varepsilon_i'$ als die Differenzen $L_i - L_i'$ bekannt. Werden die n möglichen Gleichungen für die d_i zuerst quadriert, dann aufsummiert und schließlich durch n geteilt, so erhält man, weil wie in [1.4.4] die gemischten Glieder gegen Null gehen,

$$\frac{[dd]}{n} = s^2 + s'^2 .$$

Da aber s und s', wenn beide Male nach dem gleichen Verfahren gemessen wird, als gleich angenommen werden können, erhält man bei gleichgewichtigen Messungen

als Standardabweichung einer einzelnen Beobachtung

$$s = \sqrt{\left[\frac{dd}{2n}\right]} \tag{1.31}$$

als Standardabweichung einer aus beiden Messungen gemittelten Beobachtung

$$s_M = \frac{1}{2}\sqrt{\left[\frac{dd}{n}\right]} . \tag{1.32}$$

Bei Messungen mit *verschiedenen* Gewichten ist

die Standardabweichung einer Beobachtung vom Gewicht 1

$$s_0 = \sqrt{\frac{[ddp]}{2n}} . \tag{1.33}$$

Beim Nivellement ist das Gewicht, da die Standardabweichung nach der Regel bei (1.15) mit der Wurzel aus der nivellierten Strecke wächst, gemäß (1.21) der Strecke umgekehrt proportional; also ist, wenn die Strecke r_i heißt, $p_i = 1/r_i$.

Für die Fehlerrechnung ergeben sich dann die in [7.4.1] abgeleiteten Formeln.

1.4.9 Fehlergrenzen und Vertrauensbereich

Die Fläche unter der Kurve Abb. 1.4 repräsentiert die Gesamtheit aller aufgetretenen Fehler. Die Wahrscheinlichkeit, bei einer Messung einen Fehler zwischen den Grenzen $\varepsilon = a$ und

$\varepsilon = b$ zu begehen, erhält man demnach durch Integration von (1.5) zu

$$\bar{\Phi}(\varepsilon) = \frac{h}{\sqrt{\pi}} \int_{\varepsilon=a}^{b} e^{-h^2 \varepsilon^2} d\varepsilon. \tag{1.34}$$

Wählt man als Grenzen $a = -u_s\sigma$ und $b = +u_s\sigma$, wobei u_s ein Zahlenfaktor und σ der nach (1.8) für den Fall $n \to \infty$ gefundene theoretische Wert der Standardabweichung ist, so gewinnt man für bestimmte Werte von u_s die in der Tabelle 1 vermerkten Prozentsätze der Sicherheit S dafür, daß die Beobachtungen in dem Vertrauensbereich

$$x \pm u_s\sigma \tag{1.35}$$

liegen. Nach der letzten Zeile dieser Tabelle wird also der dreifache Wert von σ nur in 0,3% aller Fälle überschritten.

Tabelle 1

u_s	S%
1	68,3
1,96	95
2	95,4
2,58	99
3	99,7

Gestützt auf diese Erkenntnis und auf langjährige praktische Erfahrungen betrachten die Vermessungsverwaltungen den 3- bis 4fachen Betrag der theoretischen Standardabweichung der verschiedenen Messungsarten als Fehlergrenze und schreiben vor, daß Messungen, bei denen die jeweiligen Fehlergrenzen überschritten werden, wiederholt werden müssen [vgl. 2.6.2, 4.5.3, 7.5.3]. Diese Vorschrift führt vielfach zu der Auffassung, daß ein Messungsergebnis, bei dem die aus den Messungen selbst errechnete Standardabweichung den durch die Fehlergrenzen gesteckten Rahmen nicht überschreitet, als gesichert angesehen werden kann.

Das trifft in dieser Allgemeinheit nicht zu. Aus der begrenzten Zahl der Messungen gewinnt man nämlich nicht den theoretischen Wert σ der Standardabweichung, sondern z. B. nach (1.9) oder (1.31) lediglich den Näherungswert s, und nach [1.4.5] und [1.4.6] den Näherungswert $s(\hat{x})$. s und $s(\hat{x})$ aber sind um so ungenauer, je kleiner die Anzahl f der zu ihrer Berechnung verwandten überschüssigen Messungen ist.

Die mathematische Statistik verzichtet daher auf den Begriff der Fehlergrenze und ermittelt statt dessen für das Messungsergebnis den sogenannten *Vertrauensbereich*, dessen untere und obere Grenze beschrieben wird durch die Formel

$$x \pm t_s s(\hat{x}). \tag{1.36}$$

Der darin auftretende Faktor t_s ist eine Funktion der Anzahl f der zur Berechnung von $s(\hat{x})$ benutzten überschüssigen Messungen und des je nach Lage des Falles für erforderlich gehaltenen Sicherheitsprozentsatzes S. Einige Zahlenwerte dieser sog. „Studentschen" Funktion sind in der Tabelle 2 wiedergegeben. In diese geht man ein mit f und findet rechts daneben die Werte für t_s bei $S = 95\%$ und $S = 99\%$.

Tabelle 2

f	Wert von t für $S = 95\%$	Wert von t für $S = 99\%$
1	12,71	63,66
2	4,30	9,92
3	3,18	5,84
4	2,78	4,60
5	2,57	4,03
8	2,31	3,36
10	2,23	3,17
20	2,09	2,85
50	2,01	2,68
∞	1,96	2,58

Der sogenannte Erwartungswert oder wahre Wert der Messungsgröße selbst liegt dann mit *dem gewählten Sicherheitsprozentsatz S* in dem durch (1.36) beschriebenen Bereich.

Zahlenbeispiel:

1. Im Zahlenbeispiel zu [1.4.5] wurden $\hat{x} = 52{,}351$ gon und

$$s(\hat{x}) = \pm\, 0{,}0013 \text{ gon}$$

mit $f = 5$ überschüssigen Beobachtungen berechnet. Also ist der Vertrauensbereich bei 95% Sicherheit:

$$\hat{x} \pm 2{,}57 \cdot 0{,}0013 \quad \text{oder} \quad 52{,}351 \text{ gon} \pm 0{,}003 \text{ gon},$$

und bei 99% Sicherheit:

$$\hat{x} \pm 4{,}03 \cdot 0{,}0013 \quad \text{oder} \quad 52{,}351 \text{ gon} \pm 0{,}005 \text{ gon}.$$

Die Unsicherheit des Ergebnisses ist also 3 bzw. 5mal größer als meistens aufgrund der berechneten Standardabweichung angenommen wird.

2. Im Zahlenbeispiel zu [1.4.6.2] ergab sich $\hat{x} = 40{,}1720$ gon und $s(\hat{x}) = 0{,}00024$ gon mit $f = 3$. Also ist der Vertrauensbereich bei $S = 95\%$

$$\hat{x} \pm 3{,}18 \cdot 0{,}00024 \text{ gon} \quad \text{oder} \quad 40{,}1720 \text{ gon} \pm 0{,}0008 \text{ gon}$$

und bei $S = 99\%$

$$\hat{x} \pm 5{,}84 \cdot 0{,}00024 \text{ gon} \quad \text{oder} \quad 40{,}1720 \text{ gon} \pm 0{,}0014 \text{ gon},$$

Der Schlußsatz zum vorigen Beispiel gilt entsprechend.

Es überrascht zunächst, daß bei steigenden Ansprüchen an die Sicherheit in beiden Beispielen die Vertrauensgrenzen weiter nach außen gerückt sind und damit das Ergebnis x mit größerer Unsicherheit behaftet zu sein scheint als bei geringeren Ansprüchen. Die Erklärung ist jedoch einfach: Wenn zwischen den Vertrauensgrenzen bei sonst gleichbleibenden Verhältnissen ein größerer Prozentsatz an Sicherheit untergebracht werden soll, so müssen die Grenzen erweitert werden. Wünscht man dagegen das endgültige Messungsergebnis $\hat{x}$ in engere Grenzen einzuschließen, so muß man – eine aus (1.36) folgende triviale Erkenntnis – entweder durch genaueres Messen für eine kleinere Standardabweichung sorgen, oder durch Vermehrung der Zahl der überschüssigen Beobachtungen in der Tabelle 2 zu einem kleineren Wert von t_s kommen.

2 Abstecken und Messen gerader Linien

2.1 Bezeichnungen von Punkten und Geraden

2.1.1 Bezeichnung von Punkten im Gelände

Der Zweck einer Grundstücksvermessung ist in erster Linie die Aufmessung der Grenzen. Die Brechpunkte der Grenzen werden daher, wenn die Örtlichkeit es irgend erlaubt, vermarkt, und zwar mit 60 bis 80 cm langen Natur- oder Kunststeinen, mit Betonklötzen, in die Eisenrohre eingelassen sind, mancherorts auch mit unterirdisch einzubringenden Hohlziegeln oder Dränrohren. Außer den Grenzpunkten werden die Festpunkte der Vermessung festgelegt; insbesondere werden die Dreiecks- oder Trigonometrischen Punkte in Deutschland mit Steinpfeilern nebst unterlegter Platte vermarkt (Abb. 2.1); andere Vermes-

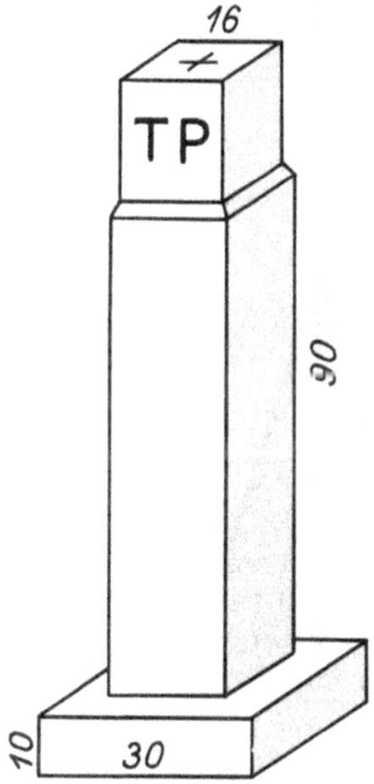

Abb. 2.1 Vermarkung eines Trigonometrischen Punktes

sungspunkte werden mit Lochsteinen oder nur unterirdisch mit Dränrohren, Hohlziegeln oder Gasrohren bezeichnet.

Wie in [1.2] ausgeführt ist, werden bei einer Lagemessung alle Punkte, die einer Lotlinie angehören, auf einen Punkt der Bezugsfläche projiziert; es liegt daher nahe, die Lotlinien der Punkte sichtbar zu machen. Das geschieht, wenn diese nicht bereits in der Natur vorhanden sind, wie etwa Hauskanten, mit Hilfe von *Fluchtstäben.* Die Fluchtstäbe (Baken) sind Stangen aus Eschen- oder Kiefernholz, die üblicherweise 2,8 cm stark und 2 m lang sein sollen; sie sind von 50 cm zu 50 cm abwechselnd weiß und rot gestrichen und mit einer eisernen Spitze zum Einstoßen in den Boden versehen. Sie werden mit Hilfe eines Schnurlotes, mit einer anklemmbaren Libelle oder mit einem Lattenrichter (Abb. 2.2) lotrecht gestellt. Auf hartem Untergrund (Pflaster) benutzt man eiserne Fluchtstabhalter (Abb. 2.3).

Abb. 2.2
Lattenrichter

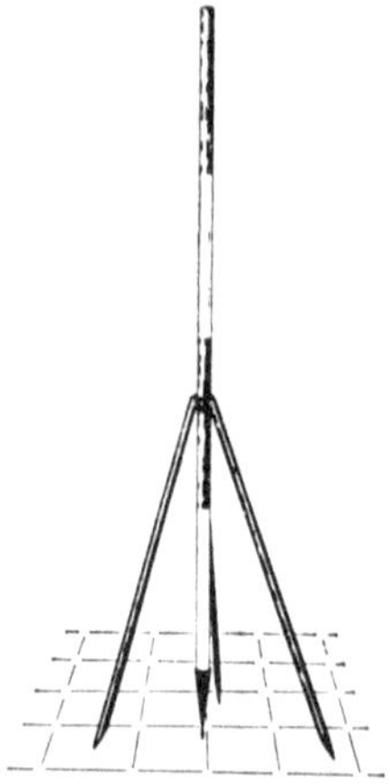

Abb. 2.3
Fluchtstabhalter

2.1.2 Ausfluchten von Geraden

Um eine gerade Linie AB im Gelände zu bezeichnen, müssen zuerst ihre beiden Endpunkte mit Fluchtstäben ausgesteckt werden. Zwischen den Endpunkten werden weitere Fluchtstäbe in Abständen von 30 bis 50 m in der Weise eingefluchtet, daß vom Beobachterstandpunkt aus gesehen zuerst der fernste, zuletzt der nächstgelegene Zwischenpunkt eingewiesen wird. Sind alle Zwischenpunkte eingefluchtet, so ist die Gerade „abgesteckt".

Ein gewandter Beobachter kann Geraden bis zu etwa 200 m mit bloßem Auge ausfluchten; für längere Strecken ist ein Feldstecher erforderlich. Bei sorgfältiger Arbeit gelingt es so, in ebenem Gelände die Zwischenpunkte auf 2 bis 3 Stabdicken in die Gerade zu bringen. Wird größere Genauigkeit verlangt oder hat man eine Gerade im Gebirge durchzufluchten, ist ein Theodolit erforderlich. Vgl. Band III.

2.1.3 Überwinden von Geländehindernissen

Gegenseitiges Einweisen durch 2 Gehilfen wird erforderlich, wenn A und E unzugänglich (Hausecken) oder infolge einer Bodenerhebung nicht gegenseitig sichtbar sind.

Die beiden Gehilfen stellen sich gemäß Abb. 2.4 oben jeder mit einem Fluchtstab versehen, an zwei zwischen A und E gelegenen Punkten 1 und 2 auf, von denen aus jeweils ein Endpunkt der Strecke sichtbar ist. Nunmehr fluchtet 2 den 1 in die Gerade $2E$ nach 3, dann fluchtet 3 den 2 nach 4 und so fort, bis bei genau lotrecht stehenden Fluchtstäben an beiden Zwischenpunkten keine seitlichen Abweichungen mehr sichtbar sind (Abb. 2.4 unten). Bei schärferen Anforderungen wieder-

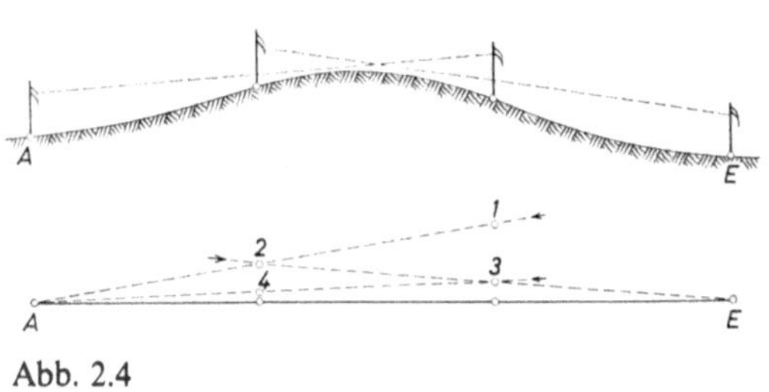

Abb. 2.4

hole man den Vorgang, indem man sich auch von der anderen Seite an die Gerade heranarbeitet.

Verbaute Messungslinien lassen sich gem. Abb. 2.5 mit Hilfe einer im Abstand a parallel zur ursprünglichen Linie durchgefluchteten Geraden abstecken. Die kleinen Doppelbögen im Bilde symbolisieren rechte Winkel, die gemäß [2.2] abzusetzen sind.

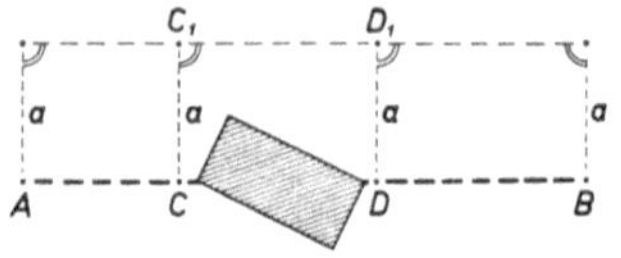

Abb. 2.5

In anderen Fällen (Abb. 2.6) legt man eine Hilfslinie durch A, „winkelt" B darauf auf und mißt das Stück b. Dann werden in C_1 und D_1 die Ordinaten c und d proportional eingerechnet und in der Örtlichkeit rechtwinklig abgesetzt. Das verbaute Zwischenstück errechnet sich nach dem Pythagoräischen Lehrsatz aus

$$(CD)^2 = (C_1D_1)^2 + (d - c)^2.$$

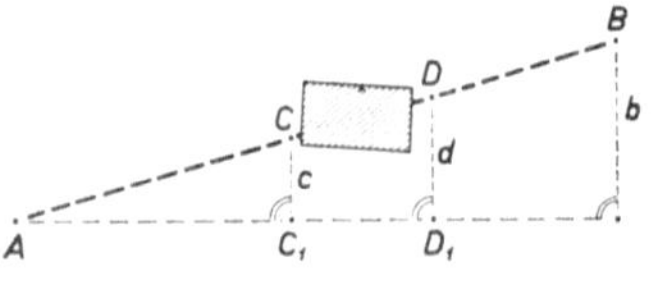

Abb. 2.6

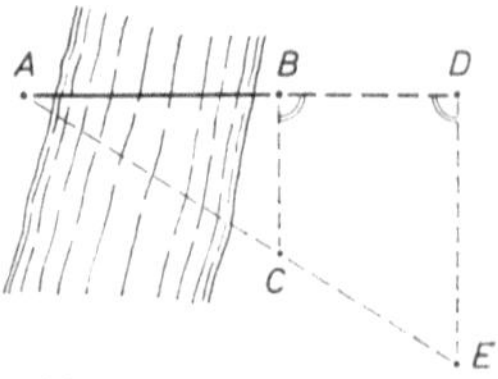

Abb. 2.7

Wasserläufe lassen sich nach Abb. 2.7 mit Hilfe des Ansatzes $AB = BC \dfrac{BD}{DE - BC}$ überqueren.

2.2 Absetzen von festen Winkeln

Zum Absetzen rechter Winkel oder zum Aufwinkeln seitwärts liegender Punkte auf eine Messungslinie dienen vorwiegend Winkelprismen und Prismenkreuze.

2.2.1 Winkelprismen

Winkelprismen sind geschliffene Glaskörper mit parallelen Kanten. Der Strahlengang läßt sich mit Hilfe des Brechungsgesetzes, des Reflexionsgesetzes und des Gesetzes von der totalen Reflexion herleiten [5.2.3].

2.2.1.1 Das Fünfseitprisma oder Pentagon nach Goulier

Das Fünfseitprisma (Abb. 2.8) war ursprünglich als Vierseitprisma gedacht. Die fünfte Seite ist dadurch entstanden, daß eine Ecke abgeschnitten ist. Die beiden Längsseiten sind verspiegelt. Das Gehäuse des Prismas ist auf einem Handgriff befestigt, der mit Hilfe eines Schnurlotes zentriert und senkrecht gehalten werden kann. Abb. 2.9 läßt den Strahlengang erkennen. Ein von *A* kommender Strahl wird durch das Prisma so gebrochen und reflektiert, daß er von seiner ursprünglichen Richtung um 100 gon abgelenkt wird.

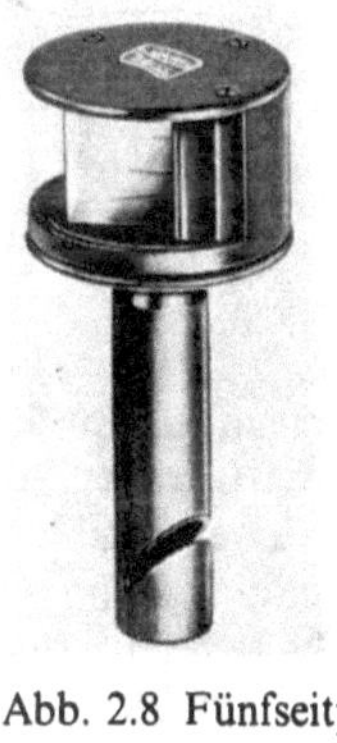

Abb. 2.8 Fünfseitprisma

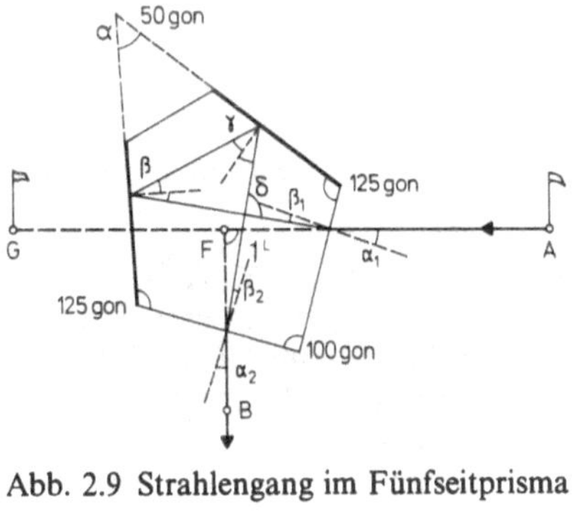

Abb. 2.9 Strahlengang im Fünfseitprisma

Der Einfachheit halber sei zunächst nur der Strahlverlauf innerhalb des Prismas betrachtet. An den spiegelnden Flächen wird der Strahl reflektiert und von seiner ursprünglichen Richtung um den Winkel δ abgelenkt. Da aber

$$\delta = 2\beta + 2\gamma \text{ und } \alpha = \beta + \gamma \text{ ist,}$$

wird $\delta = 2\alpha = 2 \cdot 50 \text{ gon} = 100 \text{ gon} = 1^{\llcorner}$. (2.1)

Wie Abb. 2.9 zeigt, schließen auch der in das Prisma einfallende und der aus dem Prisma heraustretende Strahl einen Winkel von 100 gon ein. Da wegen der vorderen 100 gon Kante die Einfallslote senkrecht aufeinander stehen, wegen (2.1) $\beta_1 = \beta_2$ und wegen des Brechungsgesetzes $\alpha_1 = \alpha_2$ ist somit $AF \perp FB$.

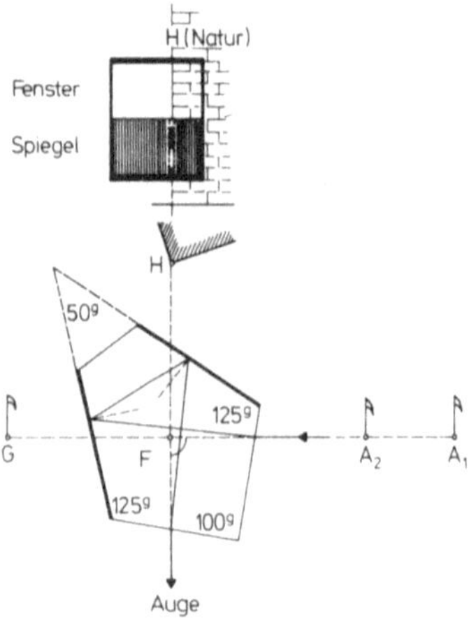

Abb. 2.10 „Aufwinkeln“ mit einem Fünfseitprisma

Um die Hausecke H (Abb. 2.10) auf die Messungslinie AG *„aufzuwinkeln“*, stellt der Beobachter sich in die Gerade AG und bewegt sich mit dem Fünfseitprisma seitlich so lange hin und her, bis die Bilder der Fluchtstäbe A_1 und A_2 von H herzukommen scheinen. In dieser Stellung läßt er Schnurlot oder Lotstab fallen und gewinnt damit den Lotfußpunkt F.

Soll in *F ein Lot errichtet* werden, so wird ein Meßgehilfe mit einem Fluchtstab in die ungefähre Lotrichtung entsandt. Der Beobachter stellt sich in F auf und weist den Meßgehilfen so ein, daß sein Fluchtstab in derselben Richtung erscheint wie die Bilder von A_1 und A_2.

2.2.1.2 Das Wollastonprisma

Das fünfseitige Wollastonprisma (Abb. 2.11) geht auf ein Vierseitprisma zurück, bei dem die den rechten Winkel enthaltende Ecke abgeschnitten ist. Das Prisma hat keine verspiegelte Flächen; vielmehr wird der Strahl bei C und bei D total reflektiert. Da aber $\gamma + \delta = 150$ gon ist, muß $BC \perp DE$ sein, also auch Strahl $A_1 A_2 BF \perp EFH$.

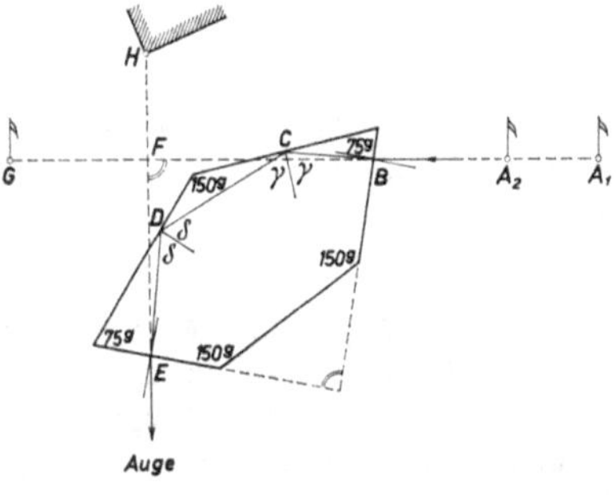

Abb. 2.11 Strahlengang im Wollastonprisma

2.2.1.3 Das Bauernfeindsche Winkelprisma

Neben den Fünfseitprismen gibt es noch ein Dreiseitprisma – das Bauernfeindsche Winkelprisma – zum Absetzen rechter Winkel. Seine Grundfäche ist ein rechtwinklig gleichschenkliges Dreieck; seine Hypotenusenfläche ist versilbert. Zwischen dem einfallenden und ausfallenden Strahl entsteht nur dann ein Winkel von 100 gon, wenn der Strahl nahe der 100 gon-Kante einfällt. Fällt der Strahl im mittleren Teil der Kathete ein, so treten Ablenkwinkel größer als 100 gon auf; dreht man bei dieser Anordnung das Prisma, so scheint der Strahl zu wandern. Es können folglich leicht Fehler auftreten; Dreiseitprismen werden daher nur in Ausnahmefällen eingesetzt.

Gegenüber dem Dreiseitprisma haben die Fünfseitprismen folgende Vorteile: Es entstehen nur feste Bilder; die Bilder sind heller, weil bei den kleinen Einfallswinkeln nur ein geringer Lichtverlust auftritt; der Scheitelpunkt des rechten Winkels liegt im Prisma.

2.2.1.4 Genauigkeit der Winkelprismen

Die Schliffehler der Prismen liegen unter 2 cgon. Zu dem Fehler des Schliffs kommen bei freihändigem Gebrauch ein Zielfehler von 3 bis 4 cgon und ein Zentrierfehler von 2 cm, so daß beim Abstecken eines 30 m langen Lotes mit einem Pentagon eine Standardabweichung von 2—3 cm erwartet werden kann. Bei Benutzung eines ausklinkbaren Lotstabes kann die Unsicherheit noch um 1 cm herabgedrückt werden.

2.2.2 Prismenkreuze

Diese bestehen aus zwei übereinander angeordneten Bauernfeindschen, Goulierschen oder Wollastonschen Prismen. Sie erlauben es, rechte und gestreckte Winkel abzustecken.

Prismenkreuze aus Bauernfeindschen Prismen werden nicht mehr gefertigt. Das aus zwei Fünfseitprismen kombinierte Doppelpentagon (Abb. 212 und 2.14) ist stärker verbreitet als alle anderen Winkelprismen. In dem Prisma P 9 von *Zeiss* (Abb. 2.14), das aufgrund von Verbraucherwünschen neu konzipiert ist, erlaubt eine Planplatte zwischen den Prismen den Geradeausblick, und verspiegelte Grund- und Deckenflächen ermöglichen Steilvisuren. Das aus zwei Wollastonprismen zu-

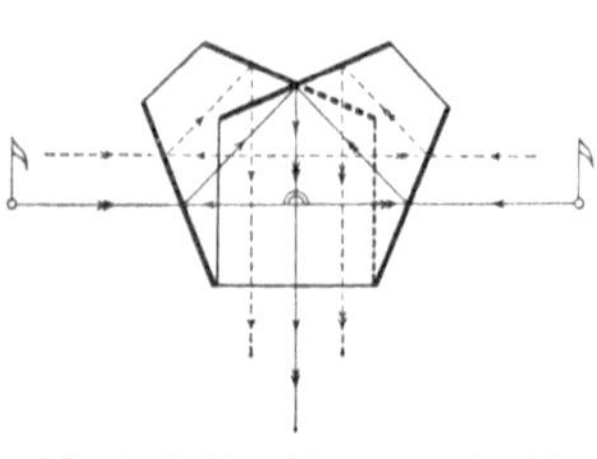

Abb. 2.12 Strahlengang im Doppelpentagon

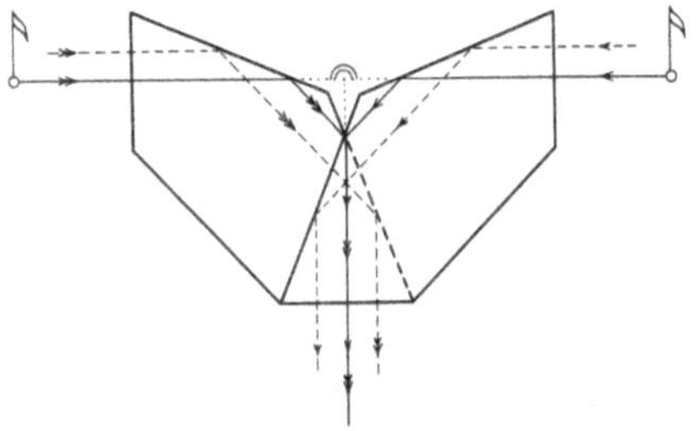

Abb. 2.13 Strahlengang im Kreuzvisier

sammengesetzte Prismenkreuz, das unter der Bezeichnung Kreuzvisier im Handel ist (Abb. 2.13 und 2.15), hat besonders günstige Lichtverhältnisse.

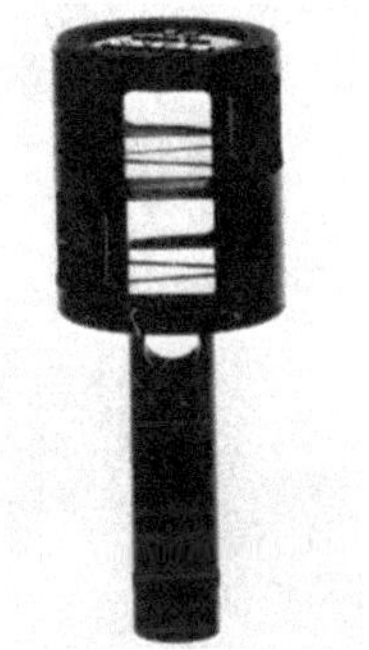

Abb. 2.14 Doppelpentagon

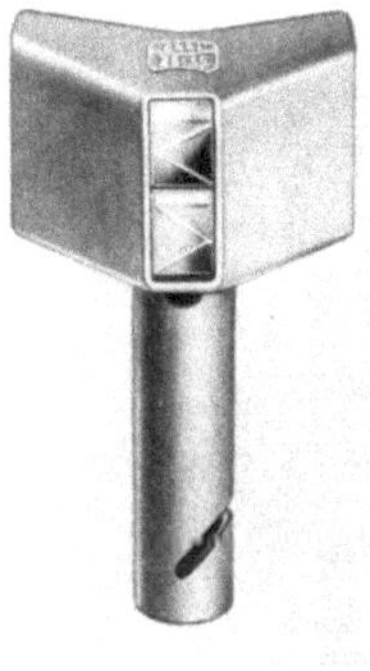

Abb. 2.15 Kreuzvisier

Mit Hilfe eines Prismenkreuzes kann ein Beobachter sich ohne Meßgehilfen in eine nur durch ihre Endpunkte bezeichnete Gerade einfluchten, indem er sich so lange vor und zurück bewegt, bis die von den beiden Prismen erzeugten Bilder des Anfangs- und Endpunktes der Geraden übereinander liegen. Hinsichtlich der Schliff-, Ziel- und Zentrierfehler gilt dasselbe wie bei den Rechtwinkelprismen. Im übrigen geht die Genauigkeit des Einfluchtens mit zunehmender Entfernung der beiden Endpunkte schnell zurück. Zweckmäßig macht man nach dem ersten Einrichten kehrt und wiederholt das Einfluchten von der anderen Seite her.

2.2.3 Die Kreuzscheibe

Die Kreuzscheibe, ein Diopterinstrument, das zwei einander rechtwinklig kreuzende Visierlinien durch vier in einem Kegel- oder Zylindermantel eingeschnittene Schlitze festlegt, wird manchmal noch in einigen Gebirgsgegenden zur Einzelaufnahme eingesetzt, weil die Kreuzscheibe Steilsichten von etwa 35 gon nach oben und nach unten erlaubt. Die Fabrikanten verfertigen sie in der Regel nur in Verbindung mit einem Doppelpentagon (Abb. 2.16). Die Standardabweichung eines abgesteckten rechten Winkels beträgt etwa 5 cgon, was auf 30 m eine seitliche Unsicherheit von 2 cm ausmacht.

Abb. 2.16 Kreuzscheibe

2.3 Längenmessung mit Stahlmaßstäben

Sehr genaue Längenmessungen auf engem Raum lassen sich häufig vorteilhaft mit starren Stahlmaßstäben ausführen. Messungen dieser Art treten gelegentlich im Zusammenhang mit Ingenieuraufgaben des Maschinenbaus oder Bauwesens auf. Im Vermessungswesen kann man Stahlmaßstäbe nutzen, um die Länge eines Komparators zu bestimmen. Mit einem solchen Komparator lassen sich Meßbänder und Meßdrähte eichen.

Zweckmäßig verwendet man für die Längenmessungen zwei 1 m lange glatte Stahlmaßstäbe mit schneidenförmigen Enden, deren *Länge unter Normalbedingungen* (z. B. bei 20° C) und Längenänderung in Abhängigkeit von der Temperatur *durch Kalibrieren* ermittelt sind. Diese *„Normalmeter"* sind gewöhnlich nicht mit einer Teilung versehen; die Reststrecken werden daher mit einem kurzen steifen Stahlmeßband bestimmt oder, wenn es sich nur um geringfügige Abweichungen von einem vollen Meter handelt, mit einem stählernen Meßkeil, dessen Gebrauch aus der Abb. 2.17 hervorgeht.

Die bei beliebigen Temperaturen tatsächlich vorhandene Länge erhält man aus der *Gleichung des Längenmaßstabes*.

(1) Kalibrierkorrektion:

Längenmeßgeräte kann man mit Längenkomparatoren (z. B. einem Laserinterferometer) kalibrieren.

Daraus ergibt sich die Kalibrierkorrektion

$$k_k = l \frac{\delta}{L_0}, \tag{2.1}$$

mit

L_0	Sollänge des Maßstabs in m unter Normalbedingungen,
l	die zu korrigierende Länge in m,
$\delta = L_0 - l_E$	der durch Kalibrieren des Maßstabs bei der Normaltemperatur (z. B. 20° C) erhaltene Überschuß über L_0 in m (l_E = Istlänge bei der Normaltemperatur),
$\dfrac{\delta}{L_0}$	die auf die Längeneinheit bezogene Kalibrierkorrektion.

(2) Temperaturkorrektion

Diese Korrektion beschreibt die Längenänderungen des Meßgerätes in bezug auf die Normalbedingung (z. B. 20° C).

$$k_t = l \cdot \alpha_{St}(t - 20^\circ \mathrm{C}) \tag{2.2}$$

mit

l	die zu korrigierende Länge,
α_{St}	linearer Temperaturausdehnungskoeffizient von Stahl,
t	Temperatur bei der Messung in °C.

Die Korrektionen faßt man in der *Gleichung des Längenmaßstabes* zusammen:

$$\boxed{L = L_0 + k_k + k_t} \tag{2.3}$$

Prüfmeterstäbe werden mit einem Prüfschein satzweise in Holzkästen geliefert. Sie sind in der Regel mit *A* und *B* bezeichnet und haben eine Länge von 1000 ± 0,02 mm. Normalerweise bestehen sie aus ungehärtetem Stahl mit einer Ausdehnungszahl von $11{,}5 \cdot 10^{-6}$ m pro 1 Kelvin. Für jeden Stab wird aufgrund von Eichmessungen die Gleichung des Normalmeters in der Form (2.3) angegeben.

Mit Hilfe der Stahlmaßstäbe lassen sich nicht nur Maßstäbe und -bänder jeder Art, sondern auch spezielle beim Bau benötigte Werkstücke ihrer Länge nach leicht abgleichen.

Als erstes Beispiel diene die Abgleichung von 5 m langen Werkstücken. Dazu nehme man eine starke, glatte Bohle und befestige darauf in der aus Abb. 2.17 ersichtlichen Weise in einem die Länge der Prüflinge um etwa 1 cm übersteigenden Abstand zwei Stahlschneiden. Der gegenseitige Abstand der Stahlschneiden wird, wie ebenfalls in Abb. 2.17 zu erkennen ist, mit Stahlmaßstäben und Keil ermittelt; alsdann werden die Prüflinge zwischen die Stahlschneiden der Bohle gelegt, und es wird für jeden Prüfling die Differenz d_i gegenüber dem Schneidenabstand mit Hilfe eines in mm eingeteilten Maßstabs, eines kurzen steifen Stahlbandes oder mit einem Meßkeil bestimmt.

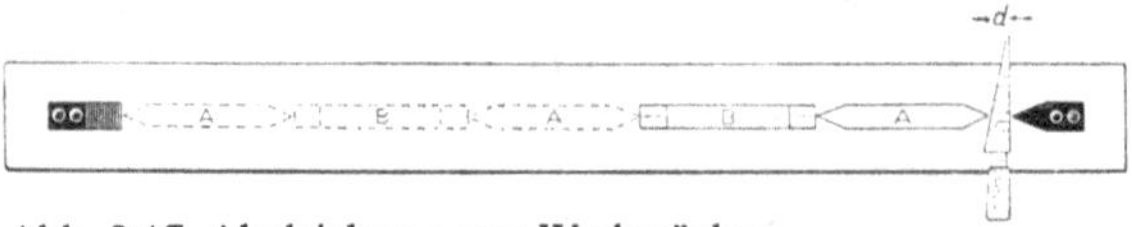

Abb. 2.17 Abgleichung von Werkstücken

Beispiel: Abgleichung von 5 m-Werkstücken. Gleichungen der Normalmeter:

$$\text{Stab } A = 1\text{ m} + 0{,}15\text{ mm} + 0{,}0115\,(t - 20°\text{ C})\text{ mm},$$
$$\text{Stab } B = 1\text{ m} + 0{,}07\text{ mm} + 0{,}0115\,(t - 20°\text{ C})\text{ mm}.$$

Länge der Stäbe bei Abgleichungstemperatur $t = 16°$ C:

$$A = 1\text{ m} + 0{,}10\text{ mm}; \quad B = 1\text{ m} + 0{,}02\text{ mm}.$$

Zweimalige Messung der Komparatorlänge K_5:

$$1.\ 3A + 2B + d_1 = 5\text{ m} + 0{,}34\text{ mm} + 9{,}10\text{ mm},$$
$$2.\ 2A + 3B + d_2 = 5\text{ m} + 0{,}26\text{ mm} + 9{,}20\text{ mm}.$$

Mittel aus 1. und 2.: $K_5 = 5\text{ m} + 9{,}45\text{ mm}$.

Abgleichung von zwei Werkstücken:

$$L_I = K_5 - d_I = 5\text{ m} + (9{,}45 - 8{,}30)\text{ mm} = \underline{5\text{ m} + 1{,}15\text{ mm}},$$
$$L_{II} = K_5 - d_{II} = 5\text{ m} + (9{,}45 - 8{,}83\text{ mm}) = \underline{5\text{ m} + 0{,}62\text{ mm}}.$$

In einem zweiten Beispiel wird gezeigt, wie man mit Stahlmaßstäben die Länge eines Komparators bestimmen kann, auf dem Meßbänder abgeglichen werden sollen. Das Abgleichen von Stahlmeßbändern kann man in [2.4.4] nachlesen.

Beispiel: Bestimmen der Länge eines Meßbandkomparators

Für genauere Messungen ist ein Meßbandkomparator nicht zu entbehren. Dazu wird zweckmäßig an einer Gebäudewand (möglichst im Innern eines ausgetrockneten festen Gebäudes) in etwa 1,20 m Höhe eine kräftige Meßbank von der Länge der zu prüfenden Bänder angebracht. Anfang und Ende der

Komparatorstrecke werden durch Metallplatten mit einer Millimeterteilung gekennzeichnet (Abb. 2.18). Außerdem sind an den Enden Vorrichtungen zum Festhalten bzw. zum Spannen der Bänder vorzusehen. Der Abstand zwischen dem Nullstrich der Anfangsmarke des Meßbandkomparators und dem Nullstrich der Endmarke wird ebenso gemessen wie der Schneidenabstand in Abb. 2.17. Das Band wird mit derselben Spannung eingelegt wie bei der Feldarbeit.

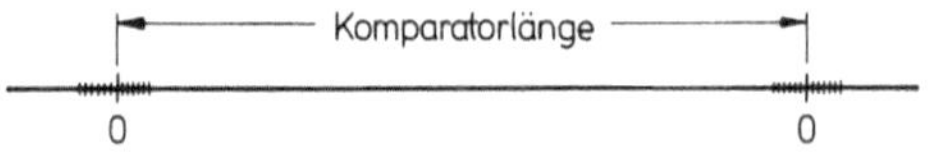

Abb. 2.18 Komparator zur Prüfung von Meßbändern

Wie in dem vorangehenden Beispiel soll die Abgleichungstemperatur $t = 16°$ C betragen, d. h.

$$A = 1\text{ m} + 0{,}10\text{ mm}; \quad B = 1\text{ m} + 0{,}02\text{ mm}$$

Zweimalige Messung der Komparatorlänge K_{20}:

1. $10A + 10B + d_1 = 20\text{ m} + 1{,}20\text{ mm} - 0{,}13\text{ mm}$
2. $10A + 10B + d_2 = 20\text{ m} + 1{,}20\text{ mm} - 0{,}11\text{ mm}$

Mittel aus 1. und 2.: $K_{20} = 20\text{ m} + 1{,}08\text{ mm}$.

Das so gewonnene Ergebnis gilt für die Temperatur im Augenblick der Kalibrierung Wie in [2.4.4] gezeigt wird, sind Meßbänder auf eine bestimmte Normaltemperatur abzugleichen.

2.4 Längenmessung mit Stahlmeßbändern und Drähten

Stahlmeßbänder setzt man für Distanzmessungen ein, wenn kleinere Vermessungsgebiete nach dem Rechtwinkel- oder Einbindeverfahren aufgenommen werden [3]. Für Distanzmessungen im Zusammenhang mit großflächigen Stückvermessungen oder der Bestimmung von Lagepunkten [Band II; 5] benutzt man elektronische Distanzmesser [Band II; 2.3].

In ebenem Gelände werden die Meßbandlängen vom Anfangspunkt aus (Mitte Grenzstein, Mitte Dränrohr, Mitte Fluchtstab) in einer durch Fluchtstäbe markierten Geraden sorgfältig aneinander gereiht. Das Maßergebnis setzt sich dann zusammen aus der Anzahl der vollen Meßbandlängen und der Ablesung innerhalb der letzten Meßbandlänge.

In *geneigtem Gelände* wird für die Längenmessung im Regelfall nur die horizontale Komponente in Ansatz gebracht. Geeignete Verfahren hierfür sind das *Staffelverfahren* und das *Reduktionsverfahren.*

a) *Beim Staffeln* (Abb. 2.19) mißt es sich am einfachsten bergab. Dabei wird das vordere Ende des Meßbandes nach Augenmaß (rechten Winkel zwischen Meßband und Lotschnur prüfen) oder mit Hilfe einer Wasserwaage bis in die Horizontale angehoben und mittels eines Fadenlotes abgelotet. Der Lotfußpunkt ist der Anlegepunkt für die nächste Meßbandlänge. Der Vorgang wiederholt sich, bis schließlich am Ende der Strecke das die vollen Meßbandlängen überschießende Reststück bei horizontal gehaltenem Meßband abgelesen wird. Die Staffelmessung bergauf ist etwas unsicherer, weil dabei das Meßband an die freihängende Lotschnur angelegt werden muß. Bei höheren Genauigkeitsansprüchen wird eine Strecke in beiden Richtungen gemessen, und es wird zur Elimination regelmäßiger Fehler das Mittel angehalten.

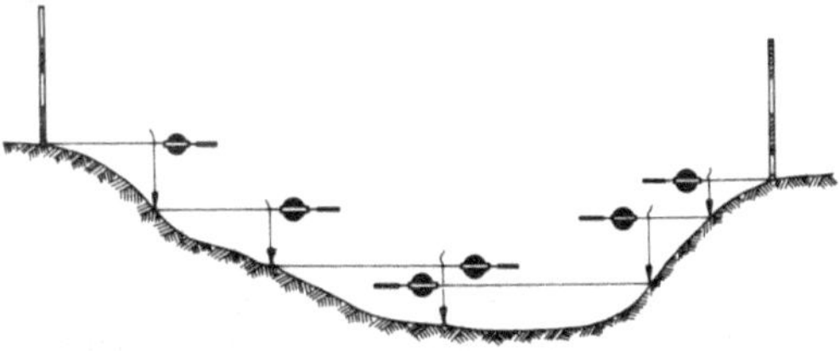

Abb. 2.19 Staffelmessung

b) *Beim Reduktionsverfahren* werden Meßbandlängen flach auf dem Erdboden längs einer Geraden aneinandergereiht; ferner wird für jede Länge der Neigungswinkel β (vgl. Abb. 2.22) des Meßbandes mit einem Gefällmesser bestimmt [2.4.3], damit rechnerisch die Reduktion auf die Horizontale vorgenommen werden kann.

Werden Stahlmeßbänder aufliegend benutzt, so treten außer der Reduktion auf die Horizontale, der Wärmeausdehnung, der Berücksichtigung der richtigen Zugspannung und der Forderung nach sorgfältiger Handhabung keine wesentlichen Probleme auf. Dagegen müssen bei freihängendem Gebrauch, für den aus praktischen Gründen nur schmale Stahlbänder oder Invardrähte in Frage kommen, bei höheren Genauigkeitsansprüchen weitere Gesetze der Mechanik beachtet werden.

Ein zwischen zwei gleich hohen Auflagepunkten P_1 u. P_2 gespanntes Seil, das der Schwere unterworfen, homogen, biegsam, aber nicht dehnbar ist, nimmt bekanntlich die Form einer Kettenlinie an. In mathematischer Sicht ist diese Kurve die Hyperbelkosinuslinie (cosh); ihre Gleichung (*Strubecker* 1956) ist, wenn der Nullpunkt gem. Abb. 2.20 auf der im tiefsten Punkt der Kurve errichteten Kurvennormale im Abstand m von der Kurve angenommen wird

$$y = m \cosh \frac{x}{m} \tag{2.4}$$

Die Konstante m errechnet sich aus zwei Bedingungen: Die auf ein hinreichend kleines Bogenstück $\Delta s = PP'$ einwirkende Schwerkraft und die an den Enden des Bogens PP′ angreifende Zugkraft müssen sich in der Horizontalen und in der Vertikalen im Gleichgewicht befinden. Unter Verzicht auf eine ins Einzelne gehende Ableitung (*Gigas* 1934) geben wir hier nur die Ergebnisse: Aus beiden Bedingungen und dem Einführen von $q = p/2H$ folgt

$$m = y_0 = \frac{H}{p}, \text{und} \frac{x}{m} = \frac{p}{2H} 2x = 2qx, \tag{2.5}$$

worin H die Horizontalprojektion der auf das Seil einwirkenden Zugkraft P und p die Masse je Längeneinheit mal Erdbeschleunigung ist. Nach Einsetzen von (2.5) in (2.4) lautet die Gleichung der Kettenlinie

$$y = \frac{H}{p} \cosh 2qx. \tag{2.6}$$

Daraus ergibt sich durch Reihenentwicklung die Form

$$y = \frac{1}{2q} + qx^2 + \frac{q^3}{2}x^3 + \frac{2}{45}q^5x^6\ldots, \tag{2.7}$$

die als Grundlage für die Ermittlung der Messungskorrektionen dienen kann. In der Praxis der Streckenmessung gebraucht man anstelle eines Seils schmale Bänder oder Invardrähte und gibt dem Band mittels eines Spannungsmessers oder mit Hilfe einer angehängten Masse die in Newton (N) ausgedrückte Zugkraft P. Abweichend von der strengen Form der Kettenlinie besteht jedoch meistens zwischen den Auflagepunkten P_1 und P_2 des Bandes ein Höhenunterschied $h_1 - h_2 = h = L^R \cos\beta$, wobei unter β der Höhenwinkel der Sehne in gon verstanden wird. Als Meßergebnis wird ferner nicht die Länge des Bogens, sondern die Horizontalprojektion L der Sehne L^R benötigt (Abb. 2.21).

2.4.1 Längenmessung mit frei hängenden Stahlmeßbändern

Für die Praxis am wichtigsten sind die folgenden, jeweils in Metern zu nehmenden Korrektionen:

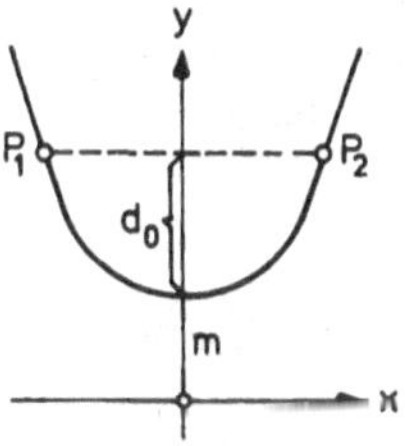

Abb. 2.20 Kettenlinie bei gleich hohen Endpunkten

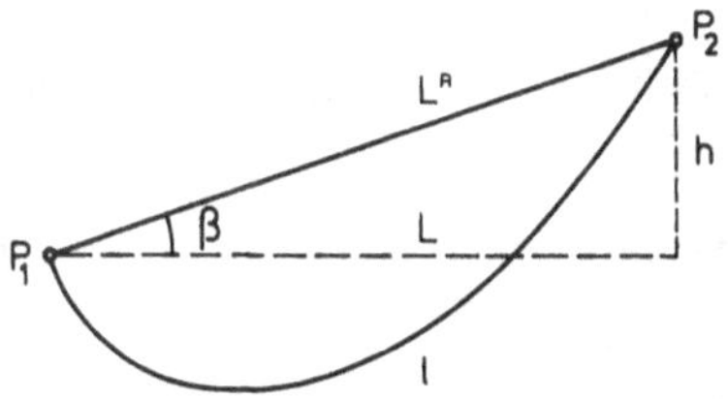

Abb. 2.21 Durchhang bei ungleich hohen Endpunkten

(1) *Kalibrierkorrektion und Temperaturkorrektion*

Ist

L_0 die Sollänge des Meßbandes in *m* unter Normalbedingungen (z. B. 20° C),
δ der durch Kalibrieren des Bandes bei Normalbedingungen erhaltene Überschuß über L_0 in *m*,
δ/L_0 die auf 1 m bezogene Kalibrierkorrektion,
α der Ausdehnungskoeffizient des Bandes je m,
t die Bandtemperatur in °C bei der Messung,
l die zu korrigierende Länge,

so lassen Temperatur- und Kalibrierkorrektion sich zusammenfassen zu (vgl. (2.1) u. (2.2):

$$k_t = l\{\delta/L_0 + \alpha(t - 20°\,\mathrm{C})\} \tag{2.8}$$

α ist für Stahl 0,0115 10^{-3}. Die Temperaturkorrektion allein ist also für ein 20 m-Rollbandmaß aus Stahl bei $t = 25°$ C

$$k_t = 0{,}23\ 10^{-3}\,(25—20)\,m = 1{,}15\ \mathrm{mm}.$$

Auf 100 m und mit $\Delta t = 5$ K würde k_t also rund 6 mm ausmachen. Dieser Betrag liegt in der Größenordnung der bei Feinmessungen erstrebten Messungsgenauigkeit, er darf also nicht vernachlässigt werden.

(2) *Durchhangreduktion*

Wegen des Unterschiedes zwischen Kettenlinie und Sehne ist die Durchhangreduktion bei ungleicher Höhe der Bandenden (Abb. 2.21):

$$r_d = -\frac{l^3 p^2}{24 P^2}\cos^2\beta = -\frac{l p^2}{24 P^2}(l^2 - 2h^2) \tag{2.9}$$

p Masse pro Längeneinheit mal Erdbeschleunigung, (kp/m)
P Zugkraft (N od. kp),
β Neigungswinkel der Sehne,
h Höhenunterschied der Endpunkte.

Bei gleich hohen Bandenden (Abb. 2.20) ist $\cos^2\beta = 1$ und $2h^2 = 0$. In diesem Fall ist für unser 20 m-Rollbandmaß mit

$p = 0{,}02$ kp/m und $P = 5$ kp $\frac{p}{P} = 4 \cdot 10^{-3}$ und damit die Verbesserung wegen Durchhangs

$$r_{d_0} = \frac{-l^3}{24} \frac{p^2}{P^2} = \frac{-20^3}{24} \frac{16}{10^6} = -5\ mm.$$

Sind p und P unbekannt, so bestimme man durch Nivellement die Pfeilhöhe d_0 des Durchhangs. Mit ihr ergibt sich bei

$d_0 \approx \frac{p}{P} \frac{l^2}{8}$ (2.10) als Durchgangsreduktion $r_{d_0} \approx -\frac{8}{3} \frac{d_0^2}{l}$ (2.11).

Mit den obigen Ausgangsdaten für p, P und l errechnet sich nach (2.10) für unser 20 m-Band $d_0 = 20$ cm; und wenn das in (2.11) eingesetzt wird, folgt wieder $r_{d_0} = -5$ mm.

Auf 100 m macht das 2,5 cm aus; auf r_d bzw. r_{d_0} kann daher bei Feinmessungen nicht verzichtet werden. Wird das Band mit $P = 10$ kp gespannt, so gehen beide auf ein Viertel zurück.

(3) *Spannkraftkorrektion*

Bei verschiedenen Zugspannungen entstehen unterschiedliche elastische Dehnungen des Bandes. Bei einer Differenz zwischen Gebrauchs- und Bezugsspannung wird folgende Korrektion notwendig:

$$k_p = \frac{l(P - P_0)}{Q \cdot E} \tag{2.12}$$

P_0 Zugspannung (z. B. 5 kp $\approx$ 50 N) beim Kalibrieren,
Q Querschnitt des Bandes in cm^2,
E Elastizitätsmodul des Bandmaterials in N/cm^2.

Verwendet man z. B. bei einem 20 m-Meßband mit $(13 \times 0{,}2)\ mm^2$ Querschnitt anstelle von 50 N eine Zugkraft von 80 N, so beträgt bei $E = 2 \cdot 10^7\ N/cm^2$ die Korrektion

$$k_p = \frac{(80 - 50) \cdot 20 \cdot 10^3}{1{,}3 \cdot 0{,}02 \cdot 2 \cdot 10^7} \left(\frac{\text{N mm cm}^2}{\text{N cm}^2} \right) = 1{,}1\ \text{mm}.$$

Für viele Anwendungsfälle genügt es folglich, wenn die Zugkraft mit einer Genauigkeit von 30 N eingehalten wird.

(4) *Alignementkorrektion wegen Meßbandneigung sowie seitlicher Auslage*

Die Korrektionen berechnen sich nach:

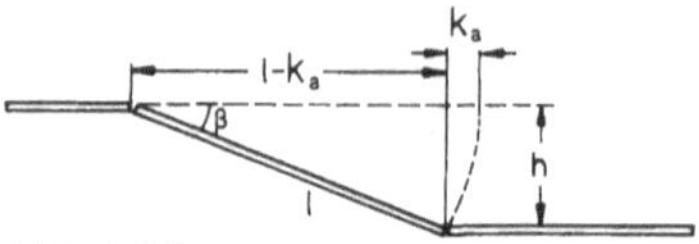

Abb. 2.22

$$k_a(2l - k_a) = h^2$$

$$k_a \approx \frac{h^2}{2l}$$

$$k_a = l(1 - \cos\beta) = 2l\sin^2\frac{\beta}{2} \approx \frac{h^2}{2l} \qquad (2.13)$$

Beträgt h z. B. 0,2 m, so ergibt sich bei einer Meßbandlänge von 20 m eine Korrektion von 1 mm. Für viele Anwendungsfälle reicht es daher aus, wenn die horizontale Lage des Bandes nach Augenmaß ermittelt wird.

Zur Berechnung der Korrektionen und Reduktionen müssen p und P von vornherein bekannt sein, δ wird beim Kalibrieren ermittelt, l, t, β und h und gegebenenfalls d_0 sind bei der Messung zu bestimmen. Nach Anbringung der Korrektionen und Reduktionen ist dann der horizontale Abstand zweier Meßmarken P_1 und P_2

$$\boxed{L = L_0 + k_{k,t} + r_d + k_p + k_a} \qquad (2.14)$$

2.4.2 Längenmessung mit aufliegenden Stahlmeßbändern

Bei ebenem Gelände kann mit aufliegendem Meßband gearbeitet werden, wenn keine Hindernisse (z. B. Bewuchs ...) gegeben sind. Die Reduktion r_d entfällt dann. Bei geneigtem Gelände kann man β mit einem Neigungsmesser bestimmen.

2.4.3 Rollbandmaße

Rollbandmaße aus Stahl (in DIN 6403 als „Meßbänder aus Stahl mit Aufrollrahmen oder Aufrollkapseln" definiert) werden in Längen von 10, 20, 25, 30 und 50 m mit einem Querschnitt von etwa 13 × 0,2 mm aus gewöhnlichem oder nicht rostendem Federbandstahl oder auch aus Invar gefertigt. Neuerdings werden sie auch mit einem Polyamidmantel (Nylon) versehen. Gewöhnlich sind die Bänder in m, dm und cm und im ersten Meter auch in mm geteilt. Ferner ist jedes Dezimeter beschriftet, so daß Ablesefehler kaum noch unterlaufen. Die Teilung ist entweder hoch- oder tiefgeätzt oder unverwischbar unter dem Polyamidmantel aufgebracht. Die Masse pro Längeneinheit beträgt z. B. bei den mit Nylon beschichteten Stahlmeßbändern der *Bayerischen Maßindustrie (BMI)* und der *Meywald KG* übereinstimmend 18,8 g je Meter. Für Meßbänder aus Stahl wird als Ausdehnungskoeffizient $11{,}5 \cdot 10^{-6} K^{-1}$ und als Zugfestigkeit 1700 bis 1900 N/mm² angegeben. Für den Werkstoff nichtrostender Stahl gilt: $10 \cdot 10^{-6} K^{-1}$ und 1600 bis 1800 N/mm². Am Anfang besitzen die Bänder einen Haltering; am Ende sind sie in einer Kapsel oder in einem Aufrollrahmen mit Kurbel befestigt, auf den die Bänder nach Gebrauch aufgerollt werden. Der Nullpunkt der Teilung liegt meist an der Stoßstelle von Haltering und Band; besser ist eine Teilung, die 1—2 dm vom Haltering entfernt beginnt (Abb. 2.25).

Abb. 2.23 Aufrollrahmen der *BMI*

Sehr nützlich sind gelegentlich Halteringe von 28 mm innerem Durchmesser, die über einen Fluchtstab gestreift werden können; in diesem Falle liegt der Anfangspunkt der Teilung in der Mitte des Halteringes. Zum Messen der Bandspannung (meistens 5 kp bzw. 50 N) dient ein mit Federkraft arbeitender Spannungsmesser, der in den Haltering des Bandes eingehakt wird. Die Feder des Spannungsmessers befindet sich bei BMI in einem zusätzlichen Handgriff, bei Meywald ist sie in der linken unteren Ecke des Aufrollrahmens (Abb. 2.24) eingebaut.

Abb. 2.24 Aufrollrahmen mit Meßbandspanner von *Meywald*

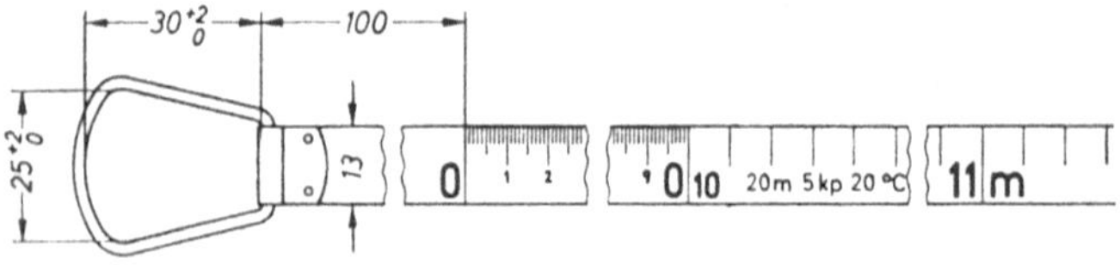

Abb. 2.25 Rollbandmaß mit Überteilung

Für Messungen auf Schwachstrom führenden Gleisanlagen (Automatische Weichen) müssen die Stahlbandmaße isoliert sein. Rollbandmaße aus Leinen oder Kunststoff dürfen im amtlichen Vermessungsdienst nicht verwandt werden.

Das *Meßverfahren* bedarf *in ebenem Gelände* keiner besonderen Erläuterung. Die Strecke wird sorgfältig ausgefluchtet; und ebenso sorgfältig wird jede Bandlage an die vorausgegangene angefügt. Befinden sich am Boden größere Hindernisse oder muß z. B. über ein Getreidefeld hinweggemessen werden, so kann die Messung auch in Brusthöhe vorgenommen werden. Man benutze dann zum Abloten Schnurlote oder Fluchtstangen (Abb. 2.3), die mit einem Lattenrichter (Abb. 2.2) versehen sind.

Meistens werden dabei 20 m-Bänder benutzt. Bei städtischen Messungen sind im Hinblick auf die Grundstücksbreiten oftmals 30 m-Bänder nützlich. Ein Spannungsmesser ist bei *Feldmessungen* mit Rollbandmaßen meistens entbehrlich.

Bei Neigungen bis zu 10% kann mit aufliegendem Band und Gefällmesser gearbeitet werden. Ein Gefällmesser besteht im wesentlichen aus einem Zielfernrohr und einem frei drehbaren Vertikalkreis, der zur Lotrichtung orientiert wird. In der Regel sind nicht nur Höhenwinkel, sondern auch Steigungen in % oder unmittelbar Reduktionsmaße abzulesen.

Der Gefällmesser Necli von *Breithaupt* (Abb. 2.26) z. B. hat ein gebrochenes Fernrohr, in dessen Bildebene ein durchsichtiger flüssigkeitsgedämpfter Teilkreis frei schwingend gelagert ist und durch ein Pendel nach der Lotrichtung orientiert wird. Gemeinsam mit dem Bild des Ziels sind bei Okularblick links eine Gon- und eine Prozentteilung, bei Okularblick rechts eine Grad- und Reduktionsteilung sichtbar (Abb. 2.27). Mit dem Betrag 100 $(1 - \cos h)$ wird eine 100 m lange Strecke auf die Horizontale reduziert. Als Standardabweichung werden 0,4 gon angegeben. 1% Neigungsfehler macht bei 30% Neigung für ein 20 m-Band bereits 5 cm aus. Bei Neigungen bis 10% und darüber hinaus werden auch mit der Staffelmethode

Abb. 2.26 Gefällmesser Necli (*Breithaupt*)

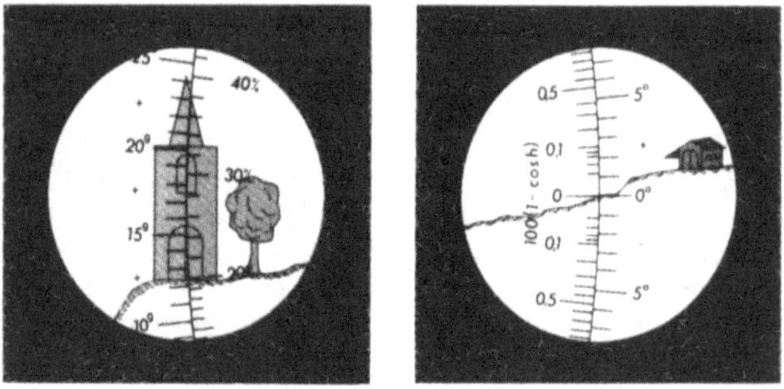

Abb. 2.27 Sehfelder des Necli

überraschend gute Ergebnisse erzielt. Bei stärkerer Neigung rollt man das Band auf eine der Geländeneigung angepaßte Länge so weit ein, daß die Meßgehilfen es mit Schnurloten oder Fluchtstangen noch bequem auf- und abloten können. In steilem Gelände gibt der Vordermann dem Hintermann die betreffende Stelle des Bandes, indem er ihm die Maßzahl ansagt, direkt in die Hand, und zwar solange, bis 20 m abgesetzt sind. Erst dann folgt die nächste Bandlage.

Für *genaueste* Messungen spanne man die Rollbandmaße mit $P = 5$ kp und bringe die in [2.4.1] beschriebenen Korrektionen an. Als Ergebnis darf dann eine Standardabweichung von weniger als 2 cm auf 100 m erwartet werden.

Aufs ganze gesehen haben das geringe Gewicht, das rasche und sichere Ablesen und die Möglichkeit, das Band durch Einrollen auf die ungefähre Länge des zu bestimmenden Maßes zu verkürzen, das Rollbandmaß zu einem häufig benutzten Gerät für einfache Längenmessungen gemacht.

2.4.4 Die Abgleichung von Stahlmeßbändern

Das Abgleichen kann mit einer für die meisten Fälle ausreichenden Genauigkeit in der Weise vorgenommen werden, daß eine etwa 100 m lange Vergleichsstrecke z. B. mit einem elektronischen Entfernungsmesser [Band II, 2] bestimmt und dann mindestens einmal in jeder Richtung mit dem abzugleichenden Band gemessen wird. Die Gegenüberstellung der Ergebnisse liefert die Bandkorrektur; diese bezieht sich dann auf den ganzen Meßvorgang, d. h. auf Meßgerät und -verfahren. Bei höheren Genauigkeitsanforderungen führt man die Abgleichung der Bänder auf einem speziell hergerichteten Komparator (Abb. 2.18) aus.

Beispiel: Abgleichung eines 20 m-Stahlmeßbandes L_{20}

Komparatorlänge: $K = 20\text{ m} + 1{,}08\text{ mm}$. Ablesung am Maßstab nach Einlegen des Bandes bei 5 kp Zug und $t = 16°\text{ C}$ gab $d = -1{,}5\text{ mm}$.

Mithin ist: $L_{20} = K - 1{,}5\text{ mm} = 20\text{ m} - 0{,}42\text{ mm}$ bei $t = 16°\text{ C}$;

Ferner ist bei $t = 20°\text{ C}$:

$$L_{20} = 20\,\text{m} - 0{,}42\,\text{mm} - 20 \cdot 0{,}0115\,(16 - 20)\,\text{mm},$$

bei $t = t°\text{ C}$: $L_{20} = 20\,\text{m} + 0{,}50\,\text{mm} + 20 \cdot 0{,}0115\,(t - 20)\,\text{mm}$.

Bei 10° C Temperaturzuwachs dehnt ein 20 m-Band sich um 2,3 mm aus, d. h. eine Strecke von 100 m würde um 11,5 mm zu kurz erhalten werden. Diese Beträge dürfen schon bei Messungen mittlerer Genauigkeit nicht vernachlässigt werden. Für den praktischen Gebrauch entwirft man sich zweckmäßig eine Tabelle, die die Länge des Bandes oder die Reduktion für eine 100 m-Strecke bei 0°, 5°, 10° ··· 35° C angibt. Im Freien läßt die Bandtemperatur sich nur verhältnismäßig unsicher bestimmen. Bei bedecktem Himmel pflegt man die mit einem Schleuderthermometer gemessene Lufttemperatur in die Rechnung einzuführen. Bei Sonneneinstrahlung erzielt man bessere Ergebnisse, wenn ein Körperthermometer an das Band geklemmt wird. Trotzdem muß mit Temperaturfehlern von ± 5° C gerechnet werden, die auf 100 m eine Längenunsicherheit von 6 mm zur Folge haben!

2.4.5 Präzisionsmessungen mit Drähten

Für feinste Streckenmessungen ist ein konstantes Verhalten der gesamten Meßeinrichtungen von besonderer Bedeutung. In der

Regel benutzt man Drähte aus Invar, einer Nickelstahllegierung, deren Wärmeausdehnungskoeffizient nahezu Null ist. Die Drähte werden durch Gewichte oder Federn einer gleichbleibenden Spannung unterworfen und normalerweise freihängend verwendet (Abb. 2.28). Damit der Durchhang gering bleibt, verwendet man Drähte mit kleinem Querschnitt. Bei der Meßeinrichtung verzichtet man daher auf eine durchgehende Teilung. Im wesentlichen lassen sich folgende Meßanordnungen unterscheiden:

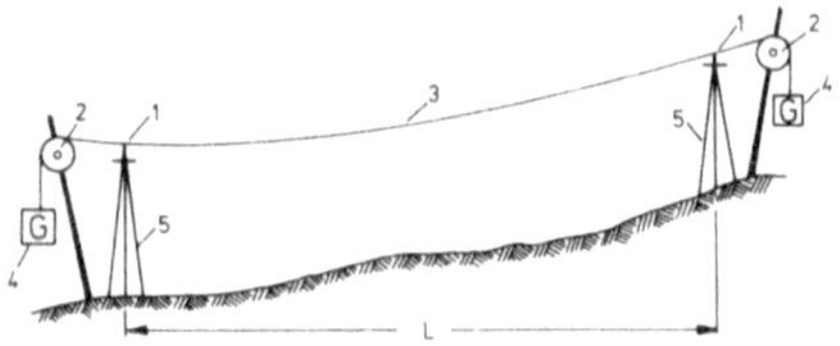

Abb. 2.28 Längenmessung mit frei hängenden Drähten

a) *Entfernungsmessung mit Drähten fester Länge mit kleinen Maßstäben* (8 cm) *an beiden Enden.* Die handelsübliche Länge der Drähte ist 24 m, ihre Dicke 1,65 mm. Die genaue Spannung wird durch Gewichte von meistens 10 kg hergestellt. Die zu messende Strecke, deren Neigung 3 gon nicht übersteigen soll, muß zuvor in Teilstrecken von rund 24 m unterteilt werden, deren jede mit mindestens 3 verschiedenen Drähten gemessen wird. Die in [2.4.1] beschriebenen Korrektionen sind mit großer Sorgfalt zu berücksichtigen. Wichtige Anwendungsbeispiele sind:
   - Messung von Basislinien. Genauigkeiten von (0,3 – 0,5) mm/km lassen sich erzielen (*Jordan – Eggert – Kneisel* 1956).
   - Präzisionsmessungen bei Ingenieurvermessungen. Genauigkeiten von 0,03 mm/Bandlänge werden erreicht (*Gervaise* 1966; *Löffler* 1973).

b) *Bestimmung von Längenänderungen mit Drähten unbekannter aber konstanter Länge.* Der Draht hat nur die Aufgabe, die Endpunkte einer Strecke zu verbinden. Die Längenänderungen brauchen dann nicht indirekt aus der Differenz großer Strecken abgeleitet zu werden, sondern lassen sich mit geringeren relativen Genauigkeitsanforderungen (10^{-2} bis 10^{-3}) direkt bestimmen. Es gibt Meßanordnungen mit und ohne Registrierung.

– Ein *Meßsystem ohne Registrierung* ist das Distometer ISETH der Firma *Kern*. Die Abb. 2.29 zeigt den Aufbau des Systems. Es besteht aus Meßbolzen, dem Draht und dem Distometer als eigentlichem Meßteil. Das Distometer läßt sich mit Drähten verschiedener Länge (1 bis 50 m) nacheinander an unterschiedlichen Meßplätzen einsetzen. Wie Abb. 2.30 zeigt, enthält das Meßgerät zwei Uhren: eine dient der Längenmessung, die andere kontrolliert die Spannung des Drahtes. Die Strecken können beliebige Neigungen haben. Längenänderungen lassen sich mit einer Genauigkeit von 0.02 mm/20 m und darüber hinaus mit $1 \cdot 10^{-6}$ der Entfernung bestimmen (*Kovari u. a.* 1976; *Kovari* 1981).

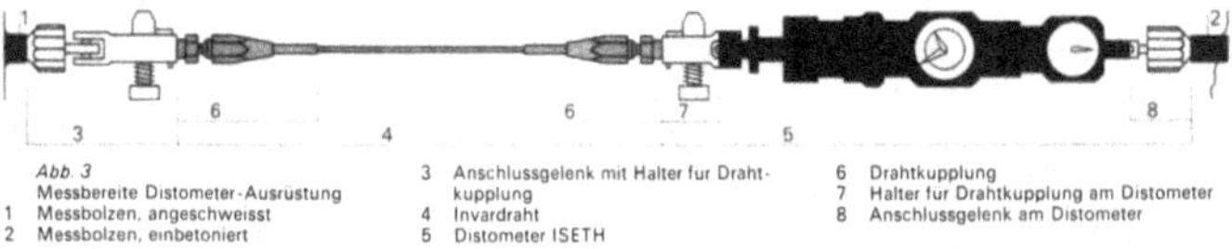

Abb. 2.29 Aufbau des Distometer ISETH (*Kern*)

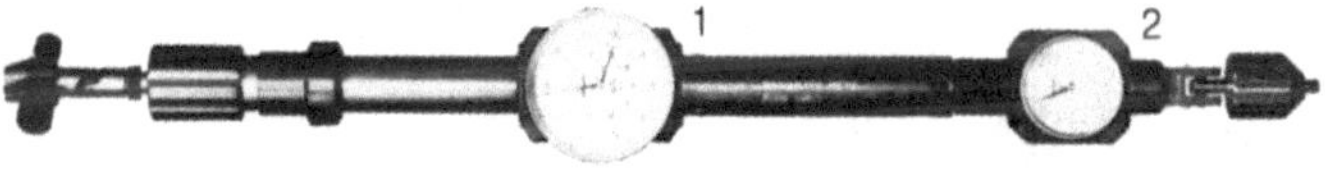

Abb. 2.30 Meßuhren des ISETH: (1) Längenmeßuhr, (2) Meßuhr zur Bestimmung der Zugkraft

– *Meßanordnungen mit Registrierung* benutzen mechanische Einrichtungen in Verbindung mit einem Schreiber (*Schnädelbach* 1980) oder elektronische Analog-/Digitalwandler in Verbindung mit elektronischen Speichern (*Kahmen* 1978).

2.5 Genauigkeit der Längenmessung

2.5.1 Das Fehlergesetz der Längenmessung

Die Fehler der Längenmessung treten teils regelmäßig, teils unregelmäßig auf. Zu den regelmäßig wirkenden Fehlern gehören unrichtige Länge der Meßgeräte, Ausweichen aus der Geraden und aus der Horizontalen, Durchhang der Bänder usw. Unregelmäßige Fehler entstehen u. a. beim Aneinanderreihen der Bänder und beim Abloten; ferner beim Ablesen am Anfangs- und Endpunkt.

Die unregelmäßigen Fehler wachsen gemäß [1.4.4] mit der Wurzel aus der Strecke, die regelmäßigen mit der Strecke selbst, und die Ablesefehler sind unabhängig von der Länge der Strecke. Im ungünstigsten Falle werden die drei Fehlerbestandteile sich addieren. Man hat dann für den Gesamtfehler einer Strecke s den Ansatz

$$D = a\sqrt{s} + bs + c\,.$$

2.5.2 Fehlergrenzen (größte zulässige Abweichung)

Aufbauend auf diesem Ansatz und auf jahrzehntelangen Erfahrungen haben z. B. einige deutsche Vermessungsverwaltungen bestimmt, daß bei Katastermessungen die Differenzen zwischen zwei unabhängigen Ermittlungen einer Strecke die nachstehenden Fehlergrenzen (in m) nicht überschreiten dürfen:

$$D = 0{,}008\,\sqrt{s} + 0{,}0003\,s + 0{,}05.$$

Einige Hauptwerte sind

s:	20	50	100	200	500 m
D:	0,09	0,12	0,16	0,22	0,38 m

Diese Werte entsprechen, wie in [1.4.9] begründet ist, dem drei- bis vierfachen Wert der Standardabweichung.

Einige Großstädte haben für ihren Bereich die Fehlergrenzen gegenüber den oben angegebenen Werten mehr oder weniger verengt. Darüber hinaus besteht die Tendenz, in den Fehlergrenzen Abstufungen einzuführen, die dem unterschiedlichen Wert von Grund und Boden Rechnung tragen. Die Fehlergrenzen für die Flächenermittlung finden sich in [4.5.3].

3 Lagevermessung für großmaßstäbige Karten

3.1 Vermessungsverfahren

Für die Lagevermessung gibt es photogrammetrische und terrestrische Verfahren. Die photogrammetrischen Verfahren werden ausführlich u. a. in (*Konecny* 1984; *Schwidefsky/Ackermann* 1976) beschrieben. Dieser Band behandelt nur terrestrische Verfahren. Grundlage für die Lagevermessung eines Gebietes ist ein Lagefestpunktfeld. Die Vermessung und der Aufbau eines Lagefestpunktfeldes werden in [Band II; 5, 6, 7] behandelt.

Eine Fläche vermessen heißt, zur Festlegung ihrer Objektpunkte (Grenzpunkte, Hausecken, ...) so viele Maße (Strecken, Winkel) ermitteln, wie zum Herstellen (Zeichnen, Kartieren) einer maßstäblichen Karte notwendig sind. Kleinere Flächen nimmt man vielfach mit Meßbändern und Rechtwinkelgeräten auf. Bei sehr genauen Arbeiten, bei großflächigen Gebieten und wenn eine automatische Verarbeitung der Daten erfolgen soll, verwendet man einen Theodoliten in Verbindung mit einem elektronischen Distanzmesser [Band II; 1.2, 3]. Man wendet *bei der Lagevermessung im wesentlichen zwei Verfahren an: das Rechtwinkelverfahren* (Orthogonalverfahren) und *das Polarverfahren.* Teilweise nutzt man auch in Verbindung mit dem Orthogonalverfahren das Einbindeverfahren.

3.1.1 Rechtwinkelverfahren

Beim Rechtwinkelverfahren (Abb. 3.1) wird durch die aufzunehmende Fläche eine Messungslinie als Abszissenachse gelegt, auf der die Brechpunkte der Grenzen, die Ecken der Häuser

Abb. 3.1 Rechtwinkelverfahren

und die anderen aufzunehmenden Gegenstände mit Hilfe eines Rechtwinkelgerätes aufgewinkelt werden. Alsdann werden die Fußpunkte auf der Abszissenachse eingemessen und die Längen der Ordinaten bestimmt, womit jeder Punkt durch rechtwinklige Koordinaten eindeutig festgelegt ist.

3.1.2 Das Einbindeverfahren

Das Einbindeverfahren verwendet man nur in Sonderfällen als selbständiges Verfahren (Abb. 3.2). Man spannt über die aufzunehmende Fläche einen aus Dreiecken aufgebauten Rahmen von Grenz- oder Messungslinien und bindet in diesen Rahmen die übrigen Grenzstrecken, die Umringslinien der Häuser u. a. m. ein, indem man sie bis zum Schnitt mit den Rahmenseiten verlängert und die Schnittpunkte einmißt. Die Gegenstände im Innern der Fläche werden entsprechend in nachgeordneten Messungslinien eingebunden.

Bei größeren Detailvermessungen kommen beide Verfahren zur Anwendung. Man braucht das Einbindeverfahren, wenn

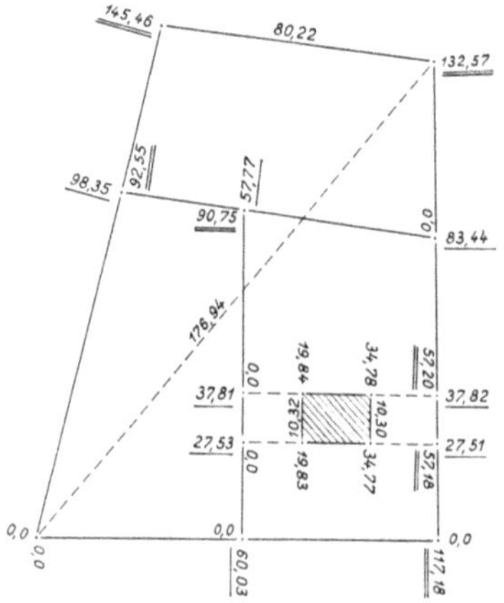

Abb. 3. 2 Einbindeverfahren

gleichmäßige Grundstücksformen überwiegen. Bei unregelmäßigen Grenzzügen ist das Rechtwinkelverfahren bequemer. Dieses hat noch den weiteren Vorteil, daß die Grundstücksflächen sich unmittelbar aus den Feldmaßen ableiten lassen. Gebrochene Grenzzüge werden auf passend ausgewählte Messungslinien aufgewinkelt. Dabei sollen die aufzunehmenden Gegenstände durch kurze Ordinaten (< 30 m) und kurze nahezu rechtwinklig einmündende Verlängerungen mit möglichst wenig Messungszahlen erfaßt werden; gleichzeitig sind wirksame Kontrollmaße einzubauen.

Kontrollen sollen grobe Fehler unterbinden, oder bei der Vermessung und Auswertung aufdecken. In Frage kommen hierfür: die Doppelaufnahme, die Strecken zwischen zwei benachbarten Grenzmarken (Steinbreiten), Umringsmaße von Gebäuden; seltener Diagonalen oder Streben, die eine Ordinate seitlich abstützten. Grundsätzlich sollen die Brechpunkte der Eigentumsgrenzen – bei Aufnahmen für technische Zwecke die wichtigsten Punkte des Projekts – durch Messungsproben gesichert werden. Abb. 3.3 gibt ein Beispiel für eine mit Kontrollen versehene Stückvermessung, bei der das Einbinde-

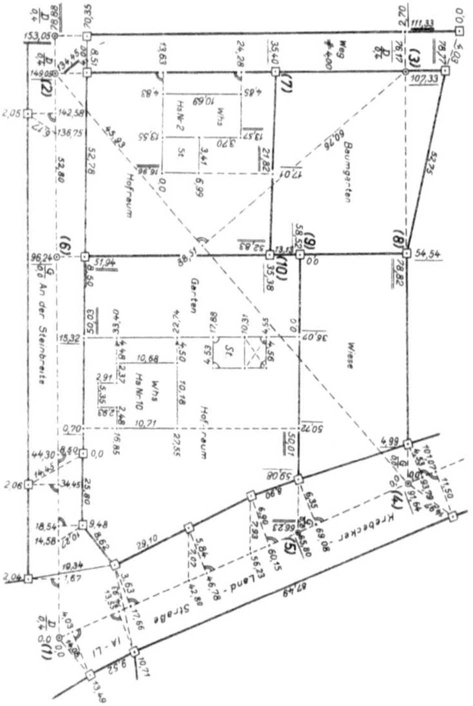

Abb. 3.3 Vermessungsriß

verfahren und das Rechtwinkelverfahren nebeneinander angewandt sind.

3.1.3 Polarverfahren

Beim Polarverfahren werden von einem Standpunkt aus Richtungen – in bezug auf eine bekannte Anfangsrichtung – und Distanzen zu den Objektpunkten gemessen (Abb. 3.4). Jeder Punkt ist dann eindeutig festgelegt. In der Praxis führt man häufig zur Kontrolle eine doppelte Polaraufnahme durch. Für

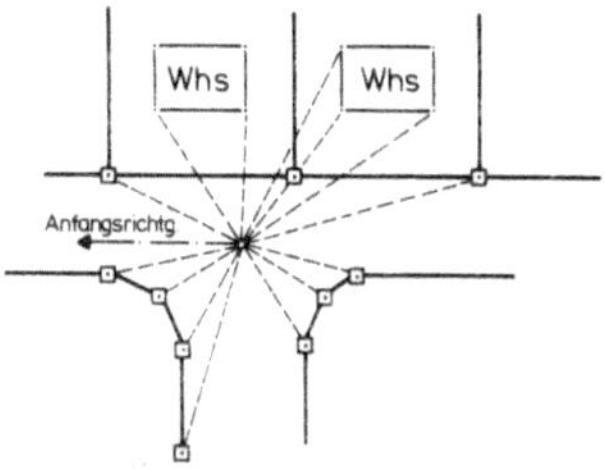

Abb. 3.4 Polarverfahren

die Richtungsmessung verwendet man Theodolite. Für die Distanzmessung benutzt man elektrooptische Entfernungsmesser [Band II; 1, 2]. Insbesondere bei größeren Aufnahmen setzt man sehr vorteilhaft elektronische Tachymeter ein. Für die Aufnahme der Objektpunkte im Feld bis zur Herstellung von Karten und Registern läßt sich dann ein automatischer Datenfluß aufbauen; [Band II, 3].

Der Standpunkt kann ein Festpunkt sein oder frei gewählt werden. Die Koordinatenberechnung der Objektpunkte wird ebenfalls in [Band II, 5.7] behandelt.

3.1.4 Aufnahmegegenstände

Aufnahmegegenstände sind Eigentums-, Grundstücks- und Kulturgrenzen mit den sie begleitenden Mauern, Zäunen und Gräben; ferner Straßen, Wege, Wasserläufe und Eisenbahnen nebst allen Erd- und Kunstbauten, wichtige topographische Gegenstände wie Hydranten, Lichtmaste, Ferngas- und Hochspannungsleitungen u. a. m.

Man merke im einzelnen:

a) Bei Gebäuden wird in der Regel das aufsteigende Mauerwerk an drei Ecken durch rechtwinklige Abstände oder Verlängerungen aufgenommen, alle übrigen Punkte werden durch Umfangsmaße bestimmt. Der Verwendungszweck der Gebäude ist durch Zusatz wie Wohnhaus, Werkstatt, Schuppen, Fabrikgebäude usw. zu erläutern.

b) In freie Flächen wird die Nutzungsart wie Hofraum, Garten, Acker, Wiese usw. eingetragen.

c) Bei Autobahnen sind die Begrenzungen der Fahrbahnen, bei Straßen Radfahrwege, Fußwege, Straßengräben usw. einzumessen; ferner ist ihre Klassifikation anzugeben.

d) Bei Wasserflächen sind die Uferlinie, Böschungsgrenzen und Uferbauten mit aufzunehmen. Ihre Art, ob Fluß, Kanal, Bach usw., und gegebenenfalls der Name des Gewässers wird vermerkt.

e) Bei Gleisen genügt, solange es sich nicht um spezielle Bahnmessungen handelt, die Aufnahme der Gleichachsen; von Wichtigkeit sind dabei in erster Linie die Bogenanfänge, Bogenenden und Gleiswechsel; daneben Stellwerke, Signalvorrichtungen usw.

f) Scharf gekennzeichnete Punkte wie Mauerecken, Grenzsteine usw. sind auf Zentimeter, alle übrigen Punkte auf Dezimeter abzulesen und in den „Vermessungsriß“ einzuschreiben. Krumme Linien werden als gebrochener Linienzug aufgemessen.

3.1.5 Vermessungsrißführung

Der Vermessungsriß ist eine einigermaßen maßstäbliche Skizze des aufzunehmenden Gebiets, in die alle Messungslinien eingezeichnet und alle Messungszahlen im Felde eingetragen werden. Zweckmäßig nimmt man dafür eine transparente, reiß- und regenfeste Zeichenfolie auf Polyesterbasis, die man in einen Feldbuchrahmen mit fester Unterlage einlegt und mit einem nicht zu weichem unverwischbaren Bleistift beschreibt. Bei der Führung der Vermessungsrisse für Orthogonal oder Einbindeverfahren halte man sich an folgende auch in Abb. 3.3 beachtete Regeln:

a) Jeder angemessene Punkt wird im Vermessungsriß durch einen Punkt bezeichnet. Grenzpunkte erhalten, wenn sie vermarkt sind, eine Signatur, die die Art der Vermarkung (Grenzstein, Rohr, Pfahl usw.) kennzeichnet; vermarkte Liniennetz-

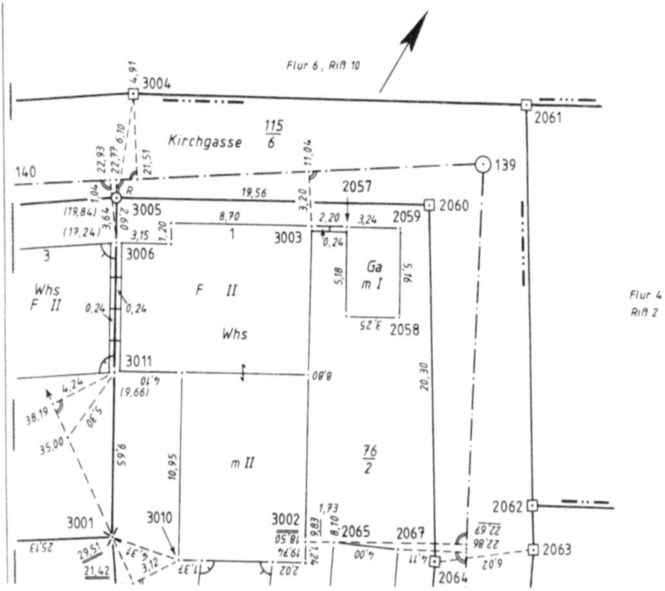

Abb. 3.5 Vermessungsriß für Polarverfahren und Rechtwinkelverfahren (kombiniert)

punkte werden durch einen kleinen Kreis hervorgehoben, wobei die Buchstaben wie *D, G, Pf* usw. die Vermarkung durch Dränrohr, Gasrohr, Pfahl usw. anzeigen.

b) Grenzstrecken und Gebäudeseiten werden voll ausgezogen, Messungslinien gestrichelt.

c) Die Maßzahlen auf den Messungslinien werden vom Anfang- bis zum Endpunkt durchlaufend quer zur Messungslinie eingetragen, und zwar, wenn Messungslinien oder Ordinaten abgehen oder Fluchten einmünden, auf der freien Seite der Messungslinie. Die Maße für die Einbindepunkte werden einmal, die Endmaße der Messungslinien doppelt unterstrichen.

d) Die Längen der Ordinaten werden neben den angewinkelten Punkt oder auch auf die Mitte der Ordinate geschrieben.

e) Zwei Viertelkreise kennzeichnen einen mit einem Rechtwinkelinstrument bestimmten rechten Winkel; eine Pfeilspitze bedeutet eine Verlängerung; das Geradheitszeichen – ein Halbkreis – zeigt an, daß eine Grenzlinie an dieser Stelle keinen Brechpunkt aufweist.

f) Der Handriß muß so geführt werden, daß er von jedem Sachverständigen zur weiteren Verarbeitung der Aufnahme ohne Rückfragen verwertet werden kann.

g) Polar aufgenommene Punkte werden durch Nummern gekennzeichnet (Abb. 3.5). In der Regel trägt man die Ergebnisse der Polar- und Orthonogalverfahren in den gleichen Vermessungsriß ein.

3.2 Einfache Koordinatenberechnungen

Auf die Feldaufnahme folgen die Herstellung eines maßstäblichen Plans und die Flächenberechnung. Diese beiden Arbeitsgänge werden sehr erleichtert – bei größeren Objekten überhaupt erst ermöglicht –, wenn für die wichtigsten Messungs- und Grenzpunkte rechtwinklige Koordinaten vorliegen. Im großen wird die Koordinatenrechnung erst bei der Bestimmung von Lagepunkten in [Band II] besprochen werden. Hier werden lediglich einfache Koordinatenrechnungen vorweggenommen, die für die Detailvermessung erforderlich sind.

3.2.1 Das geodätische Koordinaten-System

Es ist rechtsläufig angeordnet. Die positive x-Achse (Abszissenachse) zeigt nach Norden, die positive y-Achse (Ordinatenachse) nach Osten, so daß die Quadranten die aus Abb. 3.6 zu

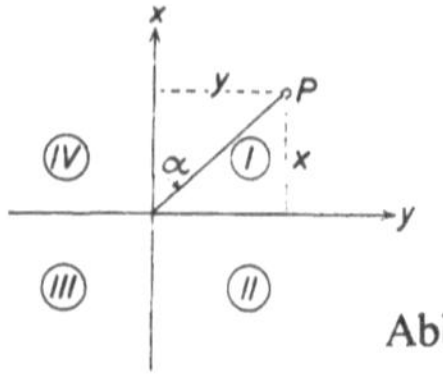

Abb. 3.6 Geodätisches Koordinatensystem

entnehmende Reihenfolge haben. Solche Systeme sind allen größeren Landesvermessungen zugrunde gelegt. Bei Kleinaufnahmen kann hiervon abgewichen und eine geeignete Messungslinie als x-Achse gewählt werden.

3.2.2 Berechnung von Höhe und Höhenfußpunkt

Sind in einem Dreieck die 3 Seiten gegeben, so ist nach Abb. 3.7

$$b^2 - p^2 = c^2 - q^2 = h^2 . \tag{3.1}$$

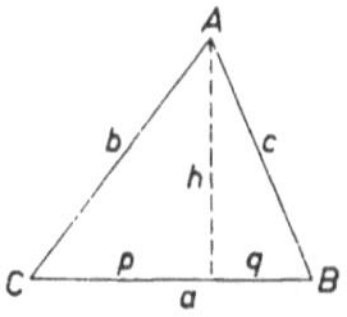

Abb. 3.7 Höhe und Höhenfußpunkt

Eine einfache Zwischenrechnung führt auf die Gleichungen,

$$\frac{p+q}{2} = \frac{a}{2} = \frac{a^2}{2a} \tag{3.2}$$

$$\frac{p-q}{2} = \frac{(b+c)(b-c)}{2a} = \frac{b^2-c^2}{2a}, \tag{3.3}$$

die bei Addition das Stück p, bei Subtraktion das Stück q ergeben. h kann zweimal (d. h. mit Probe) aus (3.1) abgeleitet werden. Liegt h außerhalb des Dreiecks, so ist das Vorzeichen von p und q zu beachten.

Beispiel: In Abb. 3.3 ist in dem Dreieck mit den Eckpunkten (1) (2) (4) $a = 149{,}05$ m; $b = 134{,}45$ m; $c = 91{,}64$ m. Gesucht sind die Koordinaten von (4), bezogen auf die Seite (1)–(2) als Abszissenachse. Dazu ergeben die obigen Formeln $p = 107{,}02$ m; $q = 42{,}04$ m; $h = 81{,}42$ m. Wählt man (1) als Nullpunkt, so ist

$$\begin{aligned} x_1 &= 0{,}00 \quad & x_4 &= +42{,}04 \quad & x_2 &= +149{,}05, \\ y_1 &= 0{,}00 \quad & y_4 &= +81{,}42 \quad & y_2 &= 0{,}00. \end{aligned}$$

3.2.3 Berechnung von Kleinpunkten

Unter Kleinpunkten werden Bindepunkte im Liniennetz verstanden, für die Koordinaten berechnet sind. Gesucht seien in Abb. 3.8 die Koordinaten der Kleinpunkte (1) und (2), die auf der Verbindungslinie der bereits bei einer früheren Vermessung koordinierten Punkte A und E eingemessen sind. Die Messung ergab für die Teilstrecken die Maße $\Delta s_1, \Delta s_2 \ldots \Delta s_e$, für die Gesamtstrecke das Maß $s = [\Delta s_i]$.

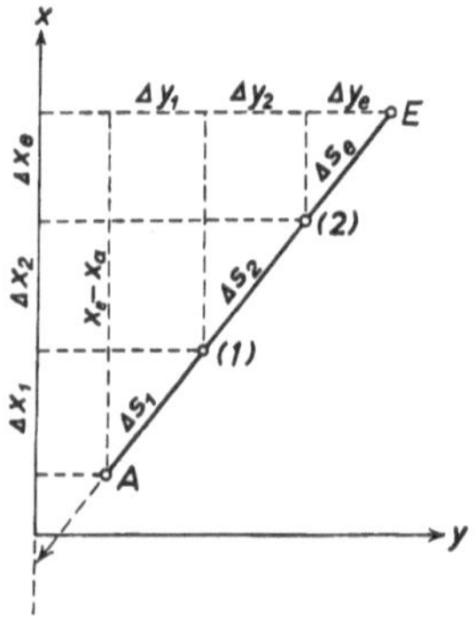

Abb. 3.8 Kleinpunktberechnung

Um sowohl das Maß s wie die Koordinaten von A und E zu prüfen, wird aus den Koordinaten von A und E die Sollänge

$$s^* = \sqrt{(x_e - x_a)^2 + (y_e - y_a)^2} \tag{3.4}$$

berechnet und mit dem Messungsergebnis s verglichen. Dabei wird infolge der unvermeidlichen Messungsungenauigkeiten eine Differenz $d = s^* - s$ auftreten, die vorgegebene Fehlergrenzen (vgl. z. B. [2.5.2]) nicht überschreiten darf. Um diese Differenz für die Rechnung zu beseitigen, wird angenommen, es seien die durch die Messung erhaltenen Werte s und Δs_i durch Multiplikation mit dem Maßstabsfaktor s^*/s in die Sollwerte s^* und Δs_i^* überführt; dann ergibt sich an Hand des Bildes zur Berechnung der den Teilstrecken entsprechenden

Koordinatenunterschiede Δy_i und Δx_i der einfache Proportionalansatz

$$\Delta y_i = \frac{y_e - y_a}{s^*} \Delta s_i^*; \quad \Delta x_i = \frac{x_e - x_a}{s^*} \Delta s_i^*.$$

Es ist aber $s^* = s \cdot s^*/s$ und $\Delta s_i^* = \Delta s_i \cdot s^*/s$. Die vorstehenden Ausdrücke lassen sich daher umbilden in

$$\Delta y_i = \frac{y_e - y_a}{s} \Delta s_i; \quad \Delta x_i = \frac{x_e - x_a}{s} \Delta s_i, \tag{3.5}$$

worin s^* und Δs_i^* nicht mehr auftreten. Setzt man dann

$$o = \frac{y_e - y_a}{s} \quad \text{und} \quad a = \frac{x_e - x_a}{s}, \tag{3.6}$$

so erhält man die Koordinaten der Punkte (1) und (2) nach den Formeln

$$\left.\begin{array}{ll} y_1 = y_a + o\Delta s_1 & x_1 = x_a + a\Delta s_1 \\ y_2 = y_1 + o\Delta s_2 & x_2 = x_1 + a\Delta s_2 \\ y_e = y_2 + o\Delta s_e & x_e = x_2 + a\Delta s_e\,. \end{array}\right\} \tag{3.7}$$

Die letzte Zeile dient lediglich der Kontrolle: y_e und x_e müssen mit ihren Sollwerten bis auf Abrundungsfehler herauskommen.

Der Winkel t (Abb. 3.9), den die Gerade AE im Uhrzeigersinn mit dem positiven Zweig der x-Achse oder einer Parallelen zu

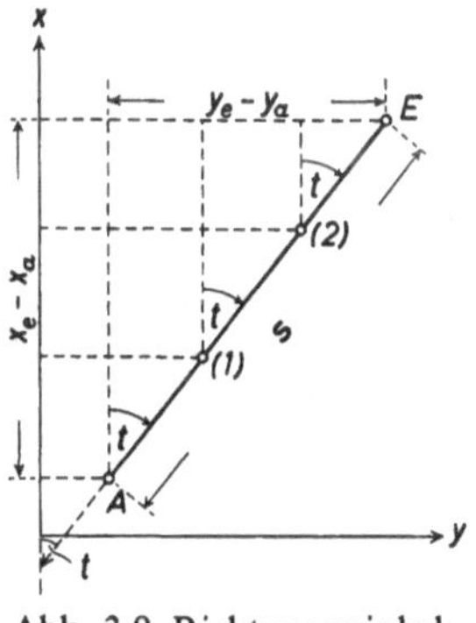

Abb. 3.9 Richtungswinkel

ihr bildet, heißt der Richtungswinkel der Geraden. Also ist in (3.6)

$$o = \sin t, \quad a = \cos t \tag{3.8}$$

Beispiel: Berechnung der Koordination des in Abb. 3.3 auf der Strecke (3)–(4) liegenden Kleinpunktes (8) nach den Gleichungen (3.4), (3.6) und (3.7). Mit den in der nachstehenden Tabelle eingetragenen Koordinaten von Punkt (4) ≡ E findet man

$$s^* = \sqrt{(x_e - x_a)^2 + (y_e - y_a)^2} = 107{,}38\,\text{m}$$

s = 107,33 m (gemessen); $d = s^* - s$ = 0,05 m; zulässig 0,16 m.

$$o = \frac{y_e - y_a}{s} = -0{,}0488; \quad a = \frac{x_e - x_a}{s} = +0{,}9993\,.$$

Pkt.	Strecken Δs_i	y_i $\Delta y_i = o \cdot \Delta s_i$	x_i $\Delta x_i = a \cdot \Delta s_i$	Bemerkung
(4)	54,54	+81,42 −2,66	+42,04 +54,50	≡ A
(8)	52,79	+78,76 −2,58	+96,54 +52,75	
(3)	[107,33]	+76,18	+149,29	≡ E

3.2.4 Berechnung seitwärts liegender Punkte

In Abb. 3.10 ist Punkt P durch das im Fußpunkt F errichtete Lot h festgelegt. Dann läßt sich, wenn man den Reduktionsfaktor s^*/s auch an h angebracht denkt, an der Figur ablesen:

$$\left.\begin{aligned} y_p - y_f &= \frac{x_e - x_a}{s} h = +a \cdot h \\ x_p - x_f &= -\frac{y_e - y_a}{s} h = -o \cdot h\,. \end{aligned}\right\} \tag{3.9}$$

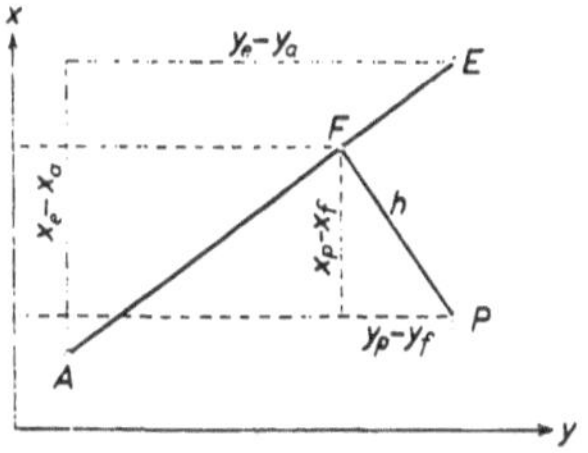

Abb. 3.10 Seitwärts liegender Punkt

Beispiel: Berechnung der Koordinaten des in Abb. 3.3 auf die Messungslinie (4)–(2) aufgewinkelten Punktes (3) nach den Gl. (3.4), (3.6), (3.7), (3.9).

Mit Punkt (4) ≡ *A* und Punkt (2) ≡ *E* findet man

$$s^* = \sqrt{(x_e - x_a)^2 + (y_e - y_a)^2} = 134{,}46\,\text{m}$$

s = 134,45 m (gemessen); $d = s^* - s = 0{,}01$ m; zulässig 0,18 m

$$o = \frac{y_e - y_a}{s} = -0{,}6056; \quad a = \frac{x_e - x_a}{s} = +0{,}7959\,.$$

Pkt.	Strecken Δs_i	h	y_i Δy_i	x_i Δx_i	Be-merk.	Rechen-formeln
(4)			+81,42	+42,04	≡ *A*	$\Delta y_i = o \cdot \Delta s_i$
	88,51		−53,60	+70,45		$\Delta x_i = a \cdot \Delta s_i$
			+27,82	+112,49	≡ *F*	$\Delta y_i = +a \cdot h$
		+60,76	+48,36	+36,80		$\Delta x_i = -o \cdot h$
(3)			+76,18	+149,29	≡ *P*	$\Delta y_i = +a \cdot h$
		−60,76	−48,36	−36,80		$\Delta x_i = -o \cdot h$
	45,94		+27,82	+112,49	≡ *F*	$\Delta y_i = o \cdot \Delta s_i$
			−27,82	+36,56		$\Delta x_i = a \cdot \Delta s_i$
(2)	[134,45]		0,00	149,05	≡ *E*	

Man hat demnach, um die Koordinaten von P zu erhalten, zunächst die Koordinaten von F auf AE gemäß Gl. (3.7) zu errechnen und dann die nach Gl. (3.9) erhaltenen Koordinatenunterschiede zwischen F und P zu den Koordinaten von F hinzuzuzählen. Dabei ist h positiv oder negativ einzusetzen, je nachdem, ob P in der Meßrichtung rechts oder links der Linie AE liegt.

Wie in [Band II, 4.2.1] zu erkennen ist, handelt es sich bei den Gleichungen (3.7) und (3.8) um spezialisierte Formeln der Koordinatentransformation. Die Gleichung (4.10) in Band II läßt dies leicht erkennen.

3.2.5 Schnitt zweier Geraden

Nachdem in [3.2.3] und Abb. 3.9 der Richtungswinkel eingeführt ist, kann eine Gerade nicht nur durch *zwei* Punkte, sondern auch durch *einen* Punkt und den Richtungswinkel der Geraden festgelegt werden. Dazu bilde man aus den beiden Gleichungen (3.8) den Quotienten $o : a$, setze darin (3.6) ein und erhält in

$$\tan\alpha = \frac{y_e - y_a}{x_e - x_a} = m \tag{3.10}$$

den sogenannten Richtungskoeffizienten m der Geraden.

Sind demnach von einer Geraden ein Punkt $P_1(x_1, y_1)$ und der Richtungskoeffizient m_1 bekannt, so ist die Gerade in allen ihren („laufenden") Punkten festgelegt. Aus (3.10) aber folgt für die laufenden Koordinaten x und y einer Geraden durch P_1 mit dem Richtungskoeffizienten m_1 die Gleichung

$$y - y_1 = m_1(x - x_1) \tag{3.11}$$

Ebenso gilt für eine Gerade durch den Punkt P_2 mit dem Richtungskoeffizienten m_2

$$y - y_2 = m_2(x - x_2)\,. \tag{3.12}$$

(3.11) und (3.12) sind in der Sprache der analytischen Geometrie die Gleichungen der beiden Geraden. Ihr Schnittpunkt $P(x,y)$

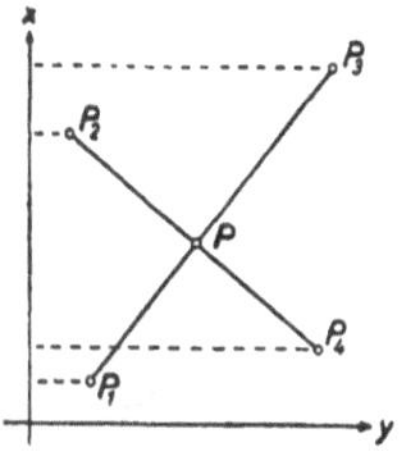

Abb. 3.11 Linienschnitt Fall I.

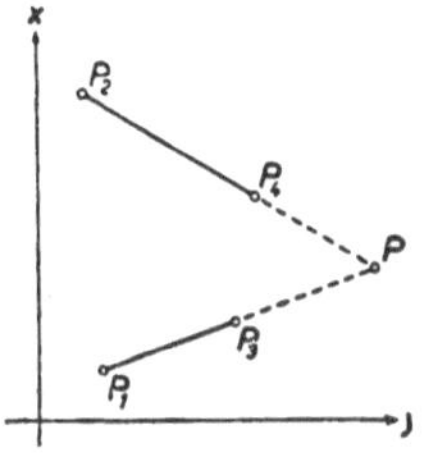

Abb. 3.12 Linienschnitt Fall II.

aber ist der Punkt, der beiden Gleichungen genügt. Subtrahieren der Gl. (3.12) von (3.11) führt auf

$$x - x_1 = \frac{(y_2 - y_1) - m_2(x_2 - x_1)}{m_1 - m_2}. \tag{3.13}$$

Ist demnach eine Gerade durch die Punkte $P_1(x_1, y_1)$ und $P_3(x_3, y_3)$ gegeben und eine weitere Gerade durch die Punkte $P_2(x_2, y_2)$ und $P_4(x_4, y_4)$, wobei ihre gegenseitige Lage entweder der Abb. 3.11 oder der Abb. 3.12 entsprechen kann, so erhält man die Koordinaten des Schnittpunktes $P(x, y)$ aufgrund der folgenden Rechnungen; bilde

$$\left.\begin{array}{l} 1.\ \text{nach (3.10)}\quad m_1 = \dfrac{y_3 - y_1}{x_3 - x_1}, \quad m_2 = \dfrac{y_4 - y_2}{x_4 - x_2} \\ 2.\ \text{nach (3.13)}\quad (x - x_1),\ \text{nach (3.11)}\ (y - y_1)\,; \\ 3.\ x = x_1 + (x - x_1)\,;\quad y = y_1 + (y - y_1)\,. \end{array}\right\} \tag{3.14}$$

Probe: $m_1 = \dfrac{y_3 - y}{x_3 - x}; \quad m_2 = \dfrac{y_4 - y}{x_4 - x}.$

3.2.6 Prüfung des Liniennetzes

Die Koordinatenmethode gibt die Möglichkeit, nach Gl. (3.4) jede Strecke im Liniennetz zu berechnen, für deren Endpunkte Koordinaten ermittelt sind. Vergleicht man dann die berechneten mit den gemessenen Maßen, so hat man eine unabhängige Probe für die Richtigkeit der Messung. Messungsfehler werden infolgedessen in einem richtig aufgebauten Liniennetz mit einer an Sicherheit grenzenden Wahrscheinlichkeit rechtzeitig aufgedeckt.

Beispiel: Prüfung der Messungslinien in Abb. 3.3

Strecke	aus Koord. gerechn.	gemessen	Diff.	zul.
(6)–(8)	78,76	78,82	−0,06	0,14
(7)–(10)	52,79	52,83	−0,04	0,12
(5)–(9)	66,26	66,23	+0,03	0,13

3.3 Grundrißkartierung und -zeichnung

3.3.1 Maßstab und Zeichenträger

Den Maßstab und Zeichenträger eines Lageplans bzw. einer Karte wählt man je nach dem Zweck der Aufnahme. Der *Kartenmaßstab* ist das lineare Verkleinerungsverhältnis der Karte gegenüber der Natur. Aus dem Vergleich einer Kartenstrecke s' mit der entsprechenden Strecke s in der Natur ergibt sich der Maßstab zu $M = s' : s$. Gebräuchliche Maßstäbe für kleine Lagepläne sind 1 : 250, 1 : 500, 1 : 1000. Großmaßstäbige Karten – z. B. Katasterkarten – haben häufig den Maßstab 1 : 1000, 1 : 2000. Als *Zeichenträger* für Baupläne und ähnliche Zeichnungen, die nur eine begrenzte Lebensdauer haben, verwendet man in der Regel Papier. Für Zeichnungen, bei denen größere Anforderungen an die Maßhaltigkeit gestellt werden, nimmt man bevorzugt maßbeständige transparente Kunststoff-Folien.

Papier verwendet man in Form von Karton oder transparenten Materialien. Karton benutzt man auch heute noch teilweise für den Entwurf und die Reinzeichnung. Transparentes Papier nimmt man für größere Pläne, die in einem Stück durch das Lichtpausverfahren vervielfältigt werden müssen. Papier hat den Vorteil, daß es Graphit, Tinte und Tusche leicht aufnimmt und bei Korrekturen einfach entfernen läßt. Nachteilig ist, daß bei Schwankungen der Luftfeuchtigkeit Papier nur wenig maßbeständig ist. Der Papierverzug ist quer zur Laufrichtung etwa 3–6mal größer als in Laufrichtung. Größere Maßhaltigkeit erzielt man, wenn man Bögen mit sich kreuzenden Laufrichtungen übereinanderklebt. Wirkungsvoller ist das Kaschieren auf Aluminiumplatten oder -folien.

Maßhaltig und transparent zugleich sind *Folien* auf PVC-Basis (z. B. Astralon), auf Polycarbonat-Basis (z. B. Pokalon) und auf Polyester-Basis (z. B. Hostaphan oder Safir PE). Die Folien sind durchsichtig, als Zeichenfolien einseitig bzw. beidseitig mattiert oder undurchsichtig und 0,05 bis 0,25 mm stark. Ihre Maßbeständigkeit beschreibt Tabelle 3.1.

Tabelle 3.1 Maßbeständigkeit transparenter Folien

Wärmeausdehnungskoeffizient je 1 K	Ausdehnungskoeffizient je 1% Änderung der relat. Luftfeuchte	
$60-70 \cdot 10^{-6}$	$5 \cdot 10^{-6}$	PVC- und Polycarbonatfolien
$25 \cdot 10^{-6}$	$10 \cdot 10^{-6}$	Polyesterfolien

Weitere Eigenschaften sind: Wärme und Alterungsbeständigkeit, Festigkeit, Knickbeständigkeit sowie die Aufnahmefähigkeit für Tusche und Farbe. PVC-Folien dürfen nur bis zu Temperaturen von 35 °C gelagert und verarbeitet werden. Polyesterfolien halten nur Tuschen, wenn sie mit einer speziellen Lackmattierung versehen werden. Weitere Angaben findet man bei (*Becke* 1973).

3.3.2 Kartierung

Die Kartierung umfaßt folgende Arbeiten (*Hake*, Bd. II 1984):

- Die geometrische Konstruktion des Kartennetzes als Grundlage der Entwurfs- und Originalherstellung.

– Die graphische Auswertung von Vermessungen, Berechnungen oder Photogrammetrischen Aufnahmen durch maßstäbliches Auftragen von Fest-, Einpaß- und anderen Punkten sowie von Geraden und Kurven.

Als Handwerkszeug für *kleinere manuelle Kartierungen* benötigt man Anlegemaßstäbe, Dreiecke, Winkelmesser, Kartiernadeln, Graphitstifte und Radierwerkzeuge. Die Zeichenarbeiten beginnen mit dem Auftragen des Liniennetzes aufgrund der in der Örtlichkeit gemessenen Konstruktionselemente oder, wenn Koordinaten gerechnet sind, mit dem Eintragen der Liniennetzpunkte in das Quadratnetz. Die aufgenommenen Einzelheiten werden vom Messungsliniennetz aus abgesetzt. Falls der Zeichenträger sich verzogen hat, werden die Differenzen auf den Messungslinien proportional verteilt. Beim Auftragen der Einzelheiten werden auch die bei der Aufnahme gemessenen Kontrollmaße nachgegriffen, was eine Probe für die Richtigkeit der Messung und der Zeichnung ist.

Für die Auszeichnung und die Beschriftung der Lagepläne haben sich bei den behördlichen Vermessungs- und Baudienststellen Zeichenvorschriften herausgebildet, die zum größten Teil in dem Normblatt DIN 18702 „Zeichen für Vermessungsrisse, großmaßstäbliche Karten und Pläne“ niedergelegt sind.

Eine Erleichterung und Genauigkeitssteigerung bei den Kartierarbeiten bieten die in zahlreichen Ausführungen angebotenen *Kleinkartiergeräte*. Als Beispiel sei hier ein Kartiergerät der Firma *Ott* in der Abb. 3.13 wiedergegeben.

Wichtigste Bestandteile eines Kartiergerätes sind senkrecht aufeinanderstehende mit Maßstäben versehene Präzisionsschienen, die es ermöglichen, einen Punktieraufsatz oder ein Lupe in zwei senkrecht zueinander stehenden Richtungen mit hoher Genauigkeit zu verschieben.

Der Abszissenmaßstab des *Ott*-Koordinators hat für jede seiner zwei verschiedenen Teilungen eine doppelte Bezifferung (Nullpunkt links und rechts), so daß in beiden Richtungen kartiert werden kann. Am Ordinatenmaßstab können die Nullpunkte der zwei Teilungen unten oder in der Mitte angebracht werden. Am Ableseschieber des Ordina-

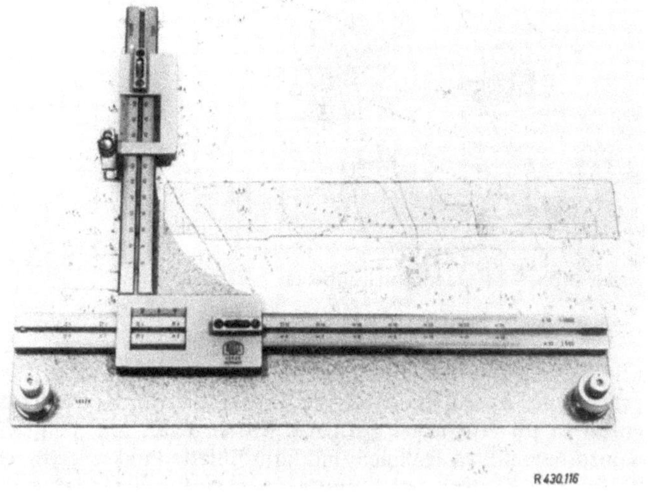

Abb. 3.13 *Ott*-Koordinator für rechtwinklige Koordinaten

tenmaßstabes kann man wahlweise einen Punktieraufsatz oder eine Lupe anbringen. Die Feineinstellung erfolgt durch Daumenrollen. Die Ablesung erfolgt über Nonien mit einer Genauigkeit von 0,1 mm. Teilungen sind in verschiedenen Maßstabsverhältnissen z. B. 1 : 500, 1 : 1000 ausgeführt.

Für Aufnahmen, die auf ein Koordinatensystem bezogen sind, hat man ein *Quadratnetz* zu fertigen. Ein einfaches Hilfsmittel ist ein Sägeblattlineal von 1 m Länge mit eingeritzten Dezimetermarken. Man entwirft damit ein Diagonalkreuz mit genau gleich langen Armen, verbindet die Endpunkte, unterteilt die Seiten des so entstandenen Rechtecks in Dezimeterabschnitte und zieht die Quadratseiten durch. Zur Probe wird das Lineal in die Diagonalen der Netzquadrate gelegt; dann müssen die Kreuzungspunkte genau auf einer Geraden liegen. Sind Quadratnetze in größerer Zahl anzufertigen, so kann man sich einer Metallschablone bedienen, die mit quadratisch angeordneten feinen Durchbohrungen zum Durchstechen versehen ist.

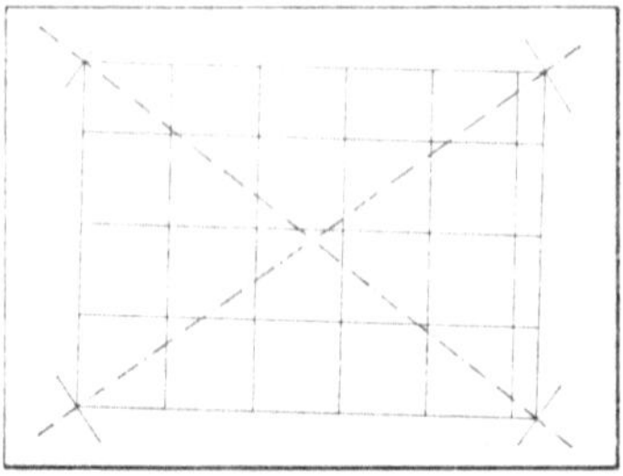

Abb. 3.14 Quadratnetzentwurf

Für ausgedehntere Aufnahmen hoher Genauigkeit steht gelegentlich ein *Koordinatograph* zur Verfügung. Ein Koordinatograph ist im Prinzip ein größeres Kartiergerät, mit dem sich Koordinatenlinien zeichnen und koordinierte Punkte kartieren lassen. Die Kartiervorrichtung wird in zwei zueinander senkrechten Richtungen mit Handrädern über Spindeln oder Zahnstangen auf einem Zeichentisch bewegt. Die Kartier- bzw. Ablesegenauigkeit beträgt etwa ± 0,03 mm.

Umfangreichere Arbeiten führt man in der Regel auf einem Digitalzeichentisch (Zeichenautomaten) aus, siehe [3.3.4].

3.3.3 Reinzeichnung

Die Reinzeichnung ist die reproduktionsreife Zeichnung. Vorwiegend führt man sie als Tuschezeichnung oder Schichtgravur aus.

Bei *Tuschezeichnungen* bevorzugt man schwarze Tuschen, da sich mit ihnen sehr sicher gleichmäßige, randscharfe und ausreichend kontrastreiche Striche auftragen lassen. Mit Tuschen kann man auf Karton und Folien zeichnen. Während man auf Karton gewöhnliche Ausziehtuschen verwendet, benötigt man auf PVC und Polycarbonatfolien Spezialtuschen. Auf Polyesterfolien zeichnet man mit besonderen wässrigen, aber nach der Trocknung wasserfesten, Tuschen.

Bei der *Schichtgravur* auf beschichteten Kunststoffolien wird an den Stellen des Kartenbildes die Schicht entfernt und der Schichtträger freigelegt. Anschließend erzeugt man durch Reproduktion oder Einfärbung das Positivoriginal. Im Vergleich zur Tuschezeichnung erzielt man eine höhere Zeichengeschwindigkeit, gleichmäßigere Strichbreite und höhere Randschärfe. Es gibt spezielle Graviergeräte, mit denen sich Striche, Doppelstriche, Punkte und Kreise und nach Schablonen Schriften und Signaturen gravieren lassen. Sie gleiten auf Füßen über die Schicht und ermöglichen daher eine konstante Gravurtiefe. Die Schichtgravur wird heute vorwiegend für die Originalherstellung verwendet. Weitere Einzelheiten findet man u.a. in (*Hake* B. II, 1984).

3.3.4 Interaktive graphische Kartier- und Datenbanksysteme

(1) *Zielsetzung und Anforderungen*

Bei umfangreichen Arbeiten im Zusammenhang mit der Auswertung, Verwaltung und Kartierung von geodätischen Daten ist man heute bestrebt, weitgehend automatisch arbeitende Systeme einzusetzen. Ein solches System soll in der Regel folgenden Zielsetzungen genügen:

a. Konzipierung als Gesamtsystem für die Aufnahme, Berechnung, Verwaltung und Kartierung von geodätischen Daten.
b. Komponenten- bzw. modulweiser Aufbau der Hard- und Software.
c. Durchgehender Datenfluß von der Aufnahme (z. B. mit einem elektronischen Tachymeter, Digitalisiertisch) bis zur Kartierung mit einem Digitalzeichentisch.
d. Zur einfachen Handhabung des Systems Entwicklung der Software in interaktiver Dialogtechnik.
e. Bearbeitung der Daten durch geodätische Auswerte- und Kartierprogramme.
f. Installierung einer „Geodätischen Koordinatenbank“ und einer „Kartographischen Datenbank“.
g. Benutzung spezieller Punktbezeichnungen zur Steuerung des Datenflusses.

h. Verwendung eines leistungsfähigen Tischrechners mit variablem Massenspeicher.
i. Verwendung eines intelligenten Zeichentisches für Präzions- und Schnellkartierung.
j. Unterstützung der Aufbereitung und Bearbeitung von Kartierdaten durch einen graphischen Bildschirm.

(2) *Systemaufbau*

Ein Beispiel für den Aufbau eines automatisierten Vermessungs- und Kartiersystems zeigt Abb. 3.15.

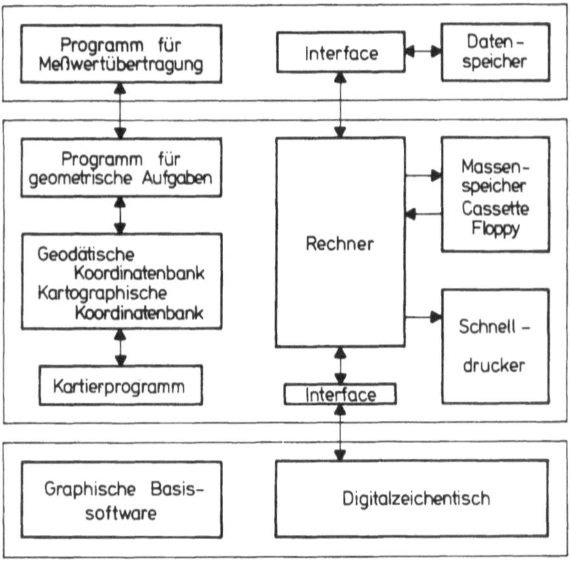

Abb. 3.15 Strukturdiagramm eines automatisierten geodätischen Auswerte- und Kartiersystems

Im Feld gemessene Daten werden automatisch von einem elektronischen Datenspeicher (z. B. von dem eines elektronischen Tachymeters [Band II, 3]) in den Rechner übernommen.

Die Verbindung wird über ein Interface hergestellt. Die Übertragung der Daten zum Rechner besorgt ein spezielles Programm. Es können nicht nur Daten geodätischer Feldinstrumente, sondern auch die eines Digitalisiertisches (Abb. 3.16) oder photogrammetrischen Auswertegerätes automatisch in den Rechner überliefert werden.

Abb. 3.16 Digitalisiertisch, Digitalzeichentisch und Rechner (System Informap, *Wild*)

Auf dem *Digitalisiertisch* lassen sich graphische Vorlagen aufspannen. Indem man mit einer frei beweglichen Meßlupe (Cursor) Punkte anfährt oder Linien nachfährt, wird eine graphische Vorlage in eine digitale Karte umgewandelt und in die Datenbank gespeichert. Zur Kontrolle kann man die Karte gleichzeitig auf dem Bildschirm abbilden. Graphischen Elementen können über eine Tastatur nicht-graphische Informationen (z. B. Texte, Signaturen) zugeordnet werden. Die digitalisierten Punkte der graphischen Vorlage werden unmittelbar in das übergeordnete Koordinatensystem transformiert und anschließend gespeichert.

Der *Rechner* hat normalerweise eine hohe Arbeitsgeschwindigkeit und einen umfangreichen Arbeitsspeicher. Er soll über ausgereifte Dialogtechniken für Datenverwaltungsaufgaben und graphische Darstellungsmöglichkeiten auf dem Bildschirm verfügen. Zusätzlich muß er sich für Steueraufgaben mit Echtzeitverarbeitung und Interrupt-Struktur eignen.

Die Software umfaßt in der Regel Programme für:

- den beiderseitigen Datenverkehr zwischen den Meßgeräten (bzw. Speichern der Meßgeräte) und dem Rechner,
- die interaktive Lösung geometrischer Aufgaben (Einzelpunktberechnung, Netzausgleichung, ...)
- den Aufbau von Datenbanken,
- die Kartierarbeiten.

Das Ende der Automationskette bildet ein *Digitalzeichentisch*. Er hat die Aufgabe, die in digitaler Form in der Datenbank gespeicherte Karte graphisch auf Papier oder Gravurfolie darzustellen. Ein eingebauter Steuerrechner (Mikroprozessor)

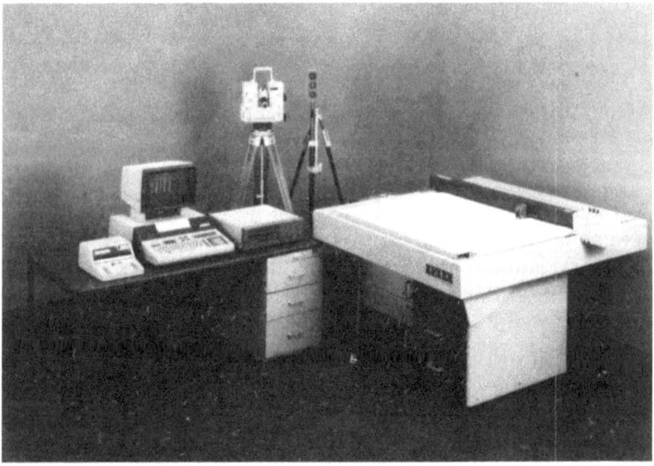

Abb. 3.17 Geos 1-System mit Elta 2 (*Zeiss*)

entlastet den Rechner von seinen eigentlichen Aufgaben. In den Zeichenkopfwagen lassen sich unterschiedliche Zeichenwerkzeuge einsetzen. Die max. Geschwindigkeit in Achsrichtung kann bis zu 300 mm/s und die max. Beschleunigung in Achsrichtung bis zu 5 m/s^2 betragen. Die Auflösung des Positioniersystems beträgt bis zu 0,02 mm. Das Entstehen der digitalen Karte läßt sich auf einem *graphischen Bildschirm* überwachen. Textauszüge, Listen und Arbeitsbefehle an den Operateur können bei einigen Systemen über einen zusätzlichen alphanumerischen Bildschirm angezeigt werden. Die Systeme lassen sich in der Regel so ausstatten, daß man Plan- und Kartenausschnitte beliebig vergrößern oder verkleinern kann. Vorteilhaft ist es, wenn diese sich mit einem beweglichen, auf dem Bildschirm sichtbaren Kreuz definieren lassen. (*Swebel* 1981; *Heggli* 1982). Abb. 3.17 zeigt eine Zusammenstellung von Systemkomponenten, die einen automatischen Datenfluß bei der Herstellung von Karten ermöglichen.

3.4 Vervielfältigung und Maßstabsänderung

3.4.1 Vervielfältigung von Plänen und Karten

Unter *Vervielfältigung* versteht man die Herstellung vieler Exemplare. Im Gegensatz dazu bezeichnet man die Herstellung eines oder weniger Exemplare als *Kopieren*. Nachfolgend sollen nur Verfahren behandelt werden, die auch in kleineren Büros zur Anwendung kommen: das Lichtpausverfahren und die Elektrophotographie. Weitere Verfahren wie der Kartendruck, die Mikroverfilmung, die Photokopie und Thermokopie werden z. B. in (*Hake*, Bd. II 1984) beschrieben.

Beim *Lichtpausverfahren* handelt es sich um ein positives Kontaktverfahren mit Durchlicht. Die Vorlage, ein transparentes Positiv, wird in Originalgröße übertragen. Man braucht nicht im Dunkelraum zu arbeiten, jedoch sollte man direktes Sonnenlicht und grelles Kunstlicht vermeiden. Dieses Verfahren ist sehr wirtschaftlich, wenn nur wenige Exemplare herzustellen sind. Besonders vorteilhaft ist noch, daß auch größere Formate kopiert werden können. Es gibt Geräte mit Lichtpausgeschwindigkeiten bei 10 m/min. Bei Einführbreiten bis ca. 1,25 m können auch unbeschnittene Originale verarbeitet werden. Abzüge kann man auf Papier oder maßbeständigen Folien machen.

Das Verfahren nutzt die Eigenschaften von Diazoverbindungen, sich mit Aminen und Phenolen zu Azofarbstoffen zu kuppeln. Diese Stoffe befinden sich in der Lichtpausschicht, ihre Kupplung ist zunächst noch chemisch gebremst. Die Diazoverbindungen zerfallen bei Belichtung mit ultraviolettem Licht, unter der Zeichnung bleiben sie jedoch erhalten. Entwickelt man die Schicht nachfolgend mit Amoniakdämpfen, so wird an diesen Stellen die chemische Bremse gelöst und die Kupplung der Komponenten zum Azofarbstoff beschleunigt. Man entnimmt dem Entwicklungsgerät ein nahezu trockenes Positiv. Neuere Geräte liefern amoniakfreie Trockenpausen.

Als Träger für Diazoschichten dienen Papiere, Kunststoff- und Metallfolien sowie Gewebe. Durch unterschiedliche Entwicklungen kann man Kopien in den Farben rot, blau, schwarz oder sepiabraun erzeugen.

Bei der *Elektrophotographie* hat sich die Xerographie am stärksten durchgesetzt. Die Bilder werden optisch im Auflicht übertragen. Vergrößerungen und Verkleinerungen sind möglich. Wegen des leicht automatisierbaren schnellen Arbeitsablaufs und der geringen Materialkosten hat die Xerographie in Vorlageformaten bis DIN A 3 die Lichtpaustechnik und den Flachdruck zurückgedrängt.

Das Verfahren beruht darauf, daß Photohalbleiter (z. B. Selen) ihre Ladungseigenschaften unter Einwirkung von Licht verändern. Projiziert man auf einen elektrostatisch aufgeladenen Halbleiter ein Positivbild, so entsteht dort ein nicht sichtbares Ladungsbild, da an den belichteten (bildfreien) Stellen die Ladung abgeflossen ist. Das Ladungsbild kann man durch die elektrostatische Anziehung von Farbstoffen sichtbar machen. Bei der Xerographie wird die Vorlage auf eine mit Selen beschichtete Metalltrommel projiziert, die zuvor elektrostatisch aufgeladen wurde. Anschließend aufgestreutes Pulver bleibt an den Zeichnungsstellen haften und läßt ein seitenverkehrtes Bild entstehen. Dieses Pulverbild läßt sich auf Papier übertragen, das zuvor entgegengesetzt elektrostatisch aufgeladen wurde. Nach kurzem

Erhitzen ist das Pulverbild fest mit dem Papier verbunden. Mit der einmal aufgeladenen Trommel lassen sich mehrere hundert Kopien erzeugen.

Es lassen sich nahezu alle Papiersorten verwenden; auch beidseitige Kopien sind möglich.

3.4.2 Maßstabsänderung von Plänen und Karten

Insbesondere bei umfangreichen Arbeiten wird man Maßstabsänderungen mit einer Reproduktionskamera (vgl. *Hake,* Bd. II 1984) oder einem Digitalzeichentisch [3.3.4] ausführen. Bei kleineren Vorlagen bis DIN A 3 kann man auch Xerographie-Geräte einsetzen; diese Geräte ermöglichen jedoch häufig Maßstabsänderungen nur in wenigen vorgegebenen Stufen. Die Reproduktionskamera und der Digitalzeichentisch sind sehr kostspielige Einrichtungen; sie stehen daher nur bei größeren Unternehmen zur Verfügung. Handelt es sich um kleinere Arbeiten, und lassen sich die zuvor genannten Techniken nicht einsetzen, so kann man auch einfache mechanische oder optische Pantographen verwenden. Das Prinzip eines *mechanischen Pantographen* (Storchenschnabels) ist in Abb. 3.18 wiedergegeben. Dabei bedeuten die starken Linien hölzerne, besser eiserne Stangen, und die gestrichelten Linien gedachte mathematische Geraden. Die einfachen Kreise sind Gelenke; die Doppelkreise stellen der Reihe nach von links nach rechts einen festzulegenden Pol, einen Zeichenstift und einen Fahrstift dar, die meistens gegeneinander ausgewechselt werden können.

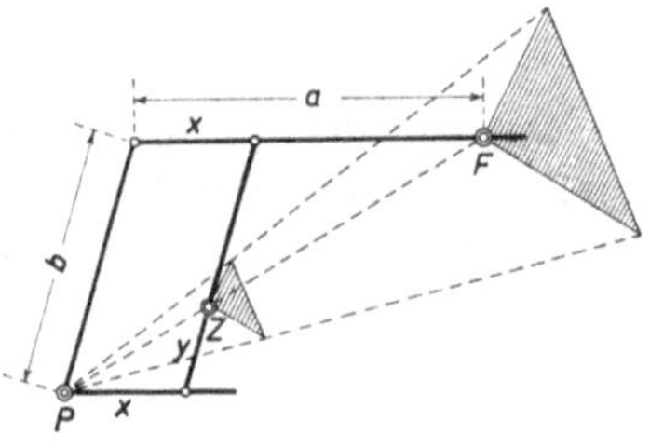

Abb. 3.18 Mechanischer Pantograph

Soll z. B. eine Zeichnung von 1 : 400 auf 1 : 1000 verkleinert werden, so errechnet man aus

$$\frac{PZ}{PF} = \frac{400}{1000} = \frac{2}{5} = \frac{x}{a} = \frac{y}{b}$$

die Strecken x und y, stellt die Gelenke entsprechend ein und umfährt die gegebene Figur mit dem Fahrstift; dann zeichnet der Zeichenstift die gewünschte Verkleinerung. Für etwaige Vergrößerungen sind Fahr- und Zeichenstift auszutauschen.

Abb. 3.19 zeigt einen Präzisionspantographen der Firma *Ott*.

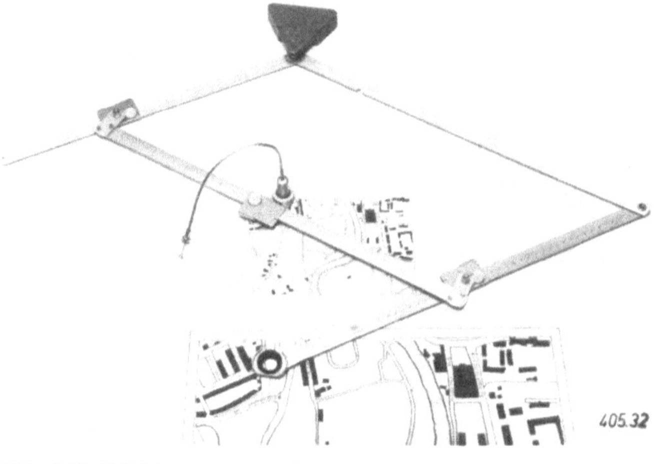

Abb. 3.19 Präzisionspantograph

Bei optischen Pantographen wird mit Hilfe einer optischen Linse ein verkleinertes oder vergrößertes Bild auf eine zeichengerecht liegende Mattscheibe projiziert. Auf die Mattscheibe wird dann transparentes Papier gelegt, auf dem das Bild von Hand nachgezeichnet werden kann.

4 Flächenberechnung

Wenn eine geschlossene geradlinig begrenzte Figur nach den Regeln des vorigen Abschnitts aufgenommen ist, so kann auch ihr Flächeninhalt berechnet werden. Das Berechnungsverfahren hängt ab von der Art der Aufmessung und von der Genauigkeit, die verlangt wird. Man unterscheidet

1. Flächenberechnung aus Maßzahlen,
2. halbgraphische Flächenermittlung,
3. graphische Flächenbestimmung.

4.1 Flächenberechnung aus Maßzahlen

4.1.1 Die Flächenberechnung aus Feldmaßen

Diese Berechnungsart ist geboten, wenn die Fläche durch die Art der Aufmessung in Dreiecke, Trapeze und verschränkte Trapeze zerlegt werden kann. Dreiecke und Trapeze werden nach der Formel halbe Grundlinie bzw. Mittellinie mal Höhe berechnet. Ein verschränktes Trapez entsteht, wenn die Aufnahmelinie eine Grenzstrecke schneidet, so daß, wie die Abb. 4.1

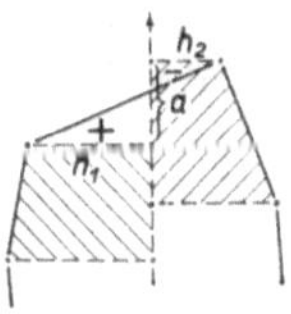

Abb. 4.1 Verschränktes Trapez

erkennen läßt, die benachbarten (schraffierten) Trapeze die Grenzstrecke entweder nicht erreichen oder überschneiden. Als Flächeninhalt gilt dann die Differenz der beiden Dreiecksflächen. Man erhält sie nach der Formel

$$F = \tfrac{1}{2}a(h_1 - h_2),$$

in der a die Grundlinie, h_1 die innerhalb, h_2 die außerhalb der Figur liegende Höhe ist.

Um den in den Flächeninhaltsformeln auftretenden Faktor ½ nicht ständig mitschleppen zu müssen, ist es üblich, zunächst den doppelten Flächeninhalt zu berechnen, und erst zum Schluß auf die einfache Fläche zu gehen. Falls nicht besonders hohe Genauigkeit verlangt wird, können die Faktoren auf volle dm abgerundet werden.

Beispiel: Berechnung des Flächenwertes des in Abb. 3.1 S. 72 dargestellten Grundstückes.

a) Mitführen der cm	b) Abrundung auf volle dm
$3{,}72 \cdot 5{,}34 = 19{,}86$	$3{,}7 \cdot 5{,}3 = 19{,}6$
$51{,}40 \cdot 13{,}74 = 706{,}24$	$51{,}4 \cdot 13{,}7 = 704{,}2$
$21{,}18 \cdot 0{,}17 = 3{,}60$	$21{,}2 \cdot 0{,}2 = 4{,}2$
$13{,}59 \cdot 26{,}88 = 365{,}30$	$13{,}6 \cdot 26{,}9 = 365{,}8$
$52{,}81 \cdot 38{,}89 = 2053{,}78$	$52{,}8 \cdot 38{,}9 = 2053{,}9$
$9{,}90 \cdot 20{,}24 = 200{,}38$	$9{,}9 \cdot 20{,}2 = 200{,}0$
$3349{,}16 : 2$	$3347{,}7 : 2$
$F = 1674{,}58\,\text{m}^2$	$F = 1673{,}8\,\text{m}^2$

4.1.2 Die Flächenberechnung aus Koordinaten

Sie läßt sich ebenfalls sehr einfach an der in Abb. 3.1 gegebenen Figur erläutern; doch denke man sich die Abszissenachse wie in Abb. 4.2 so weit nach links verschoben, daß sie außerhalb der Figur liegt. Dann wird der Flächeninhalt der Figur erhalten, wenn von der Fläche $1'-1-2-3-4-4'$ die Fläche $1'-1-6-5-4-4'$ abgezogen wird. In Formeln gibt das

$$\begin{aligned} 2\,F &= (x_1 - x_2)(y_1 + y_2) + (x_2 - x_3)(y_2 + y_3) + (x_3 - x_4)(y_3 + y_4) \\ &\quad + (x_4 - x_5)(y_4 + y_5) + (x_5 - x_6)(y_5 + y_6) + (x_6 - x_1)(y_6 + y_1) \end{aligned}$$

oder

$$2F = \sum (x_i - x_{i+1})(y_i + y_{i+1})\,. \tag{4.1}$$

Würde man in Abb. 4.2 statt der Ordinaten die Abszissen ausziehen und beim Aufstellen der Produkte von der Ordinatenachse ausgehen, so erhielte man

$$2F = \sum (y_{i+1} - y_i)(x_i + x_{i+1})\,. \tag{4.2}$$

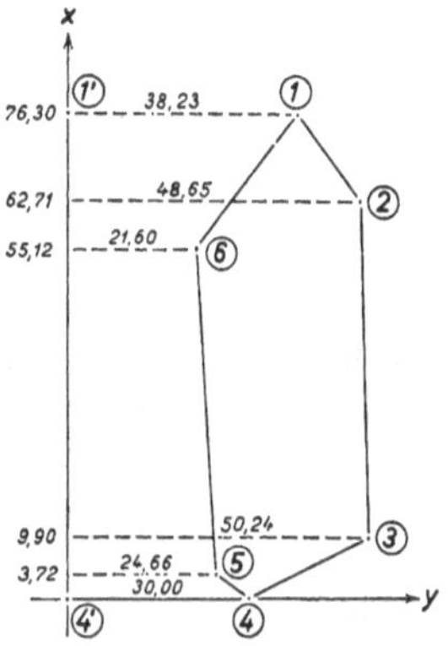

Abb. 4.2 Gaußsche Flächenformel

Diese beiden Formeln werden als „Gaußsche Trapezformeln" bezeichnet. Multipliziert man die Produkte aus und ordnet zuerst nach steigenden x, dann nach steigenden y, so gewinnt man die beiden „Gaußschen Dreiecksformeln":

$$2F = \sum x_i(y_{i+1} - y_{i-1}) = \sum y_i(x_{i-1} - x_{i+1}). \tag{4.3}$$

Beispiel: Berechnung des Inhalts der Figur Abb. 4.2 nach der 1. Dreiecksformel.

Punkt	y_i	x_i	$y_{i+1} - y_{i-1}$	$x_i(y_{i+1} - y_{i-1})$
1	38,23			
2	48,65	62,71	+ 12,01	+ 753,15
3	50,24	9,90	− 18,65	− 184,64
4	30,00	0,00	− 25,58	0,00
5	24,66	3,72	− 8,40	− 31,25
6	21,60	55,12	+ 13,57	+ 747,98
1	38,23	76,30	+ 27,05	+ 2063,92
2	48,65			3349,16 : 2
				$F = 1674{,}58\,\text{m}^2$

Zur Probe wiederhole man die Rechnung nach der 2. Dreiecksformel.

Für die zahlreichen auf dem Markt befindlichen, teilweise programmierbaren elektronischen Tisch- und Taschenrechner stehen Programme zur Verfügung (*Schrader* 1975; *Roesler* 1973). Häufig werden örtlich auch die Grenzlängen gemessen. Es ist dann zweckmäßig, eine Probe

$$s_{i,i+1} = \sqrt{(y_{i+1} - y_i)^2 + (x_{i+1} - x_i)^2} \tag{4.4}$$

in das Programm einzubauen. Sie liefert fortlaufend die aus Koordinaten berechneten Strecken, die mit den gemessenen verglichen werden können.

4.2 Halbgraphische Flächenermittlung

Die halbgraphische Flächenermittlung (Abb. 4.3) beruht auf folgender Überlegung: Es seien in einem Dreieck mit kurzer Grundlinie a und langer Höhe h die Grundlinie um da, die Höhe um dh unrichtig. Dann ist der Flächenfehler $\mathrm{d}F = \frac{1}{2}(a\,\mathrm{d}h + h\,\mathrm{d}a)$. Um d$F$ klein zu halten, muß in erster Linie der mit der großen Zahl h multiplizierte Fehler da der kurzen Seite a klein gehalten werden.

Die halbgraphische Flächenberechnung ist angebracht, wenn das zu berechnende Grundstück sich in schmale Dreiecke zerlegen läßt, deren kurze Grundlinien im Felde genau gemessen sind, während ihre langen Höhen (mit minderer Genauigkeit) aus einem maßstäblichen Plan abgegriffen werden können. Es ist daher sehr nützlich, wenn im Felde bei schmalen Grundstücken Steinbreiten und Kopfmaße gemessen werden.

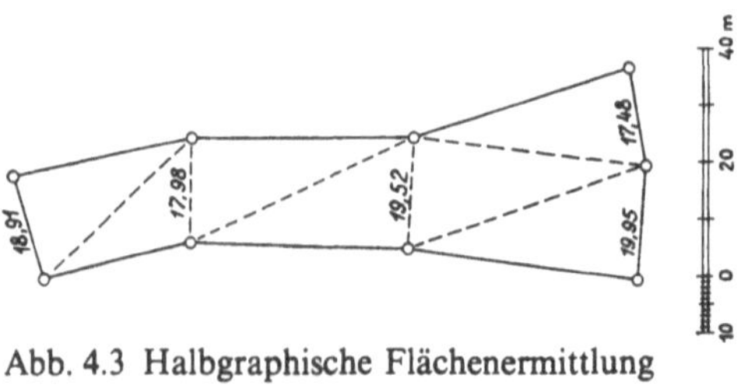

Abb. 4.3 Halbgraphische Flächenermittlung

Beispiel: Im obigen Bild ist $2F = 19{,}25 \cdot 42{,}0 + 17{,}48 \cdot 40{,}2 + 19{,}52 \cdot 81{,}6 + 17{,}98 \cdot 66{,}6 + 18{,}91 \cdot 33{,}0 = 4955$; $F = 2478\,m^2$.

4.3 Graphische Flächenbestimmung mit einfachen Hilfsmitteln

Die graphische Flächeninhaltsbestimmung wird angewendet, wenn die Flächenberechnung aus Feldmaßen oder Koordinaten oder mit teilweiser Verwendung von Urmaßen nicht möglich oder zu umständlich ist, oder wenn eine dieser Flächenberechnungen unabhängig verprobt werden soll. Je nach der Form der auszumessenden Figuren unterscheidet man folgende Verfahren:

Figuren mit glatten Grenzen werden in Dreiecke oder Trapeze zerlegt, deren Grundlinien und Höhen dem Plan mit einem Anlegemaßstab oder mit Hilfe einer Quadratglastafel (Abb. 4.4) entnommen werden.

Unregelmäßig gestaltete Figuren lassen sich mit Hilfe einer Quadratglastafel (Abb. 4.4) erfassen. Die Quadratglastafel trägt auf ihrer Unterseite ein Netz von Millimeter-, Halbzentimeter- und Zentimeterquadraten; sie wird so auf die Zeichnung

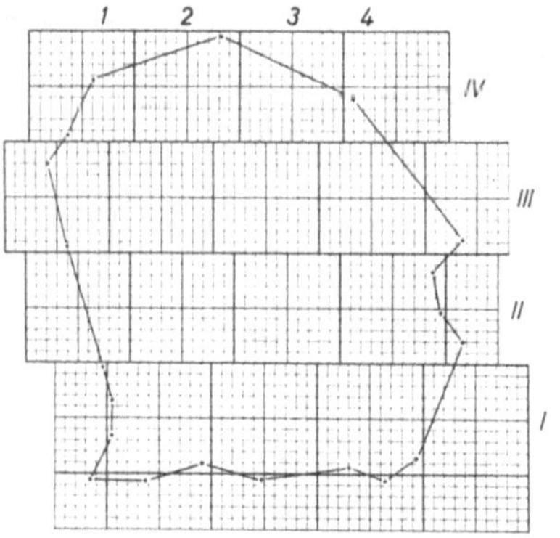

Abb. 4.4 Quadratglastafel

gelegt, daß der Papierflächeninhalt der Figur durch Auszählen der Quadrate erhalten werden kann.

Zweckmäßig zerlegt man die Figur, wie in Abb. 4.4 angedeutet ist, in Streifen von 1 cm Höhe und mißt jeden einzelnen dieser Streifen in der Weise aus, daß man die Länge der Mittellinie an der Millimeterteilung der 5 mm-Linien abliest. Dazu wird die Glasplatte entlang eines Lineals in jedem der Zentimeterstreifen so lange seitlich verschoben, bis ein Ende der Mittellinie mit einem Zentimeterstrich zusammenfällt. Überschießende oder fehlende Teile der Figur werden nach Augenmaß ausgeglichen oder in Quadratmillimeter ausgezählt. Auf die Feldfläche wird mit Hilfe des Maßstabverhältnisses übergegangen.

Beispiel:

		mm^2
Streifen I (links nach rechts)	=	310
Streifen II (rechts nach links)	=	342
Streifen III (links nach rechts)	=	355
IV/1 + IV/2 + IV/3 + IV/4 = 33 + 84 + 66 + 10	=	193
Ganze Papierfläche	=	1200

Langgestreckte Figuren lassen sich am besten mit einer Planimeterharfe (Abb. 4.5) erfassen. Die Planimeterharfe besteht aus einem Pausblatt mit einer Schar von Parallelen im Abstand h, das etwa rechtwinklig zur Längserstreckung der auszumessenden Figur so auf die Zeichnung gelegt wird, daß lauter kleine Trapeze entstehen. Sind $m_1, m_2 \ldots m_n$ die Mittellinien dieser Trapeze, so ist der Flächeninhalt der Figur

$$F = hm_1 + hm_2 \ldots + hm_n = h \sum m.$$

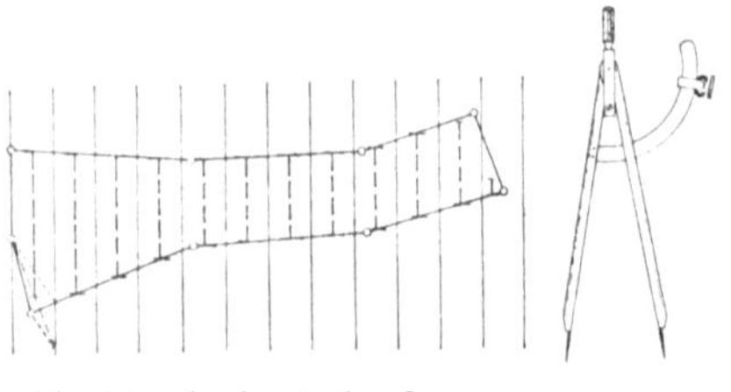

Abb. 4.5 Planimeterharfe

Die einzelnen Mittellinien werden mit einem Zirkel erfaßt und mechanisch in der Weise addiert, daß zuerst m_1 abgegriffen, dann der geöffnete Zirkel bei der zweiten Mittellinie eingesetzt und um m_2 weiter geöffnet wird usw., bis die Zirkelöffnung die Summe aller m enthält. Ein Vergleich der Zirkelöffnung mit einem passenden Maßstab ergibt dann den Zahlenwert von $\sum m$. Überschießende Stücke am Anfang oder Ende der auszumessenden Fläche sucht man – wie das Bild zeigt – durch Flächenausgleich zu erfassen. Ändert die auszumessende Fläche ihre Richtung, so kann dem durch Drehen der Harfe Rechnung getragen werden. Die Planimeterharfe, ein im Vergleich zur Quadratglastafel sehr preiswertes Hilfsmittel, wird für alle wichtigeren Maßstäbe gefertigt, so daß die Rechnung von vornherein auf die Feldflächen abgestellt werden kann.

In der stark verkleinerten Abb. 4.5 ist $h = 10$. $\sum m$ ergab sich zu 247,5, so daß $F = 2475\ \text{m}^2$ ist. Beim halbgraphischen Verfahren in Abb. 4.5 wurde $2478\ \text{m}^2$ erhalten.

4.4 Mechanisch-graphische Flächenbestimmung mit dem Polarplanimeter

4.4.1 Beschreibung und Wirkungsweise

Das Polarplanimeter (Abb.4.6) ist ein mechanisches Integrationsinstrument, das es erlaubt, den Flächeninhalt einer gezeichneten Figur durch Abfahren ihrer Begrenzungslinien zu

Abb. 4.6 Polarplanimeter

ermitteln. Das Polarplanimeter besteht, wie die schematische Darstellung in Abb. 4.7 verdeutlichen soll, aus dem Fahrarm *GF* und dem Polarm *GP*, die beide durch das Kugelgelenk *G* miteinander verbunden sind. Der Polarm ruht mit einem kurzen Ansatz in dem von *G* um die Strecke *p* entfernten Pol, der bei der Umfahrung einer Figur mit einem Gewicht oder einer Nadel auf dem Plan festgelegt wird. Der Fahrarm trägt an seinem freien Ende in der Entfernung *f* von *G* den Fahrstift *F* und jenseits des Gelenks in der Entfernung *q* von *G* die Integrierrolle, die auf einer zum Fahrarm parallelen Welle befestigt ist. In der schematischen Darstellung ist die Rolle jedoch, um ihre Wirkungsweise einfacher erläutern zu können, so gezeichnet, als wenn sie in der Entfernung *q* vom Gelenk in der Achse des Fahrarms angebracht wäre.

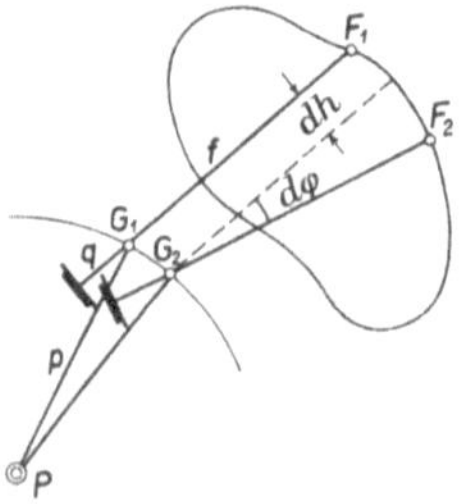

Abb. 4.7 Pol außerhalb der Fläche

Während der Fahrstift auf der Begrenzungslinie der auszumessenden Figur entlanggeführt wird, bewegt das Gelenk sich infolge der starren Verbindung mit dem Pol auf einem Kreis mit *p* um den Pol. Eine differentielle Bewegung des Fahrarms läßt sich in eine Parallelverschiebung und eine Drehung zerlegen. Bei einer Parallelverschiebung um $\mathrm{d}h$ überstreicht der Fahrarm das Flächenelement $f \cdot \mathrm{d}h$, während die Rolle sich um $\mathrm{d}h$ abwickelt. Bei einer Drehung um $\mathrm{d}\varphi$ wird der kleine Kreissektor $\frac{1}{2}f^2\,\mathrm{d}\varphi$ überdeckt, und die Rolle dreht sich rückläufig um das Stück $-q\,\mathrm{d}\varphi$. Es besteht infolgedessen, wenn $\mathrm{d}F$ die durch Parallelverschiebung und Drehung erfaßte differentielle Fläche und da die entsprechende Abwicklung an der Rolle ist, folgender Zusammenhang:

	Flächenelement	Rollenabwicklung
Parallelversch.	$f\,\mathrm{d}h$	$\mathrm{d}h$
Drehung	$\frac{1}{2}f^2\,\mathrm{d}\varphi$	$-q\,\mathrm{d}\varphi$
Mithin	$\mathrm{d}F = f\,\mathrm{d}h + \frac{1}{2}f^2\,\mathrm{d}\varphi$	$\mathrm{d}a = \mathrm{d}h - q\,\mathrm{d}\varphi$
		und $\mathrm{d}h = \mathrm{d}a + q\,\mathrm{d}\varphi$

oder wenn dh links eingesetzt wird,

$$\mathrm{d}F = f\,\mathrm{d}a + (f\mathrm{q} + \tfrac{1}{2}f^2)\,\mathrm{d}\varphi\,.$$

Bildet man schließlich die Summe aller dF, so wird, da die Summe aller da gleich a, die Summe aller dφ gleich $\int \mathrm{d}\varphi$ ist*,

$$F = fa + \left(fq + \frac{1}{2}f^2\right)\int \mathrm{d}\varphi + C\,, \tag{4.5}$$

wobei C eine noch zu bestimmende Integrationskonstante ist. Für die Weiterbehandlung sind zwei Fälle zu unterscheiden:

Erster Fall: Der Pol befindet sich außerhalb der auszumessenden Figur (Abb. 4.7). In diesem Fall bewegt der Fahrarm sich bei der Umfahrung teils vorwärts, teils rückwärts und gelangt schließlich wieder in seine Ausgangslage, so daß $\int \mathrm{d}\varphi = 0$ ist. Die vom Fahrarm überstrichene Fläche F ist gleich der vom Fahrstift umfahrenen Fläche. Damit wird, wenn u der Rollenumfang, n die Anzahl der Rollenumdrehungen ist,

$$F = fa = fun = kn\,, \tag{4.6}$$

wobei die Konstante $k = fu$ ist und n erhalten wird, indem man die Anfangsablesung von der Schlußablesung an der Rolle abzieht.

Zweiter Fall: Der Pol befindet sich innerhalb der auszumessenden Figur. Auf die weitere Behandlung dieses in den früheren Auflagen besprochenen Falles soll hier verzichtet werden, da

* Der Leser, dem die Integralrechnung nicht geläufig ist, betrachte das Zeichen $\int$ einfach als Summenzeichen.

dieser Weg für praktische Zwecke meist keine ausreichende Genauigkeit besitzt. Statt dessen zerlege man große Flächen in mehrere Teile, die man einzeln mit Pol außerhalb umfährt.

Wie (4.6) verdeutlicht, ist die Fläche zunächst durch eine analoge Größe – die Abwicklung der Rolle – dargestellt. Für die Weiterverarbeitung muß eine Analog/Digitalwandlung vorgenommen werden. Hierfür gibt es verschiedene Lösungen. Man koppelt die Integrierrolle entweder mit

- einem mechanischen Zähl- und Rechenwerk (Abb. 4.6),
- einem elektronischen Zähler oder
- einem elektronischen Zähler und einem Mikroprozessor (Abb. 4.8).

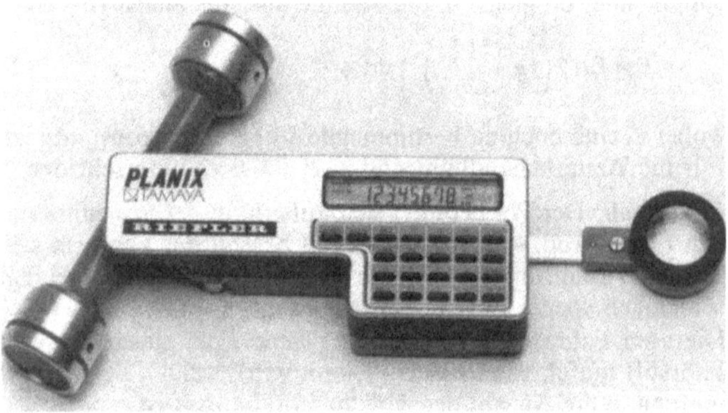

Abb. 4.8 Rollplanimeter *Planix 7* mit elektronischem Zähler und Mikroprozessor

Bei dem *Planimeter mit mechanischem Zählwerk* zählt eine Zählscheibe die vollen Umdrehungen, eine weitere die Restumdrehung. Die Feinablesung erfolgt in der Regel an einem Nonius. Verschiedene Flächeneinheiten wie cm^2, m^2, . . . lassen sich durch eine spezielle Wahl der Fahrarmlänge direkt anzeigen.

In einem *Planimeter mit einem elektronischen Zähler* ist die Integrierrolle Bestandteil eines elektronischen Impulsgebers.

Die bei Drehungen erzeugten Impulse zählt ein elektronischer Zähler. Verschiedene Maßeinheiten können durch Veränderungen der Fahrarmlänge eingestellt werden. Das Meßergebnis zeigen Leuchtziffern an.

Ist ein *Planimeter mit einem elektronischen Zähler und einem Mikroprozessor* ausgestattet, so kann der Mikroprozessor unmittelbar Auswertungen vornehmen. Hierzu gehören z. B. die Berücksichtigung eines Maßstabsfaktors, die Berücksichtigung von zwei Maßstabsfaktoren in zwei senkrecht zueinander stehenden Richtungen, die Berechnung von Durchschnittswerten mehrfach umfahrener Flächen, ... Auf eine Veränderung der Fahrarmlänge kann folglich verzichtet werden. Diese Instrumente erhält man auch mit einer V 24-Schnittstelle, welche die Weiterverarbeitung der Werte mit einem Rechner bzw. Drucker erlaubt.

4.4.2 Bestimmung der Fahrarmlänge

Bei vielen Planimetern ist die Integrierrolle R in 100 Teile geteilt; sie kann mit Hilfe eines Nonius auf $\frac{1}{10}$ Teil oder $\frac{1}{1000}$ Rollenumdrehung abgelesen werden. Eine Zählscheibe zählt die vollen Umdrehungen. Es werden also an der Scheibe die Tausender, an der Rolle Hunderter und Zehner, am Nonius die Einer abgelesen. Damit die Noniuseinheit einem runden Flächenwert entspricht, kann die Länge des Fahrarms dadurch verändert werden, daß man den Rahmen, der Gelenk und Rolle trägt, auf dem Fahrarm verschiebt. Die Firmen pflegen dem Planimeter eine Tabelle beizugeben, auf der angegeben ist, wie der Fahrarm eingestellt wird, wenn die Noniuseinheit bei einem bestimmten Kartenmaßstab einer Feldfläche von 10, 20 40 $\cdots$ m^2 entsprechen soll. Fehlt die Tabelle, so muß die Fahrarmeinstellung mit Hilfe einer Vergleichsfläche von bekanntem Flächeninhalt F_0 errechnet werden.

Es sei n_0 die Sollabwicklung der Rolle, die sich ergibt, wenn man F_0 durch den für die Noniuseinheit gewählten Wert (d. h. 10, 20, 40 $\cdots$ m^2) dividiert; ferner sei f_0 die gesuchte Solleinstellung am Fahrarm. Man umfahre nun die Vergleichsfläche mit einer vorläufigen – also verbesserungsbedürftigen – Fahrarmeinstellung f_1 und erhält dann statt der Sollablesung n_0 die vorläufige Ablesung n_1. Dann wird, wenn u wieder der Rollenumfang ist

$$F_0 = f_0 \, u n_0 = f_1 \, u n_1 \qquad \text{oder} \qquad \frac{f_0}{f_1} = \frac{n_1}{n_0}.$$

Korrespondierende Subtraktion gibt

$$\frac{f_0 - f_1}{f_1} = \frac{n_1 - n_0}{n_0} \qquad \text{oder} \qquad \Delta f = \frac{n_1 - n_0}{n_0} f_1 .$$

Δf ist der Betrag, um den der Fahrarm in Einheiten der Fahrarmteilung bei zu kleinem n_1 zu verkürzen, bei zu großem n_1 zu verlängern ist. Zur Probe wird die Vergleichsfläche noch einmal umfahren. Dann muß das Produkt aus dem Wert der Noniuseinheit mal der Anzahl der abgelesenen Noniuseinheiten – das ist unser obiger Ausdruck kn – den Sollinhalt der Vergleichsfläche ergeben. Ist das noch nicht ganz erreicht, so ist das Verfahren zu wiederholen.

Man beachte:

a) Der Fahrarm ist meistens in Halbmillimeter eingeteilt; auch liegt der Nullpunkt der Teilung meistens nicht im Gelenk; das ist aber unbeachtlich, weil allein die Verschiebung Δf in Einheiten der Fahrarmteilung benötigt wird.

b) Zum Gewinnen einer Probefläche ist den Planimetern oftmals ein Probelineal beigegeben, mit dem eine Kreisfläche von bekanntem Flächeninhalt (z. B. 100 cm^2) erzeugt werden kann. Besser nimmt man ein Dezimeterfeld aus dem Quadratnetz der benutzten Karte als Vergleichsfläche, weil dann eine etwaige Ausdehnung oder Schrumpfung des Zeichenpapiers miterfaßt wird.

4.4.3 Regeln für den Gebrauch des Polarplanimeters

a) Der gefährlichste Fehler des Planimeters ist die Rollenschiefe; sie liegt vor, wenn die Rollenachse der Achse des Fahrarms nicht genau parallel ist. Um den dadurch bedingten regelmäßigen Fehler auszuschalten, bringt man die Meßrolle bei unveränderter Polstellung für eine zweite Umfahrung in eine zur Ausgangslage des Fahrarms symmetrische Lage und erhält im Mittel aus beiden Umfahrungen ein von den Auswirkungen der Rollenschiefe freies Ergebnis (Abb. 4.9). Alle neueren Planimeter sind aus diesem Grunde so gebaut, daß man den Fahrarm unter dem Polarm hindurchführen kann (Kompensationsplanimeter).

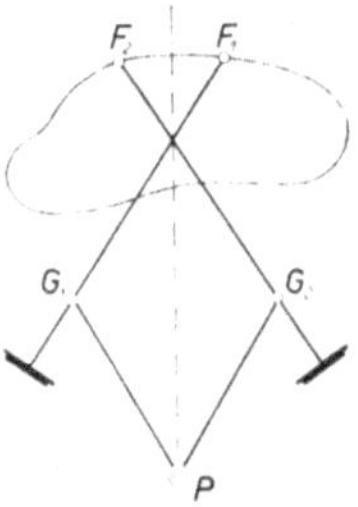

Abb. 4.9 Gebrauch des Kompensationsplanimeters

b) Bei Bewegungen senkrecht zur Richtung des Fahrarms dreht sich die Rolle, bei Bewegungen in Richtung des Fahrarms gleitet sie. Beim Übergang vom Rollen zum Gleiten muß ein toter Punkt überwunden werden, was zumal bei rauhem Papier eine zweite Fehlerquelle bedeutet. Um das Gleiten nach Möglichkeit auszuschalten, stelle man das Planimeter mit Pol außerhalb so auf, daß der Grundkreis durch den Schwerpunkt der Figur geht und sie in ihrer größten Ausdehnung durchschneidet.

c) Die Noniuseinheit wählt man nach Möglichkeit so, daß man einen langen Fahrarm erhält, weil sich extreme Lagen, in denen die Rolle gleitet, bei langem Fahrarm leichter vermeiden lassen und weil die Möglichkeit zur Anhäufung regelmäßiger Fehler bei langem Fahrarm geringer ist als bei kurzem Fahrarm.

d) Jede Fläche umfahre man mindestens je einmal, kleine Flächen je zweimal in beiden Rollenlagen.

e) Auch geradlinig begrenzte Flächen umfahre man mit der freien Hand. Zuhilfenahme eines Lineals hat meistens beträchtliche regelmäßige Fehler zur Folge.

Beispiele: Messungen mit einem Kompensationsplanimeter.

1. Bestimmung der Fahrarmlänge für die Noniuseinheit $k = 10\,\mathrm{m}^2$.

In einem Katasterplan 1 : 1000 wurde 1 dm², also eine Sollfläche F_0 von 10 000 m², mit der (vorläufigen) Fahrarmeinstellung $f_1 = 327{,}2$ fünfmal in beiden Rollenlagen umfahren.

Lage I	n	Lage II	n
0443,5		0741,5	
	997,0		998,5
1440,5		1740,0	
	995,0		997,5
2435,5		2737,5	
	997,5		996,5
3433,0		3734,0	
	996,5		998,0
4429,5		4732,0	
	996,0		998,0
5425,5		5730,0	
Mittel:	996,4		997,7; $n_1 = 997{,}05$

Dann ist:

$$n_0 = \frac{F_0}{k} = \frac{10\,000\,\mathrm{m}^2}{10\,\mathrm{m}^2} = 1000\,,$$

$$\Delta f = f_1 \frac{n_1 - n_0}{n_0} = 327{,}2 \frac{997{,}05 - 1000}{1000} \approx -0{,}96\,.$$

Die verbesserte Fahrarmeinstellung ergibt sich zu:

$$f_0 = f_1 + \Delta f = 327{,}2 - 0{,}96 \approx 326{,}2\,.$$

Zur Kontrolle wurden die gleichen Messungen mit verbesserter Fahrarmeinstellung wiederholt. Dabei war $n_1 = 1000{,}1$ und $\Delta f = +0{,}03$. Die geringe Verbesserung von 0,03 läßt sich am Fahrarm nicht mehr einstellen.

2. Bestimmung einer Fläche mit Pol außerhalb der Fläche.

Mit der verbesserten Fahrarmeinstellung $f_0 = 326{,}2$ und dem Wert der Noniuseinheit $k = 10\ \text{m}^2$ wurde in einem Katasterplan 1 : 1000 ein Flurstück viermal in beiden Lagen ausgemessen.

Lage I	n	Lage II	n
0787,5		0434,5	
	237,5		238,5
1025,0		0673,0	
	239,0		239,0
1264,0		0912,0	
	238,0		240,0
1502,0		1152,0	
	239,0		239,5
1741,0		1391,5	
Mittel:	238,4		239,2; $n = 238{,}8$.

Also ist $F = nk = 238{,}8 \cdot 10\ \text{m}^2 = 2388\ \text{m}^2$.

4.4.4 Besondere Planimeterformen

Um den Einfluß von Unregelmäßigkeiten des Papiers auf die Meßrolle unschädlich zu machen, setzt man Scheiben- und Kugelpolarplanimeter ein, bei denen die Rolle sich auf einer Scheibe bzw. auf einer Kugelkalotte abwickelt. Für die Ausmessung langgestreckter Figuren benötigt man die Linearplanimeter, bei denen der Pol im Unendlichen liegt, so daß das Gelenk G sich auf einer Geraden bewegt. Sie besitzen entweder Schienen- oder Walzenführung. Im letzteren Falle heißen sie Rollplanimeter. Eine sehr zweckmäßige Kombination von Polar- und Rollplanimeter wird als Universalplanimeter bezeichnet.

4.5 Flächenberechnung mit Digitalisiertisch und angeschlossenem Rechner

Insbesondere bei umfangreichen Flächenberechnungen ist es in der Regel wirtschaftlich, wenn man die *Koordinaten der*

Eckpunkte der Flächen mit einem Digitalisiertisch ermittelt und diese automatisch einem Rechner zuführt [3.3.4]. Diese Arbeitsweise hat nicht nur den Vorteil, daß anschließend automatisch Teilflächen und die Gesamtfläche berechnet werden können; die Koordinaten lassen sich dann auch zusätzlich für weitere Kartierarbeiten im gleichen oder in abgewandelten Maßstäben verwenden.

4.6 Genauigkeit der Flächenbestimmung

4.6.1 Verprobung der Flächenbestimmungen

Da bei der Berechnung des Flächeninhalts leicht Rechenfehler unterlaufen können, ist es nützlich, jede Fläche zweimal, möglichst auf verschiedenen Wegen, zu berechnen. Sind beide Berechnungen gleichwertig – z. B. beide graphisch – so wird das Mittel aus beiden Rechnungen angehalten; ist eine Berechnung höherwertig, z. B. auf Feldmaße gegründet, so wird die geringerwertige lediglich als Kontrolle betrachtet.

Bei der Berechnung zusammenhängender Grundstückslagen wird zweckmäßig als weitere Sicherung eine sog. Massenberechnung durchgeführt, bei der der Flächeninhalt des gesamten Komplexes ermittelt wird. Auf das Ergebnis dieser Massenberechnung wird die Summe der Flächeninhalte der einzelnen Grundstücke in der Weise abgestimmt, daß der Widerspruch auf die Einzelgrundstücke entsprechend ihrer Größe verteilt wird. Gelegentlich kann bei der Massenberechnung auch ein etwaiges Verziehen des Zeichenträgers berücksichtigt werden, ebenso auch eine durch die Art der Abbildung hervorgerufene Projektionsverzerrung, wie sie z. B. bei der Gaußschen Abbildung entstehen kann. Wegen der Berechnung dieser als Flächenreduktion bezeichneten Verzerrung vgl. [Band II (1983) Kap. 4.3.3].

4.6.2 Gegenüberstellung der Flächenbestimmungsverfahren

Um in jedem Falle das zweckmäßigste Verfahren einsetzen und etwa auftretende Widersprüche richtig beurteilen zu können, muß man die Besonderheiten der einzelnen Verfahren und ihre Fehlerquellen kennen.

a) *Die Flächenbestimmung aus den Koordinaten* der Grundstückseckpunkte, die aufgrund einer Zahlenaufnahme im Landeskoordinatensystem berechnet sind, liefert in jedem Falle die genauesten Ergebnisse. Die wichtigsten Fehlerquellen sind hierbei Punktverwechslungen und Eingabefehler.

b) *Die Flächenbestimmung aus Feldmaßen.* Sind in einem Dreieck die Grundlinie a und die Höhe h um da bzw. dh unsicher, dann ist die Unsicherheit der Fläche

$$\mathrm{d}F = \frac{1}{2}(a\,\mathrm{d}h + h\,\mathrm{d}a)\,.$$

Entsprechend ist in einem Trapez mit den beiden Grundseiten a und b

$$\mathrm{d}F = \frac{1}{2}(a + b)\,\mathrm{d}h + h\,(\mathrm{d}a + \mathrm{d}b)\,.$$

Entscheidend für die Genauigkeit ist immer die Schärfe, mit der der kleinere Faktor bestimmt ist.

Wenn die Flächeninhaltsberechnung aus zahlreichen Einzelprodukten besteht, werden die Fehler sich bei der Aufsummierung weitgehend tilgen, so daß die Unsicherheit des Endergebnisses nur mit der Wurzel aus der Anzahl der Produkte (bzw. mit der Wurzel aus der Fläche) zunimmt.

c) *Die halbgraphische Flächenberechnung* steht an Genauigkeit der Flächenberechnung aus Feldmaßen wenig nach, sofern es sich um schmale Figuren mit im Felde gemessenen Grundlinien handelt.

d) *Genauigkeit der graphischen Flächenbestimmung* ist abhängig vom Maßstab und der Maßhaltigkeit des Plans, von dem verwendeten Werkzeug und der Geschicklichkeit des Bearbeiters.

Der *Flächenmaßstab* ist bekanntlich das Quadrat des Längenmaßstabs. Geht man z. B. vom Maßstab 1 : 500 auf 1 : 1000 über, so gehen alle Papierlängen auf die Hälfte, alle Papierflächen auf ein Viertel zurück. Einem Fehler in der Erfassung der Papierfläche entspricht bei dem kleinerem Maßstab eine viermal größere Feldfläche, d. h. die Genauigkeit geht – gleiche Zeichenschärfe vorausgesetzt – im Quadrat zu dem Maßstabsverhältnis zurück.

Die *Maßhaltigkeit des Plans* hängt ab vom Zeichenträger. Gewöhnlicher Zeichenkarton kann vor allem infolge Feuchtigkeitsänderung entweder schrumpfen oder sich ausdehnen, und zwar oftmals in verschiedenen Richtungen um verschiedene Beträge. Zweckmäßig ermittelt man die Papierveränderung in beiden Richtungen anhand des Quadratnetzes und drückt sie in Prozenten aus. Sind a und b die dem Plan entnommenen Seiten eines Rechtecks und $p\%$ und $q\%$ die Papierveränderungen, so ist im Falle des Schrumpfens

$$F = a \cdot b\left(1 + \frac{p}{100}\right)\left(1 + \frac{q}{100}\right) = a \cdot b\left(1 + \frac{p}{100} + \frac{q}{100} + \frac{p \cdot q}{10\,000}\right),$$

oder bei Verzicht auf den sehr kleinen Ausdruck am Schluß

$$F = a\,b + a\,b\;\frac{p+q}{100},$$

d. h. die aus a und b berechnete Fläche ist um $(p + q)\%$ unrichtig. Bei gewöhnlichem Zeichenkarton hat man mit Längenänderungen bis zu 3‰ zu rechnen.

Die kleinen Flächenberechnungshilfsmittel liefern immer dann gute Ergebnisse, wenn sie zweckentsprechend eingesetzt werden. Recht genaue Werte ergibt erfahrungsgemäß die Quadratglastafel. Erstaunlich gute Ergebnisse liefert jedoch auch die Planimeterharfe bei der Flächeninhaltsermittlung von Wegen, Flußläufen usw.

Beim Polarplanimeter hängt neben der gewissenhaften Beachtung der in [4.4.4] gegebenen Regeln sehr viel von der Geschicklichkeit und der ruhigen Hand des Bearbeiters ab. Im übrigen liefert das Planimeter um so günstigere Ergebnisse, je kleiner der Umfang einer Figur im Verhältnis zu ihrem Flächeninhalt ist. Es ist deshalb zur Berechnung von langen schmalen Ackerstücken, von Wegen und Wasserläufen nicht geeignet.

4.6.3 Fehlergrenzen

Aufgrund langjähriger Erfahrungen haben die Vermessungsverwaltungen Fehlergrenzen festgelegt, die angeben, um wieviel zwei unabhängige Flächeninhaltsberechnungen derselben Figur voneinander abweichen dürfen. Den Fehlergrenzen ist gem. [1.4.9] das 3- bis 4fache der Standardabweichung zugrunde gelegt, so daß die zu erwartende Unsicherheit nur ein Drittel der nachstehenden Werte beträgt.

Häufig findet man folgende Zusammenstellung von Fehlergrenzen für Berechnungen aus:

Feldmaßen	$f_A = 0{,}2\sqrt{F} + 0{,}0003\,F$
Feldmaßen + Karten 1 : 500	$f_B = 0{,}3\sqrt{F} + 0{,}0003\,F$

Feldmaßen + Karten 1 : 1000 $f_C = 0{,}4\sqrt{F} + 0{,}0003\,F$

Feldmaßen + Karten 1 : 2000 $f_D = 0{,}6\sqrt{F} + 0{,}0003\,F$

Kartenmaßen 1 : 2000 $f_E = 1{,}2\sqrt{F} + 0{,}0003\,F$.

Nach diesen Formeln wurde nachstehende Tabelle berechnet:

F [ha]:	0,01	0,05	0,20	1,00	10,0	50,0
f_A [m²]	2	5	10	23	93	291
f_B [m²]	3	7	14	33	125	362
f_C [m²]	4	9	18	43	156	433
f_D [m²]	6	14	27	63	220	574
f_E [m²]	12	27	54	123	409	999

Für die Fehlergrenzen der Flächenberechnung gilt entsprechend das gleiche, was unter [2.5.2] für die Fehlergrenzen der Streckenmessung gesagt ist.

5 Bestandteile geodätischer Meßinstrumente

5.1 Die Libellen

Um die geodätischen Lage- und Höhenmessungen auf die in [1.2] bzw. [Band II, 1.1] eingeführten Bezugsflächen beziehen zu können, müssen die Achsen der Meßinstrumente in die Lotrichtung gebracht oder rechtwinklig zu ihr eingerichtet werden. Hierfür bedient man sich in vielen Instrumenten der Libellen, die in unterschiedlichen Ausführungen, als Dosenlibellen für Grobeinstellungen und als Röhrenlibellen oder elektronische Libellen für feinere Messungen, gefertigt werden.

5.1.1 Die Dosenlibelle

Eine Dosenlibelle (Abb. 5.1) besteht aus einem in Metall gefaßten runden Glasgefäß, dessen Deckel auf der Innenseite kugelförmig ausgeschliffen und dessen Boden zugeschmolzen ist. Das Gefäß ist bis auf einen kleinen Rest – die Blase – mit Äther oder Alkohol gefüllt. Die Mitte des Gefäßes ist durch einen oder mehrere Kreise angedeutet.

Mit einer justierten Dosenlibelle wird eine auf Stellschrauben ruhende Ebene, z. B. ein Meßtisch, horizontiert und eine durch Stellschrauben gehaltene Vertikalachse lotrecht gestellt, indem man die Libellenblase mit den Stellschrauben zum Einspielen bringt. Die Dosenlibelle ist justiert, wenn eine an den Mittelpunkt der Kugelkappe gelegte Tangentialebene der Auflagefläche der Libelle parallel ist oder wenn sie normal zu der Vertikel- oder Stehachse verläuft.

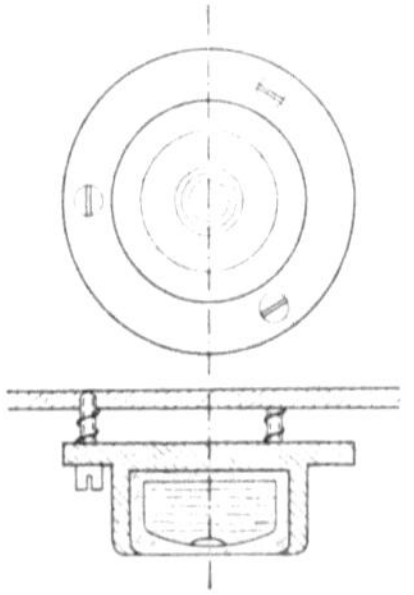

Abb. 5.1 Dosenlibelle

Um eine Dosenlibelle zu justieren, läßt man die Blase mit Hilfe der Stellschrauben genau einspielen und bewegt die Libelle (durch Umsetzen auf dem Tisch bzw. Drehen der Stehachse) ganz langsam um 200 *gon*. Zeigt sich dabei ein Ausschlag, so beseitigt man ihn zur Hälfte mit den Stellschrauben, zur Hälfte mit den an der Libellenfassung sichtbaren Justierschrauben.

5.1.2 Die Röhrenlibelle

Eine Röhrenlibelle (Abb. 5.2) besteht aus einer in Metall gefaßten zylindrischen Glasröhre, deren Innenseite im oberen Teil tonnenförmig ausgeschliffen ist, so daß sie im Längsschnitt als Kreisbogen erscheint. Die Röhre ist an beiden Enden zugeschmolzen und mit Äther gefüllt bis auf die von Ätherdämpfen eingenommene längliche Blase, die an die jeweils höchste Stelle der Libelle wandert. An der Außenwand des Glaskörpers ist eine Teilung angebracht, deren Striche (Tonnenreifen) bei älteren Libellen 2,26 mm (eine Pariser Linie), bei neueren Libellen 2 mm voneinander entfernt sind. Der Abstand zweier Teilstriche heißt *Pars*. Der Mittelpunkt der Teilung ist der *Normalpunkt* oder die *Mittelmarke*; die in der Mittelmarke in Längsrichtung der Libelle an die innere Wandung gelegte Tangente ist die *Libellenachse*; ihre Projektion auf die Unterseite der Fassung – d. h. auf die Ebene, mit der die Fassung aufliegt – wird als *Setzlinie* bezeichnet. Der Winkel, um den die Libelle geneigt werden muß, damit die Blase um einen Pars weiterläuft, heißt die *Angabe* der Libelle. Sie wird in der Regel in Sexagesimalsekunden angegeben und liegt bei Feinnivellierlibellen bei 5″, bei mittleren Libellen bei 20″ und bei einfachen Libellen bei 45″. Die entsprechenden Schliffhalbmesser sind 82,5 m, 20,6 m und 9,2 m.

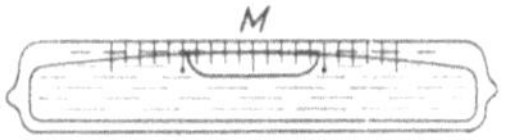

Abb. 5.2 Röhrenlibelle

Befindet sich die Röhrenlibelle in einer Fassung, die das Umsetzen der Libelle ermöglicht, so heißt sie *Setzlibelle* (Abb. 5.3) und dient zum Horizontieren von Geraden und Ebenen. Ist sie direkt oder indirekt mit der Vertikalachse (Stehachse) eines Instruments verbunden, so heißt sie *Vertikalachsenlibelle* (Abb. 5.5) und wird zum Lotrechtstellen der Vertikalachse verwandt.

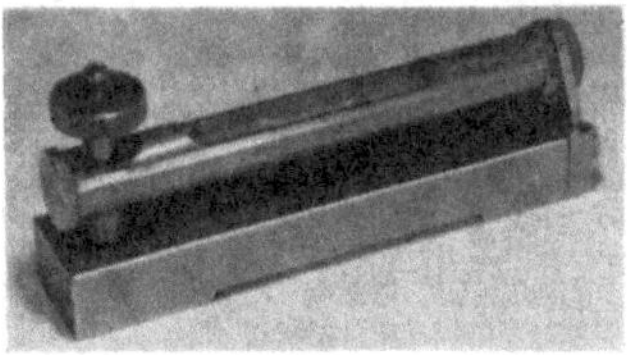

Abb. 5.3 Setzlibelle

5.1.3 Justierung und Gebrauch der Röhrenlibellen

Die *Setzlibelle* ist justiert, wenn die Libellenachse der Setzlinie parallel ist. Wird eine justierte Setzlibelle auf eine horizontale Ebene gesetzt, so spielt die Blase auf die Mittelmarke ein.

Um Einblick in das Verhalten einer Setzlibelle zu gewinnen, stelle man mit Hilfe eines „Legebrettes“, d. h. eines schmalen ebenen Brettes, das mit einer Stellschraube um eine horizontale Achse gekippt werden kann (Abb. 5.4), eine um α geneigte Ebene her und setze auf diese Ebene eine um β dejustierte Libelle.

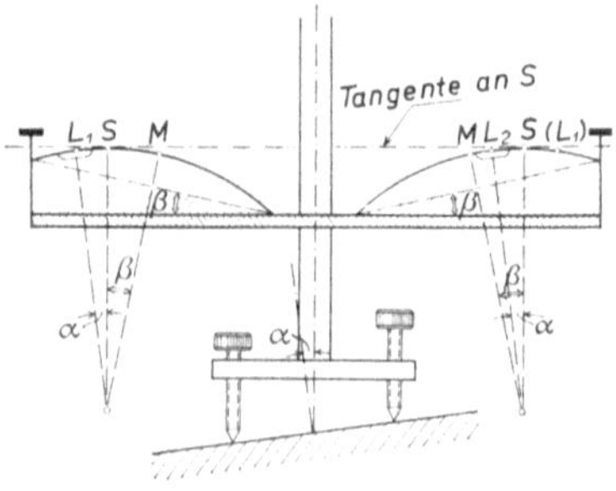

Abb. 5.4 Gebrauch der Setzlibelle

Der Ausschlag L_1, den die Blase zeigt, ist das Ergebnis von Neigung und Dejustierung; er ist, wie man in Abb. 5.4 links erkennt, gleich $(\alpha + \beta)$. Setzt man die Libelle um (rechts im Bild), so schlägt die Blase um $(\alpha - \beta)$ nach der entgegengesetzten Seite aus. Der Weg der Blase von L_1 bis zur neuen Stellung L_2 beträgt also im Winkelmaß 2α, und wenn man den Punkt in der Mitte des Bogens $L_1 L_2$, den *Spielpunkt*, mit S bezeichnet, so ist $L_1 S = S L_2 = \alpha$. *Folglich ist, wenn die Blase im Spielpunkt steht,* $\alpha = 0$, *d. h. die Ebene ist horizontal*. Der Bogen MS aber entspricht, wie man anhand der Zeichnung erkennt, dem Dejustierungswinkel β. Um die Libelle zu justieren, hat man mithin den Bogen MS gleich Null zu machen, oder, anders ausgedrückt, *man hat den Spielpunkt mit Hilfe der Libellenjustierungsschrauben auf die Mittelmarke zu verlegen.*

Die Justierung wird besonders einfach, wenn man zuvor $\alpha = \beta$ macht. Das wird automatisch erreicht, indem man zunächst die Blase mit den Stellschrauben des Legebrettes auf die Mittelmarke einstellt. Setzt man dann um, so schlägt die Blase um $2\alpha = 2\beta$ aus. Jetzt wird eine Hälfte des Ausschlages mit der Stellschraube des Legebrettes beseitigt; dann ist die Setzlinie horizontal. Die andere Hälfte wird fortgeschafft, indem man die Blase mit den Justierschrauben der Libelle wieder auf die Mittelmarke bringt; damit ist die Libelle justiert. Wenn sich nach abermaligem Umsetzen noch ein Ausschlag zeigt, so ist der Vorgang zu wiederholen.

Wird lediglich das Horizontalstellen der Setzlinie ohne Libellenjustierung verlangt, so bestimmt man durch Umsetzen der Libelle den Spielpunkt der Blasenmitte oder eines Blasenendes in Beziehung auf die Setzlinie und stellt die Blase mit Hilfe der Stellschraube des Legebrettes auf den Spielpunkt ein.

Die Vertikalachsenlibelle wird – anders als die Setzlibelle – nicht als selbständiges Gerät gebaut, sondern sie findet sich als Zusatzeinrichtung z. B. an Theodoliten und anderen Instrumenten, deren Vertikalachse mittels einer Vertikalachsenlibelle streng lotrecht gestellt werden soll. Eine Vertikalachsenlibelle ist justiert, wenn die Libellenachse – d. i. die Tangente in M – mit der Vertikalachse einen rechten Winkel bildet (Abb. 5.5). Man erhält den Spielpunkt der Libelle in Beziehung auf die Vertikalachse, indem man durch Drehen der Vertikalachse die Richtung der Libellenachse um 200 *gon* ändert und den Blasenweg $L_1\ L_2$ halbiert.

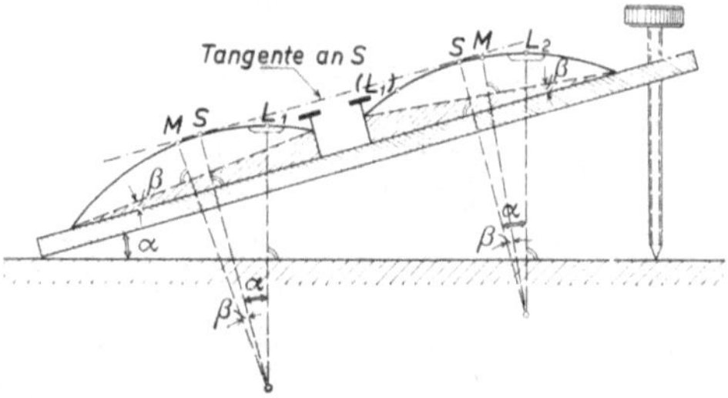

Abb. 5.5 Gebrauch der Vertikalachsenlibelle

Um eine Vertikalachse lotrecht zu stellen und die Vertikalachsenlibelle zu justieren, geht man wie schon zuvor beschrieben, wieder von dem Fall $\alpha = \beta$ aus und hat dann folgende Schritte zu machen:

1. Vertikalachse mit Dosenlibelle genähert aufrichten.
2. Röhrenlibelle parallel zu zwei Fußschrauben stellen und Blase auf Mittelmarke einspielen lassen.
3. Achse nebst Libelle um 200 *gon* drehen und Ausschlag ablesen.
4. Die Hälfte des Ausschlages mit den Fußschrauben beseitigen; die Blase steht damit im Spielpunkt, und die Achse ist in einer Richtung aufgerichtet.
5. Achse nebst Libelle um 100 *gon* drehen und Blase mit der dritten Fußschraube auf den vorher bestimmten Spielpunkt bringen; damit ist die Achse auch in der zweiten Richtung aufgerichtet.
6. Zur Probe Achse langsam drehen; bleibt die Blase dann nicht im Spielpunkt stehen, so sind die Vorgänge 2. bis 5. zu wiederholen.
7. Wenn die Blase stehenbleibt, ist die Achse streng lotrecht. Stellt man alsdann die Blase mit den Libellenjustierschrauben auf die Mittelmarke ein, so wird der Spielpunkt auf die Mittelmarke verlegt; die Libelle ist justiert.

5.1.4 Das Bestimmen der Libellenangabe

Die Angabe einer Libelle läßt sich nach unterschiedlichen Verfahren bestimmen. *Libellen, die mit einem Fernrohr fest verbunden sind*, können mit Hilfe eines in der Entfernung s senkrecht aufgestellten Maßstabes (z. B. einer Nivellierlatte) untersucht werden. Man stellt das Instrument so auf, daß eine der drei Fußschrauben zur Latte weist, liest an der Libellenteilung den Stand eines Blasenendes ab und macht mit Hilfe des Fernrohrs am Maßstab die Ablesung l_1. Dann läßt man die Blase durch Bewegen der zum Maßstab weisenden

Fußschraube um n Pars weiterwandern und liest am Maßstab l_2 ab. Jetzt stellt man die Neigungsänderung in Pars dem aus der Ablesung am Maßstab abzuleitenden Winkel gegenüber und erhält

$$n \text{ pars} = \frac{l_1 - l_2}{s} \varrho'' \quad \text{oder} \quad 1 \text{ pars} = \frac{\varrho''}{ns}(l_1 - l_2)\,.$$

Beispiel: $n = 20$; $s = 18{,}80$ m; $l_1 = 1{,}397$ m; $l_2 = 1{,}361$ m

$$1 \text{ pars} = \frac{206265 \cdot 0{,}036}{20 \cdot 18{,}80} = 20''\,.$$

Libellen, die nicht fest mit einem Instrument verbunden sind, kann man auf einem Libellenprüfer untersuchen. Die schematische Darstellung eines Libellenprüfers einfacher Bauart zeigt Abb. 5.6. Er besteht aus einem T-förmigen Träger, besitzt zwei Y-Lager zur Aufnahme der Libellen und kann mittels einer Feinmeßschraube geneigt werden. Die Feinmeßschraube kann z. B. eine Ganghöhe von $^1/_2$ mm und eine Teilung von 100 Teilstrichen haben. Häufig sind die Neigungen unmittelbar in der Einheit ["] abzulesen.

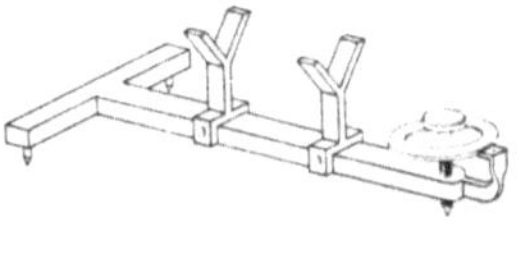

Abb. 5.6 Libellenprüfer

Ist h die Ganghöhe der Schraube und l die wirksame Länge des Libellenprüfers, so bewirkt eine volle Schraubenumdrehung eine Neigungsänderung $k'' = \varrho'' \cdot h/l$, die als Konstante des Libelleprüfers bezeichnet wird. Ist k bekannt, so wird zunächst die Anfangsstellung der Blase abgelesen, und es wird nach t Umdrehungen eine zweite Ablesung gemacht. Dieser Vorgang wird mit kleinen Änderungen in der Ausgangsstellung mehrere Male wiederholt. Ist die Blase im Mittel um n Pars weitergelaufen, so errechnet sich der Wert für 1 Pars oder die Angabe der Libelle aus

$$n \text{ pars} = t\,k'' \quad \text{oder} \quad 1 \text{ pars} = \frac{t}{n} k''\,.$$

Beispiel: Bestimmung der Angabe einer Röhrenlibelle. Die Ganghöhe der Schraube ist 0,5 mm, die wirksame Länge 250,0 mm, so daß $k = 400''$ ist. Die Schraubentrommel gestattet Ablesungen auf 0,01 Schraubenumdrehungen.

Trommelablesung	t	Libellenablesungen			n
		links	rechts	Mitte	
0,00	0,25	1,7	15,2	8,45	5,10
0,25		6,8	20,3	13,55	
0,02	0,25	2,4	16,0	9,20	4,80
0,27		7,2	20,8	14,00	
0,05	0,25	3,0	16,6	9,80	4,75
0,30		7,7	21,4	14,55	
0,13	0,25	4,6	18,3	11,45	4,90
0,38		9,5	23,2	16,35	
0,23	0,25	6,3	20,0	13,15	5,05
0,48		11,4	25,0	18,20	
				Mittel	4,92

Mithin ist die Angabe $\frac{0,25}{4,92} \cdot 400'' = 20,3''$.

Als behelfsmäßiger Libellenprüfer kann ein Legebrett dienen.. Man hat dann zur Ermittlung der Konstanten die Länge l unmittelbar zu messen. Die Ganghöhe h der Schraube bestimmt man, indem man die Schraube auf einem Blatt Papier abdrückt und den Abstand mehrerer Windungen mit einem Millimeterstab mißt.

Abb. 5.7 zeigt einen *Libellenprüfer hoher Präzision.* Ein solcher Libellenprüfer ist erschütterungsfrei auf einem massiven Sockel in einem Raum mit konstanter Temperatur aufzustellen. Drei Feinstellschrauben tragen eine Grundplatte. Die Grundplatte ist über ein mechanisches Hebelsystem mit einem Kipptisch (Meßfläche) verbunden. Mit der Feinmeßschraube kann man die Meßfläche kippen. Das Kippgelenk bilden zwei Blattfedern,

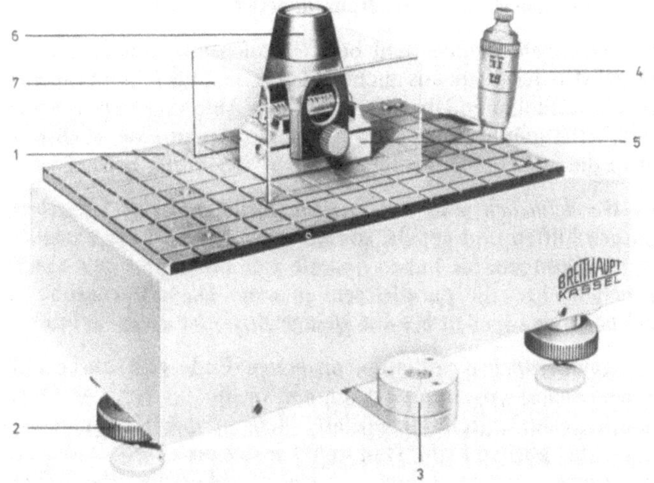

Abb. 5.7 Libellenprüfer Likon (*Breithaupt*)
(1 Kipptisch, 2 Stellschraube, 3 Dosenlibelle, 4 Feinmeßschraube, 5 Libellenhalter, 6 Ableselupe, 7 Schutzhaube)

über die der Kipptisch und die Grundplatte miteinander verbunden sind. Ein zweiseitiger Hebel, der ebenfalls mit einer Grundplatte durch eine Blattfeder verbunden ist, stützt sich einerseits an der Mikrometerspindel und andererseits am Kipptisch ab.

Die wichtigsten technischen Daten sind:

Mikrometerintervall:	1″
Meßbereich:	+ 1500″
	− 1000″
max. system. Fehler über den gesamten Meßbereich:	≦ 5%
max. Belastung:	20 kp

Mit dem Libellenprüfer lassen sich ungefaßte, gefaßte und fest mit einem Instrument verbundene Libellen prüfen.

5.1.5 Besonderheiten der Röhrenlibellen

a) Die *Libellenteilung* geht bei Gebrauchsinstrumenten in der Regel von der Mitte aus nach beiden Seiten; für feinere Libellen ist sie durchlaufend beziffert. Bei der Ablesung von Libellen mit Mittelteilung hilft man sich, indem man eine Richtung, etwa die zum Fernrohrobjektiv, als +-Richtung betrachtet.

b) *Wendelibellen* sind auf der Oberseite und der Unterseite ausgeschliffen und geteilt, so daß sie in beiden Lagen benutzt werden können. Sie haben deshalb eine obere und eine untere Libellenachse, die parallel sein müssen. Diese Forderung ist bei neueren Libellen bis auf wenige Bogensekunden erfüllt.

c) *Kammerlibellen* enthalten an einem Ende eine durch eine Scheidewand abgetrennte Kammer, in die ein Teil der Libellenflüssigkeit durch Heben und Senken des Kammerendes überführt werden kann. Dadurch läßt sich die zwangsläufig von der Temperatur der Libellenflüssigkeit abhängige Blasenlänge regulieren. Besser baut man die Libelle in eine isolierende Fassung ein, so daß Temperatureinflüsse möglichst ferngehalten werden.

d) Bei *Koinzidenzlibellen* ist, um eine sehr scharfe Einstellung der Libelle vom Beobachterstand aus zu ermöglichen, über der Libelle ein Prismensystem angebracht, das die Blasenenden in der Längsrichtung spaltet und die Bilder der gespalteten Blasenenden nebeneinanderspiegelt (Abb. 5.8). Wenn man dann

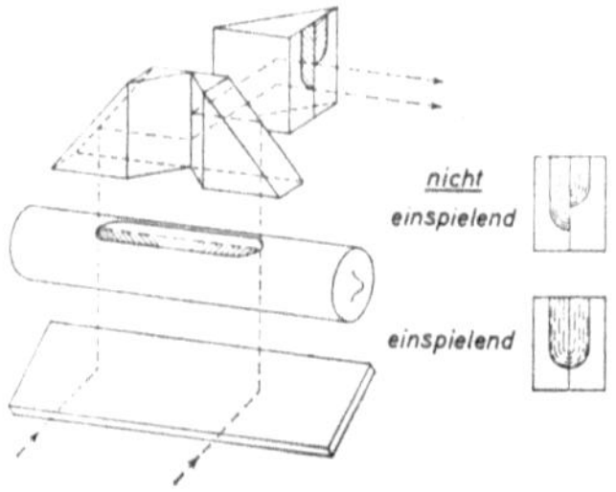

Abb. 5.8 Koinzidenzlibelle

durch Bewegen der Fußschrauben des Unterbaus die beiden gespaltenen Blasenenden zur Koinzidenz bringt, so daß sie sich zu einer symmetrischen Figur vereinigen, spielt die Libelle ein. Koinzidenzlibellen haben in der Regel keine Teilung. Zur Bestimmung der Angabe mißt man den Blasenweg am Glaskörper mit einem Millimeterstab und bezeichnet als Angabe den Neigungswinkel, der einem Blasenweg von 2 mm entspricht.

e) Die *Reitlibelle* ist eine Nebenform der Setzlibelle. Sie dient zum Horizontieren von zylindrischen Achsen. Anstelle der ebenen Grundfläche hat sie zwei meistens kreisförmig ausgesägte Füße. Setzlinie ist die Verbindungsgerade der Scheitelpunkte.

f) *Libellenkreuzung* liegt vor, wenn die Horizontalprojektion der Achse einer Fernrohrlibelle nicht parallel zur Zielachse ist, oder wenn die Achse einer Reitlibelle nicht parallel zur zylindrischen Achse verläuft. Man erkennt die Libellenkreuzung daran, daß die Blase beim Hin- und Herwälzen des Fernrohrs – bzw. beim Hin- und Herkippen der Reitlibelle – nach verschiedenen Seiten läuft. Die Libellenkreuzung kann durch seitlich wirkende Justierschrauben beseitigt werden.

5.1.6 Röhrenlibellen und Kompensatoren

Bis etwa zum Jahre 1950 waren fast alle geodätischen Beobachtungsinstrumente mit Röhrenlibellen ausgestattet. Die Libellen, insbesondere die feinen Röhrenlibellen der Nivelliere und die Höhenzeigerlibellen der Tachymeter, sind jedoch recht anfällig gegen einseitige Sonneneinstrahlung; sie reagieren ferner stark auf mechanische Störungen durch vorbeirollende Fahrzeuge und durch das Herumtreten des Beobachters um das Instrument. Schließlich müssen die Röhrenlibellen der Feinnivelliere und der Höhenzeiger auch in bereits horizontierten Instrumenten vor jeder Ablesung durch Bestätigung einer zusätzlichen Einstellschraube (Kippschraube) sorgfältig eingespielt werden. Das kostet Zeit und wird leider, insbesondere bei der Vertikalwinkelmessung, des öfteren vergessen.

Aus allen diesen Gründen bringen die Geräte bauenden Firmen in steigendem Umfang Instrumente heraus, bei denen nach vorheriger Grobhorizontierung mit Dosenlibellen – die Feinhorizontierung automatisch erfolgt. Das wird erreicht durch den Einbau eines insbesondere der Schwerkraft folgenden optisch-mechanischen oder elektronischen Bauelements, für das sich die Bezeichnung *Kompensator* eingebürgert hat. Während aber die Libellen mit den Nivellierfernrohren und den Ablesevorrichtugen der Vertikalkreise durch verhältnismäßig einfache Vorrichtungen verbunden sind, ist bei den Instrumenten mit Kompensatorhorizontierung die Art des Kompensators oftmals maßgebend für den optisch-mechanischen Aufbau des ganzen Instruments. Bei manchen Nivellieren kann der Kompensator geradezu als das Herzstück des Instruments angesehen werden. Aus diesem Grunde wollen wir die Kompensatoren nicht an dieser Stelle besprechen, sondern sie zusammen mit der Beschreibung der Instrumente darstellen und zwar die der Nivelliere in [6.3] dieses Bandes und die der Theodolite in [Bd. II, 1.4] und [Band III].

5.2 Die Abbildung durch Linsen, Spiegel und Prismen

5.2.1 Geometrisch-optische Grundbegriffe

Aus der geometrischen Optik, die hier als bekannt vorausgesetzt wird, seien die für die Fernrohroptik wichtigsten Beziehungen kurz zusammengestellt:

Eine Linse ist ein von zwei Kugelflächen begrenzter durchsichtiger Glaskörper. Die Verbindung der beiden Kugelmittelpunkte ist die optische Achse der Linse; auf ihr liegt auch der optische Mittelpunkt der Linse.

Linsen, die nach den Rändern dünner werden, heißen konvexe oder Sammellinsen; Linsen, die in der Mitte dünner sind als am Rand, heißen konkave oder Zerstreuungslinsen. Abb. 5.9 zeigt der Reihe nach eine bikonvexe, plankonvexe, konkavkonvexe sowie eine bikonkave, plankonkave und konvexkonkave Linse.

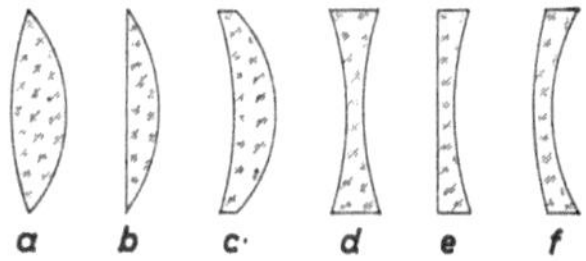

Abb. 5.9 a – c Sammellinsen, d – f Zerstreuungslinsen

Die meisten optischen Instrumente enthalten mehrere Linsen, die zentriert sein müssen. Ein System von Linsen ist zentriert, wenn die optischen Achsen der Linsen einer Geraden angehören.

Die Gesetze für den Gang der Lichtstrahlen durch Linsensysteme werden sehr einfach, wenn man sich auf achsnahe Strahlen beschränkt und – was in der Praxis allerdings meistens nicht zutrifft – unterstellt, daß die Linsen verschwindend dünn sind.

Die *Abbildung durch konvexe Linsen* unterliegt dann in großen Zügen folgenden Gesetzen:

a) Lichtstrahlen, die den optischen Mittelpunkt der Linse durchdringen, treten – von einer kleinen Parallelverschiebung bei schrägem Durchgang abgesehen – ungebrochen hindurch.

b) Parallel zur optischen Achse einfallende Strahlen vereinigen sich nach ihrem Austritt aus der Linse in deren Brennpunkt. Verlaufen die Strahlen schräg zur Achse, aber untereinander parallel, so schneiden sie sich dort, wo der durch den optischen Mittelpunkt einfallende Strahl die Brennebene trifft.

c) Diese Gesetze gelten entsprechend für den Strahlenverlauf in umgekehrter Richtung.

Für die Fernrohroptik sind die nachstehenden Fälle wichtig, bei deren Darstellung, wie üblich, unter *a* die Gegenstandsweite und *b* die Bildweite verstanden ist.

1. Fall $a > 2f$: Abbildung durch eine Sammellinse (Abb. 5.10).

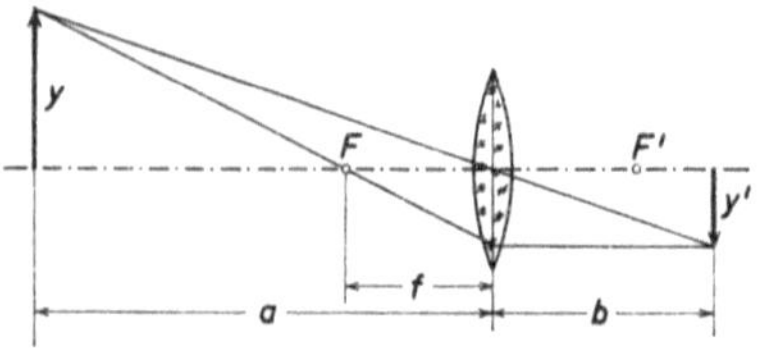

Abb. 5.10

Zur Ableitung der Linsengleichung entnimmt man der Figur $y:y' = (a-f):f$ und erhält daraus durch Umformung

$$\frac{1}{a} + \frac{1}{b} = \frac{1}{f} . \tag{5.1}$$

Die Linse entwirft ein reelles verkleinertes umgekehrtes Bild des Gegenstandes, das bei endlichem a hinter der Brennebene entsteht. Die Bildgröße y' errechnet sich aus

$$y' = \frac{b}{a} y .$$

2. Fall $a \leq f$: Die Sammellinse als Lupe (Abb. 5.11). Ist $a < f$, so kommen nicht die Strahlen selbst, sondern ihre rückwärtigen Verlängerungen zum Schnitt. Es entsteht ein virtuelles, aufrechtes, vergrößertes Bild; die Linse wird zur Lupe. Die Bildweite ist negativ, so daß die Lupengleichung lautet

$$\frac{1}{a} - \frac{1}{b} = \frac{1}{f} . \tag{5.2}$$

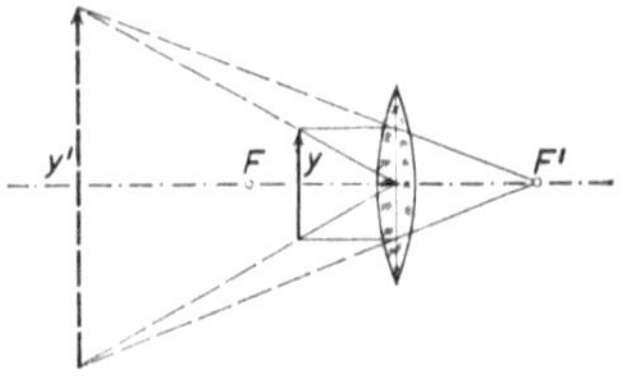

Abb. 5.11

Rückt der Gegenstand in den vorderen Brennpunkt, so wird $a = f$. Die vom Gegenstandspunkt kommenden Strahlen fallen parallel zueinander aus, so daß das Auge eines normalsichtigen Beobachters sich entspannen kann. Er wird die Lupe daher unwillkürlich so halten, daß der Gegenstand sich im vorderen Brennpunkt befindet. Für diesen Fall läßt sich die Lupenvergrößerung – das ist das Verhältnis der Sehwinkel, unter dem ein Gegenstand mit bewaffnetem Auge und unbewaffnetem Auge gesehen wird – leicht angeben: Bei freiem Auge hält der Beobachter den Gegenstand in die günstigste Sehweite w, die beim Normalsichtigen 25 cm beträgt; sein Sehwinkel ist also gleich $y:w$. Der Sehwinkel beim Blick durch die Lupe aber ist gemäß Abb. 5.12 gleich $y:f$. Mithin ist die Lupenvergrößerung

$$v = \frac{y:f}{y:w} = \frac{w}{f}. \tag{5.3}$$

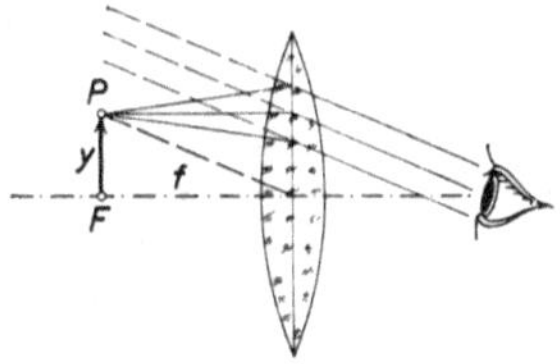

Abb. 5.12

Wirksame Lupen müssen also kurze Brennweiten haben.

Die *Abbildung durch konkave Linsen* gibt virtuelle, verkleinerte, aufrechte Bilder (Abb. 5.13). Bildweite und Brennweite werden negativ, so daß die Linsengleichung lautet

$$\frac{1}{a} - \frac{1}{b} = -\frac{1}{f}. \tag{5.4}$$

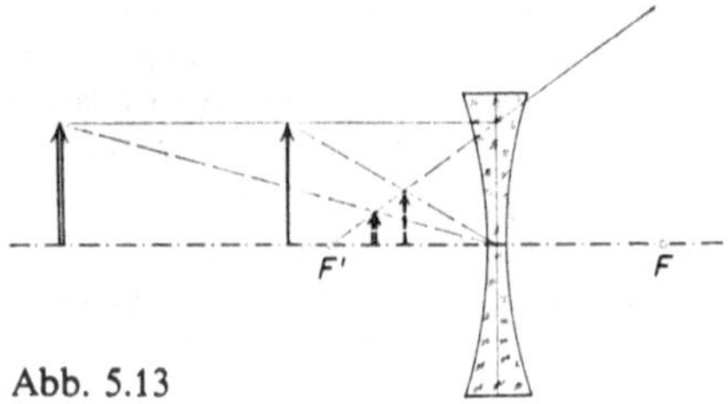

Abb. 5.13

Alle achsparallelen Strahlen weisen nach der Brechung mit ihrer rückwärtigen Verlängerung auf den hinteren Brennpunkt F'.

5.2.2 Abbildungsfehler

Die oben beschriebenen Abbildungsgesetze gelten nur für einfarbiges Licht und für Strahlen innerhalb eines schmalen stricknadeldicken Raumes längs der optischen Achse. Andernfalls treten Bildfehler auf, die die Bildgüte verringern oder Lagefehler der Bildorte zur Folge haben.

Achsenparallele Strahlenbündel werden von der Farbabweichung und von der Kugelabweichung betroffen. Bei schräg einfallenden Bündeln kommen Astigmatismus und Bildwölbung und, wenn die Bündel breit sind, außerdem das Koma hinzu. Schließlich tritt bei Abbildung außerhalb der Achse die sogenannte Verzeichnung auf.

a) Die *Farbabweichung* oder *chromatische Aberration* (Abb. 5.14) entsteht, weil der kurzwellige (violette) Teil des weißen Lichtes stärker gebrochen wird als der langwellige (rote) Teil. Infolgedessen sind die Bildorte von der Farbe des Lichtes abhängig, und es erscheinen Bilder mit farbigen Säumen.

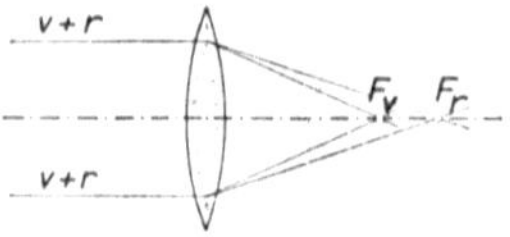

Abb. 5.14 Farbabweichung

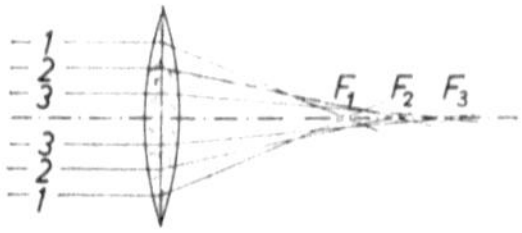

Abb. 5.15 Kugelabweichung

b) Die *Kugelabweichung* oder *sphärische Aberration* (Abb. 5.15) wird dadurch hervorgerufen, daß achsferne Strahlen stärker gebrochen werden als achsnahe Strahlen. Daher sind die Bildorte auf der Achse von der Einfallshöhe des Strahles abhängig. Der Beobachter sieht einen scharfen Kern, der von einem Zerstreuungskreis umgeben ist.

c) Der *Astigmatismus* schräger Strahlen – wörtlich übersetzt die Punktlosigkeit – entsteht, weil für außerhalb der Achse liegende Punkte eines Gegenstandes die Brennweite der Linse in den verschiedenen durch die Linsenachse hindurchgehenden Ebenen verschieden groß ist (Abb. 5.16).

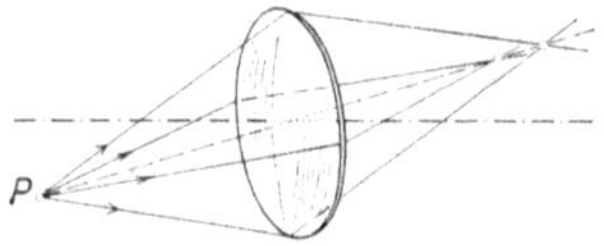

Abb. 5.16 Astigmatismus

d) Unter *Bildwölbung* versteht man den Umstand, daß achsnormale Gegenstandsebenen nicht als Ebenen, sondern als flache Schalen abgebildet werden (Abb. 5.17).

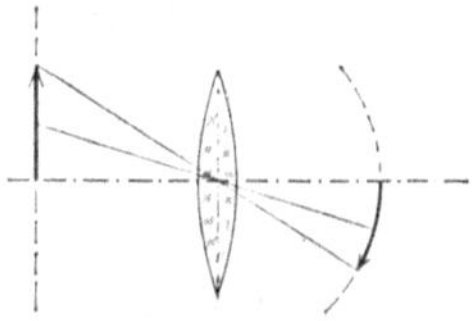

Abb. 5.17 Bildwölbung

e) Die *Koma* ist die sphärische Aberration bei schräg einfallenden Bündeln; der Gegenstandspunkt wird als verwaschener Kern mit einer Art Kometenschweif abgebildet.

f) Die *Verzeichnung* entsteht dadurch, daß die Hauptstrahlen schiefer Bündel mit wachsendem Einfallswinkel so abgelenkt werden, daß sie in der Bildebene zur Bildmitte hin oder von ihr fort versetzt erscheinen. Z. B. wird ein Gegenstandsquadrat tonnen- oder kissenförmig verzeichnet.

Die Verzeichnung spielt bei den geodätischen Meßfernrohren keine große Rolle. Um so beachtlicher ist sie für die Photogrammetrie, wo sie durch äußerst komplizierte Linsensysteme beseitigt werden muß.

5.2.3 Planspiegel- und Reflexionsprismensysteme

Ein Planspiegelsystem besteht aus zwei oder mehreren unter festen Winkeln zusammengebauten Spiegeln. Ein solches System hat zwei Wirkungen:

- die Richtung eines auftreffenden Bündels wird geändert,
- man kann die Bildorientierung ändern, d. h. die Ausrichtung des Bildes gegenüber dem Gegenstand.

In vielen Fällen ersetzt man die Spiegel durch Reflexionsprismen, indem man die Totalreflexion nutzt. Prismen werden bevorzugt verwendet, da sie kompakt sind und praktisch unveränderliche Flächenwinkel haben. Justierhalterungen sind in der Regel überflüssig. Reflexionsprismensysteme erzeugen jedoch die Abbildungsfehler einer Planplatte. Bezüglich der Änderung der Bildorientierung und der Bündelrichtung verhalten sie sich wie Spiegelsysteme. Nachfolgend wird zunächst von Systemen gesprochen, deren Spiegelflächen komplanar sind; sie haben dann eine gemeinsame Einfallsebene. Für die Zeichnungen bedeutet dieses, alle Spiegelflächen stehen senkrecht zur Zeichenebene.

5.2.3.1 Änderung der Bündelrichtung

In der Abb. 5.18 erkennt man verschiedene Richtungsänderungen eines Bündels durch Spiegelsysteme. Abb. 5.18a zeigt die Ablenkung an einer einzelnen Spiegelfläche. Die ursprüngliche Strahlrichtung wird um den Winkel δ gedreht. Es gilt:

$$\delta = 180^\circ - 2\varepsilon\,. \tag{5.5}$$

Erfolgt die Reflexion an zwei unter dem festen Winkel α zueinander angeordneten Spiegelflächen (Abb. 5.18b), so ergibt sich [2.2.1.1]:

$$\delta = 2\alpha\,.$$

Beide Reflexionsvorgänge weisen einen bemerkenswerten Unterschied auf:

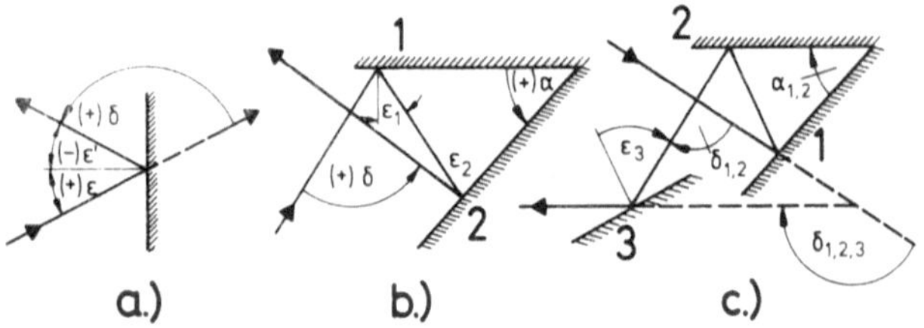

Abb. 5.18 Richtungsänderung eines Bündels durch Spiegelsysteme

- dreht man einen Planspiegel um den Winkel $\Delta\varepsilon$, so schwenkt der austretende Strahl um den doppelten Winkel
- dreht man den Winkelspiegel um eine zur Zeichenebene senkrechte Achse, so ändert sich der Winkel zwischen dem einfallenden und ausfallenden Strahl nicht.

Dreht man das System der Abb. 5.18c, so behält der Strahl hinter der zweiten Fläche seine Richtung bei. Gegenüber diesem Strahl dreht sich jedoch die Fläche 3, was bedeutet, daß sich der Gesamtablenkungswinkel $\delta_{1,2,3}$ mit der Drehung des Systems ändert.

Bei einer geraden Anzahl komplanarer Spiegelungen bewirkt eine Drehung des in sich starren Spiegelsystems um eine senkrecht zur Einfallsebene stehende Achse keine Veränderung der Bündel-Gesamtablenkung. Bei einer ungeraden Anzahl von Spiegelungen ändert sich die Gesamtablenkung.

5.2.3.2 Bildorientierung

Wie Abb. 5.19 zeigt, gibt es in bezug auf einen Gegenstand (Abb. 5.19a) eine Vielzahl von unterschiedlichen Bildorientierungen. Die Abb. 5.19b e demonstrieren eine Auswahl. Nachfolgend soll in Abb. 5.20 gezeigt werden, wie sich Bildorientierungen durch Spiegelungen ändern. Es soll dabei die perspektivisch dargestellte x-Richtung der L-Figur immer senkrecht zur Zeichenebene nach hinten weisen. Die Lichtrichtung und die positive z-Richtung sollen zusammenfallen. Bei der Betrachtung muß man stets der Strahlrichtung z entgegensehen. Die L-Figuren haben nur symbolische Bedeutung und kennzeichnen keine Bildorte.

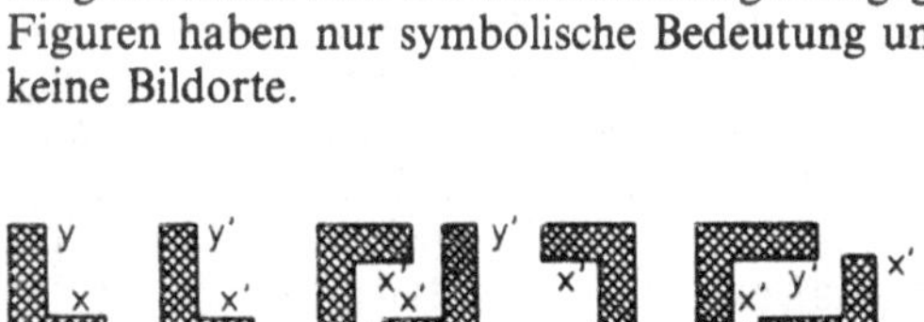

Abb. 5.19 Darstellung verschiedener Bildorientierungen

Eine Spiegelung ergibt nach Abb. 5.20a eine einseitige Bildumkehrung; aus zwei Spiegelungen folgt ein aufrechtes Bild (Abb. 5.20b) oder ein vollständig umgekehrtes Bild (Abb. 5.20c); bei drei Spiegelungen (Abb. 5.20d) erhält man wieder ein einseitig umgekehrtes Bild.

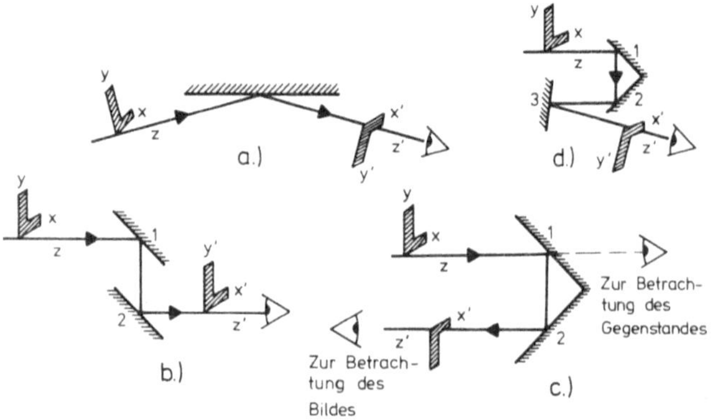

Abb. 5.20 Änderung der Bildorientierung bei Reflexionen

Allgemein gilt: *Bei gerader Anzahl komplanarer Spiegelungen entsteht keine einseitige Bildumkehr. Bei ungerader Spiegelzahl wird nur eine Koordinate umgekehrt.*

5.2.3.3 Prismen mit Dachkante

Bei den Bildern der Abb. 5.20 wurde bei den Reflexionen stets nur die y-Koordinate beeinflußt. Die x-Koordinate behielt ihre Richtung bei. Beide Koordinatenrichtungen kann man beeinflussen, wenn man eine Spiegelfläche durch ein Dachflächenpaar bzw. Dachkantprisma ersetzt. Man hat dann zwei unter 90° zueinander stehende Reflexionsflächen, die in einer Dachkante D zusammenstoßen (Abb. 5.21). Bei der Abb. 5.21a liegt die Dachkante in der Zeichenebene, die beiden Dachflächen schließen mit ihr einen Winkel von $\pm 45°$ ein. Die Dachflächen sind nicht komplanar zu den anderen Prismenflächen. Man erkennt aus Abb. 5.21a: *Die Verwendung eines Dachflächenpaares anstelle einer Spiegelfläche ermöglicht eine zusätzliche einseitige Bildumkehr.*

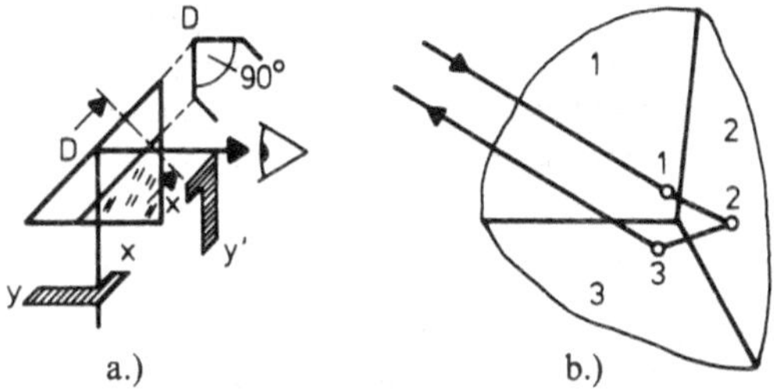

Abb. 5.21 Prismen mit einer oder mehreren Dachkanten

Abb. 5.21b zeigt das als Rückstrahler verwendbare Tripelprisma mit drei Dachkanten. Ein einfallender Strahl wird nach dreifacher Reflexion um 180° abgelenkt, d. h. er fällt entgegengesetzt zur Einfallsrichtung zurück. Die Richtungsumkehr ist gegenüber Drehungen des Systems um beliebige Achsen invariant. Prismen dieser Art werden sehr vorteilhaft bei der elektrooptischen Distanzmessung eingesetzt.

5.2.3.4 Prismensysteme zur vollständigen Bildumkehr

Die Abb. 5.22a und b zeigen Prismensysteme zur vollständigen Bildumkehr. Das aus zwei rechtwinklig-gleichschenkligen

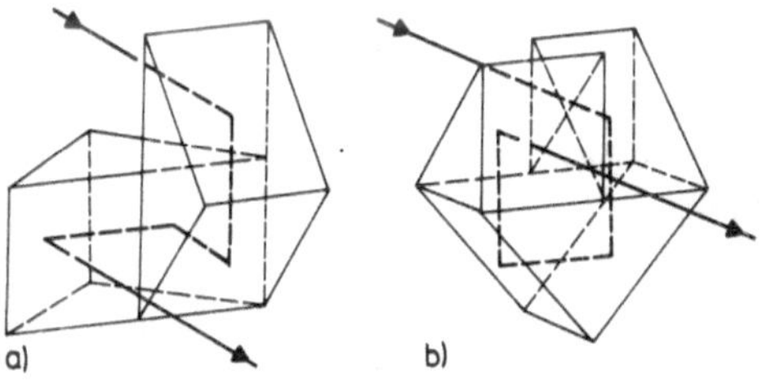

Abb. 5.22a Umkehrsystem „Porro 1. Art“
Abb. 5.22b Umkehrsystem „Porro 2. Art“

Prismen bestehende Umkehrsystem „Porro 1. Art" nimmt die Höhen- und Seitenumkehrung nacheinander vor (Abb. 5.22a). Bei dem System „Porro 2. Art" handelt es sich um eine Kombination dreier rechtwinkliger Prismen (Abb. 5.22b). Es erfolgen zwei Bilddrehungen um 90°. Prismensysteme dieser Art werden in Fernrohre eingebaut. Das bei der Zwischenabbildung im Fernrohr entstehende vollständig umgekehrte Bild wird durch ein solches Prismensystem wieder aufgerichtet.

5.2.3.5 *Planparallelplatte*

Zwei ebene, parallele Flächen 1 und 2 im Abstand D bilden eine Planparallelplatte. Bei einer Planparallelplatte mit dem Brechungsindex n entsteht in Luft die achsiale Bildversetzung:

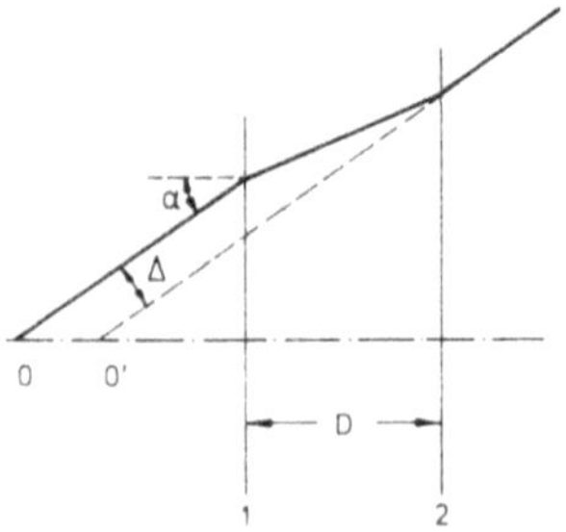

Abb. 5.23 Planparallelplatte in Luft

$$\overline{00'} = D\frac{n-1}{n}. \tag{5.7}$$

Die Parallelversetzung Δ beträgt $\Delta = \overline{00'} \cdot \sin\alpha$. Für kleine α gilt daher näherungsweise:

$$\Delta = \alpha \cdot D\left(1 - \frac{1}{n}\right). \tag{5.8}$$

Dieser Zusammenhang kommt im Planplattenmikrometer zur Anwendung, indem kleine Plattendrehungen in kleine Parallelverschiebungen umgesetzt werden. Mit einem Planplattenmikrometer kann man z. B. den Abstand zwischen einem Teilstrich einer Teilung und einem Indexstrich sehr genau ausmessen. Zum Ablesen von Nivellierlatten oder Teilkreisen eines Theodolits verwendet man z. B. Planplattenmikrometer [6.2.4.3], [Bd. II, 1.3.2.3].

5.3 Die Meßfernrohre

5.3.1 Der Aufbau eines Meßfernrohrs

Das Fernrohr besteht in seiner einfachsten, von J. Kepler bereits im Jahre 1611 angegebenen Form, aus zwei zentrierten Sammellinsen, und zwar einer Objektivlinse mit großer und einer Okularlinse mit kleiner Brennweite. Das Objektiv liefert ein umgekehrtes verkleinertes Bild, das durch das Okular betrachtet wird. Für einen in endlicher Entfernung befindlichen Gegenstand ergibt sich daraus der in Abb. 5.24 (oben) gezeichnete Strahlengang, während das untere Bild die Abbildung eines seitlich der Achse liegenden ∞ fernen Gegenstandes zeigt.

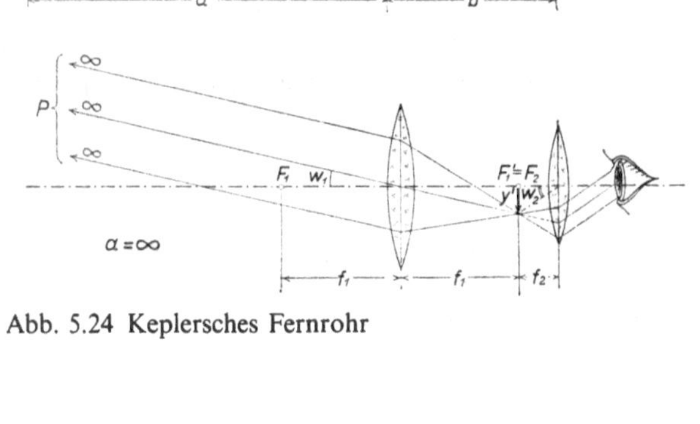

Abb. 5.24 Keplersches Fernrohr

Um das Fernrohr zu einem Meßfernrohr umzugestalten und gleichzeitig die Abbildungsfehler möglichst weit herunterzudrücken, sind einige Zusatzeinrichtungen und mehrere Abwandlungen vom ursprünglichen Typ erforderlich.

5.3.1.1 Das Strichkreuz

Damit das Fernrohr auf ein Ziel eingestellt werden kann, ist am hinteren Ende eine Glasplatte mit einem feinen Strichkreuz eingebaut, das von 3 oder 4 Justierschrauben gehalten wird (Abb. 5.25). Das Kreuz befindet sich in der Regel kurz vor dem Okular, das zum Scharfsehen ein wenig verstellt werden kann.

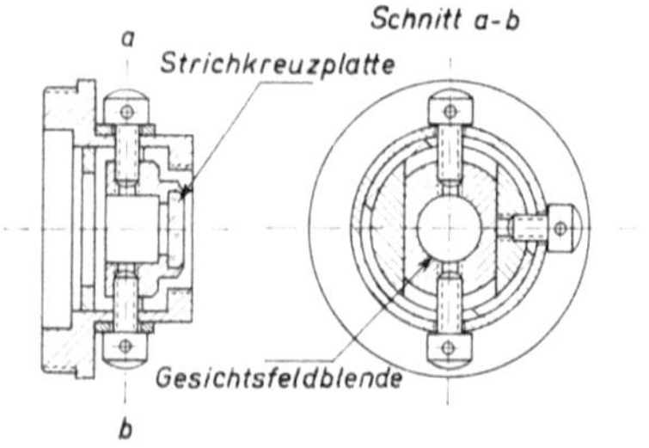

Abb. 5.25 Justierbares Strichkreuz

Optischer Mittelpunkt des Objektivs und Schnittpunkt der Striche bestimmen die Ziellinie. Um diese erforderlichenfalls parallel der Achse einer Fernrohrlibelle oder senkrecht zur Kippachse eines Theodolits machen zu können, wird das Strichkreuz von einem Ring gehalten, der mit Hilfe von Justierschrauben geringfügig verschoben werden kann (Justierung der Ziellinie).

5.3.1.2 Die Zwischenlinse

Wenn das Ziel in endlicher Entfernung liegt, entsteht das Bild hinter der Brennebene des Objektivs, und zwar um so weiter nach hinten, je näher der Gegenstand rückt.

Das Strichkreuz ist normalerweise – abgesehen von kleinen Justierbewegungen senkrecht zur optischen Achse – fest in dem Fernrohr angebracht*. Das vom Objektiv erzeugte Bild muß daher durch eine Zusatzeinrichtung in die Strichkreuzebene verlegt werden. Hierzu ist zwischen der Objektivlinse und ihrem hinteren Brennpunkt eine – meistens schwach negative – Zwischenlinse eingebaut, die die vom Objektiv gesammelten Strahlen ein wenig zerstreut (Abb. 5.26). Die Strahlen vereinigen sich infolgedessen erst etwas später, d. h. das Bild entsteht weiter hinten, und zwar um so weiter, je näher die Zwischenlinse dem Objektiv ist.

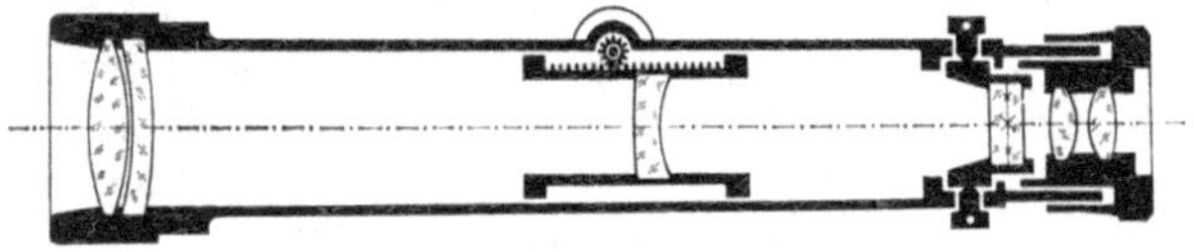

Abb. 5.26 Fernrohr mit Zwischenlinse

5.3.1.3 Objektiv und Okular

Sie werden zur Bekämpfung von Farbabweichung und Kugelabweichung aus mehreren Linsen mit verschiedener Brechkraft und verschiedenen Halbmessern zusammengesetzt. Bei Okularen wird zur Minderung der Farbabweichung außerdem ein Abstand zwischen den Einzellinsen gelassen.

Als *Objektiv* wurde bei geodätischen Instrumenten früher überwiegend der von Fraunhofer angegebene Typ verwandt, der aus einer bikonvexen Linse aus dem verhältnismäßig schwach brechenden Kronglas ($n = 1{,}52$) und einer konkavkonvexen Linse aus dem stark brechenden Flintglas ($n = 1{,}62$) besteht. Neuere Instrumente sind oft mit Apochromaten ausgestattet (Abb. 5.27).

* In älteren Theodoliten war es gemeinsam mit dem Okular verschiebbar angebracht.

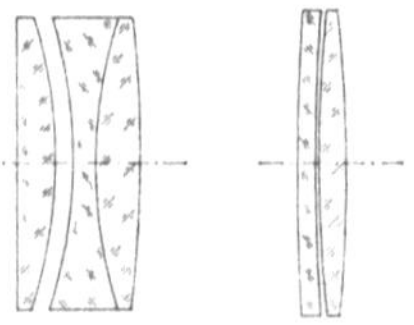

Abb. 5.27 Fraunhofersches u. apochromatisches Objektiv

Das *Okular* ist in seiner einfachsten von Ramsden angegebenen Form aus zwei plankonvexen Linsen gleicher Brennweite zusammengesetzt, deren Abstand $^2/_3 f$ beträgt, und die ihre gewölbten Seiten einander zukehren (Abb. 5.28 links). Damit auch ein nicht normalsichtiger Beobachter Bild und Strichkreuz scharf sieht, kann das Okular gegenüber dem Strichkreuz ein wenig herein- oder herausgedreht werden. Bei modernen – z. B. bei orthoskopischen – Okularen sind Kollektivlinse und Augenlinse aus je zwei Linsen zusammengesetzt.

Abb. 5.28 Ramsdensches und orthoskopisches Okular

Wird in das Okular noch eine Umkehrlinse eingebaut, so erhält man ein *terrestrisches Okular.* Fernrohre mit terrestrischen Okularen liefern aufrechte Bilder. Solche Bilder lassen sich auch durch Einbau von Prismenkombinationen erzeugen [5.2.3.4].

5.3.1.4 Die Blenden

Um Astigmatismus, Bildfeldwölbung und Koma klein zu halten, werden die auf das Objektiv fallenden Strahlenbündel durch Öffnungsblenden begrenzt; ferner werden Bündel mit zu großer Neigung des Hauptstrahles durch Gesichtsfeldblenden abgeschnitten. Öffnungsblende ist in der Regel die Objektivfassung. Als Gesichtsfeldblende dient der Ring, der das Strichkreuz trägt; er bewirkt, daß ein schräg einfallendes Strahlenbündel nur dann ins Okular gelassen wird, wenn nicht mehr als die Hälfte des Bündels durch die Okularfassung abgeschnitten wird (Abb. 5.29).

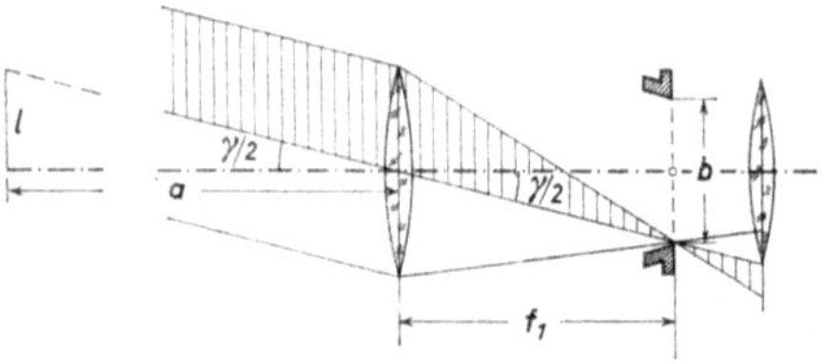

Abb. 5.29 Öffnungsblende und Gesichtsfeldblende

Denkt man sich die Gesichtsfeldblende durch das Objektiv in den Gegenstandsraum abgebildet, so bewirkt sie eine scharfe Begrenzung des Gegenstandes, die wie eine in der Örtlichkeit aufgestellte Maske wirkt. Diese scheinbare Maske heißt *Eintrittsluke*.

Die Bilder der Öffnungsblende heißen *Pupillen*. Ist die Objektivfassung Öffnungsblende, so ist sie auch gleichzeitig *Eintrittspupille*; ihr durch das Okular – gegebenenfalls über die Zwischenlinse – entworfenes, in Abb. 5.30 konstruiertes Bild, ist die *Austrittspupille*. Sie erscheint als heller Kreis in der Nähe des hinteren Brennpunktes des Okulars und kann dort auf einem Maßstab aufgefangen und ausgemessen werden.

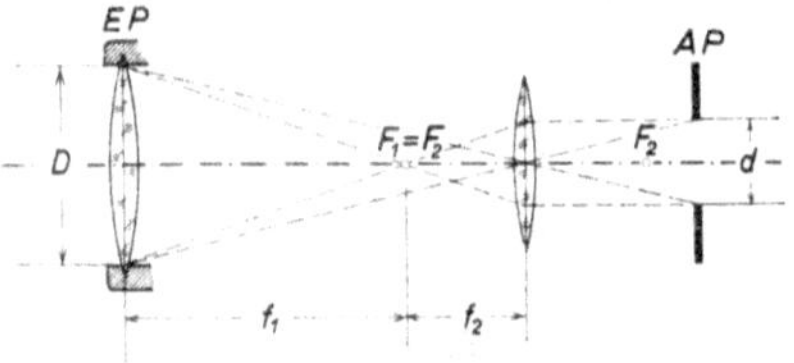

Abb. 5.30 Ein- und Austrittspupille

5.3.2 Vergrößerung, Gesichtsfeld, Helligkeit und Auflösungsvermögen

Dies sind Eigenschaften, die vor allen anderen den Wert eines Fernrohrs kennzeichnen. Man definiert sie für ein auf ∞ eingestelltes Fernrohr. Um die Darstellung möglichst einfach zu halten, soll von dem in Abb. 5.24 (unten) dargestellten Fall ausgegangen werden; doch wird unter f_2 die Brennweite des Okulars und bei Fernrohren mit Zwischenlinse unter f_1 die Brennweite des Systems Objektiv plus Zwischenlinse bei Einstellung auf ∞ verstanden.

5.3.2.1 Die Fernrohrvergrößerung

Die Fernrohrvergrößerung v ist das Verhältnis der Sehwinkel w_2 und w_1, unter denen ein entfernter Gegenstand mit bewaffnetem und mit unbewaffnetem Auge gesehen wird. In Abb. 5.24 treten die Winkel w_1 und w_2 auch in dem Raum zwischen den beiden Linsen L_1 und L_2 auf. Danach ist

$$w_1 = \frac{y'}{f_1}; \quad w_2 = \frac{y'}{f_2}. \quad \text{Also } v = \frac{w_2}{w_1} = \frac{f_1}{f_2}.$$

Es besteht ferner, wenn D der Durchmesser der Eintrittspupille (Objektivfassung) und d der Durchmesser der Austrittspupille ist, gemäß Abb. 5.30 das Verhältnis $f_1 : f_2 = D : d$, so daß $v = D : d$ ist. Um v nach dieser Formel zu bestimmen, stelle man das Fernrohr auf ∞, messe D direkt und fange d mit einem hinter das Okular zu haltenden Maßstab oder besser noch mit einem Dynameter auf, d. h. mit einer Lupe, die in ihrem Gesichtsfeld eine feine Teilung trägt.

Die Vergrößerung läßt sich genähert auch so ermitteln, daß man eine in einiger Entfernung aufgestellte Nivellierlatte mit einem Auge durch das Fernrohr, mit dem anderen direkt anvisiert und feststellt, wieviel mit freiem Auge gesehene Latteneinheiten eine im Fernrohr gesehene Einheit decken.

Die Fernrohrvergrößerung liegt bei geodätischen Fernrohren zwischen 15- und 50fach.

5.3.2.2 Das Gesichtsfeld

Dieses ist der kegelförmige Raum mit dem Öffnungswinkel γ, der bei Einstellung auf ∞ von den durch den Rand der Gesichtsfeldblende gehenden Hauptstrahlen gebildet wird (Abb. 5.29). Um γ überschlägig zu bestimmen, stelle man eine Nivellierlatte in nicht zu kurzem Abstand a vom Instrument auf, lese die äußersten im Gesichtsfeld wahrnehmbaren Striche an der Latte ab und bilde daraus den Lattenabschnitt l. Dann ist

$$\gamma = \frac{b}{f_1} \varrho \approx \frac{l}{a} \varrho .$$

y ist bei geodätischen Meßfernrohren 1 bis 2 *gon* groß.

5.3.2.3 Die Fernrohrhelligkeit

Hierunter ist das Verhältnis der Flächenhelligkeiten H und H_0 verstanden, unter denen das bewaffnete und das unbewaffnete Auge den Gegenstand wahrnimmt. Sind d und p die Durchmesser von Austritts- und Augenpupille und ist c ein Koeffizient, der die Lichtdurchlässigkeit des Fernrohrs in Einheiten des ursprünglichen Lichtstroms kennzeichnet, so ist

$$h = \frac{H}{H_0} = c \left(\frac{d}{p} \right)^2 .$$

Dabei ist Voraussetzung, daß $p \geqq d$ ist. Die durch das Fernrohr auf der Netzhaut entworfenen Bilder sind also nur im Idealfall – d.h. $c = 1$ und $d = p$ – ebenso hell wie beim Sehen mit unbewaffnetem Auge. c ist jedoch immer kleiner als 1. Zur Abschätzung von c gilt die Regel, daß jede brechende Fläche 5% des Lichtes reflektiert und jeder Zentimeter Glasweg 0,5% Licht absorbiert. Die Reflexionsverluste gehen jedoch auf rd. 1% zurück, wenn auf die Linsen der reflexmindernde „T-Belag“ aufgedampft ist, den man an einem violetten Schimmer erkennt. Solche Linsen werden als „vergütet“ bezeichnet. Ein Fernrohr mit Objektiv, Zwischenlinse, Strichplatte und zwei Okularlinsen verliert bei nicht vergüteten Linsen rund 40% Licht, bei T-Belag jedoch nur 10%, so daß c im ersten Fall 0,6 im zweiten 0,9 ist. Der T-Belag ist besonders für Messungen bei trübem Licht sehr vorteilhaft.

Die optischen Firmen geben als Fernrohrhelligkeit häufig einfach den Wert von D^2 an.

5.3.2.4 Das Auflösungsvermögen

Das Auflösungsvermögen des Fernrohrs ist seine Fähigkeit, zwei getrennte Dingpunkte getrennt abzubilden. Infolge der Wellennatur des Lichtes werden die Lichtstrahlen an den Rändern der Linsenfassungen und Blenden gebeugt. Das optische Bild eines Dingpunktes ist daher kein geometrischer Punkt, sondern ein Beugungsscheibchen, dessen Durchmesser sich mit dem Öffnungswinkel w_2 und der Lichtwellenlänge λ ergibt zu

$$b_2 = \frac{1{,}22\,\lambda}{n_2 \sin w_2}\,.$$

Das Beugungsscheibchen läßt sich in den Dingraum zurück übertragen; doch kann die Größe dieses fiktiven Gegenstandes nur zur Hälfte ausgenutzt werden, weil das Auge das Beugungsscheibchen aus physiologischen Gründen nur zur Hälfte aufzulösen vermag.

Die Grenze der Auflösungsmöglichkeit kann beim Fernrohr nur winkelmäßig erfaßt werden. Mit f_1 als Objektivbrennweite, $2f_1 \sin w_2$ als wirksamer Objektivöffnung und $\lambda = 0{,}000\,555$ mm erhält man schließlich die dingseitige Auflösung des Fernrohrs in Winkelsekunden zu

$$\frac{1{,}2\lambda \cdot 206\,265}{\text{Objektivöffnung}} = \frac{140\ \text{mm}}{\text{Objektivöffnung in mm}}\,.$$

Die förderliche Vergrößerung V wird so bemessen, daß durch sie der Sehwinkel hinter dem Okular gleich dem physiologischen Grenzwinkel des Sehens wird, welcher rund $2' = 120''$ beträgt. Der Fall tritt ein, wenn 140/Objektivöffnung = 120 wird; demnach liegt die förderliche Vergrößerung des Fernrohrs bei

$$V \approx \text{Objektivöffnung in mm}\,.$$

Die Hersteller geodätischer Fernrohre beschränken sich meistens auf etwa 70% dieses Wertes.

5.3.3 Der Gebrauch des Fernrohrs

Vor Beginn der Beobachtung muß eine etwaige „Strichparallaxe", d. h. ein Auseinanderfallen von Bildebene und Strichkreuzebene, beseitigt werden. Das erreicht man in folgenden Schritten:

1. Fernrohr gegen den Himmel richten und Okular so lange verschieben, bis das Strichkreuz scharf gesehen wird;
2. Fernrohr auf den Gegenstand richten und Okularauszug oder Zwischenlinse bewegen, bis auch ein scharfes Bild des Gegenstandes erscheint;

3. zur Probe Kopf hin- und herneigen; dann darf das Bild seine Lage gegenüber dem Strichkreuz nicht mehr ändern.

Nach Beseitigung der Parallaxe wird das Strichkreuz mit den Feinstellschrauben des Instruments genau in das Ziel gebracht. Die Standardabweichung einer Einstellung ist nach dem Ergebnis empirischer Untersuchungen an Fernrohren von 10- bis 50facher Vergrößerung in Milligon

$$s(e) = \pm\frac{1{,}0}{\sqrt{v}} \quad \text{bis} \quad \pm\frac{1{,}5}{\sqrt{v}}.$$

Bei Feldmeßinstrumenten kann $s(e)$ zu 2″ oder 0,6 *mgon* angenommen werden.

5.4 Stative und Befestigungseinrichtungen geodätischer Instrumente

Mit einem *Stativ* kann man für geodätische Instrumente – Theodolite, Nivellierinstrumente, ... – eine stabile Aufsatzfläche aufbauen. Theodolite und Nivellierinstrumente haben einen festen und einen um eine vertikale Achse drehbaren Teil [6.2], [6.3], [Bd. I, 1.2]. Der feste Teil wird mit einem Schraubverschluß oder einer Klemme auf der Aufsatzfläche des Stativs befestigt. Ein Stativ hat in der Regel drei Beine aus Holz oder Leichtmetall, die durch den Stativkopf zusammengehalten werden. Das einzelne Bein besteht aus zwei Streben, die durch Querriegel versteift werden. Bei Holzstativen haben die Beine am unteren Ende eiserne Spitzen. Es gibt Stative mit starren Beinen und einschiebbaren Beinen. Stative mit starren Beinen verwendet man häufig bei sehr genauen Nivellements. Bei Winkelmessungen und einfachen Nivellements setzt man in der Regel Stative mit verschiebbaren Beinen ein. Die Beine sind am Stativkopf durch ein Kugel- oder Walzgelenk befestigt (Abb. 5.31 und 5.32). Der Stativkopf kann eine ebene oder kugelförmige Oberfläche haben. Im ersten Fall spricht man von einem *Stativ mit einem Stativteller* und im zweiten von einem *Horizontierstativ.* Je nach Stativkopf gibt es unterschiedliche Befestigungseinrichtungen für die Instrumente. Es sei zunächst an einem Beispiel beschrieben, wie in der Regel ein Instrument auf einem

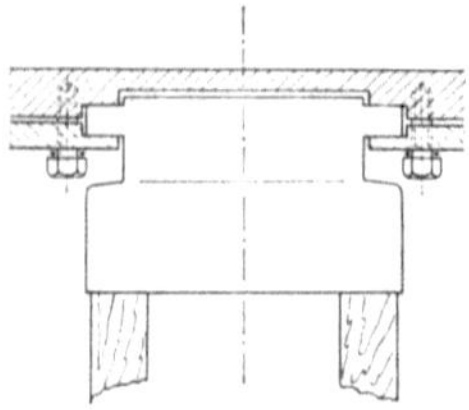

Abb. 5.31 Stativkopf mit ebener Aufsatzfläche

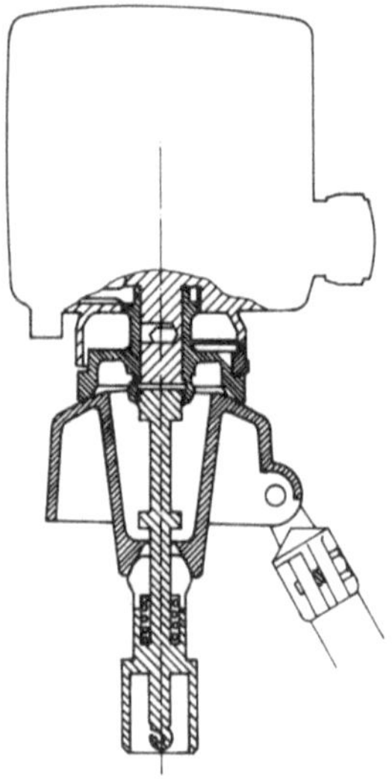

Abb. 5.32 Stativkopf mit kugelförmiger Aufsatzfläche (*Kern*)

Stativteller befestigt wird. Der bei den Messungen feststehende Teil eines Theodolits oder Nivelliergerätes ist häufig so aufgebaut, daß seine Füße auf einer Grundplatte ruhen (Abb. 5.33). Eine zweite – federnde – Platte, die mit der Grundplatte durch Schrauben leicht verbunden ist, umfaßt die Füße und verbindet so die Grundplatte mit dem unteren Teil des Instru-

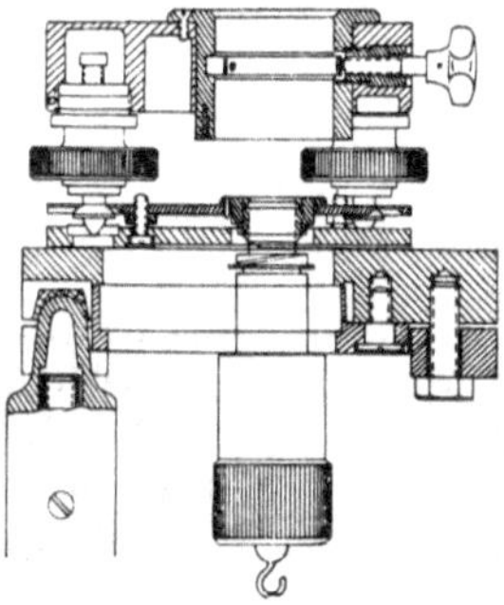

Abb. 5.33 Stativverbindung für ein Stativ mit Stativteller

mentes. Federplatte und Grundplatte werden mit einer Anzugsschraube gegen den Stativteller gepreßt. Die Federplatte muß dabei so elastisch sein, daß die Stehachse des Instruments mit Hilfe der Fußschrauben streng lotrecht gestellt werden kann.

Mit Horizontierstativen lassen sich Instrumente besonders einfach und schnell horizontieren. Die Firma *Kern* baut z. B. Nivelliere mit einem zylindrischen Fuß, der unten auf der Innenseite konisch ausgeschliffen ist und mit dieser Auflagefläche auf dem als Kugelsegment ausgebildeten Stativkopf so lange hin- und herbewegt wird, bis die Dosenlibelle einspielt (Abb. 5.32). Dann wird die unter dem Kugelkopf sichtbare zentrale Anzugsschraube angezogen und die Feinhorizontierung mit einer Kippschraube vorgenommen. Ähnliche Stativköpfe stellen z. B. die Firmen *Breithaupt* und *Zeiss* her.

Die Stative für Nivellierinstrumente und Theodolite sind im allgemeinen weitgehend ähnlich.

Auf das Horizontieren und Zentrieren der Meßgeräte wird ausführlich in [Bd. II, 1.5] eingegangen.

6 Instrumente und Geräte zum Nivellieren, Modellbildung

6.1 Einfache Nivelliergeräte

Den Grundgedanken des Nivellierens oder Einwägens zeigt die Abb. 6.1. Man ermittelt den Unterschied der Geländehöhen von *A* und *B*, indem man den lotrechten Abstand beider Punkte von einer horizontalen Ziellinie mißt. Dazu benötigt man ein Nivelliergerät, mit dem man eine horizontale Ziellinie herstellen kann, und zwei Nivellierlatten, mittels derer sich die lotrechten Abstände der Geländepunkte von der genannten Ziellinie messen lassen. In der Abb. 6.1 ist der Höhenunterschied zwischen *A* und *B* gleich 1,96 -- 1,12 = 0,84 m.

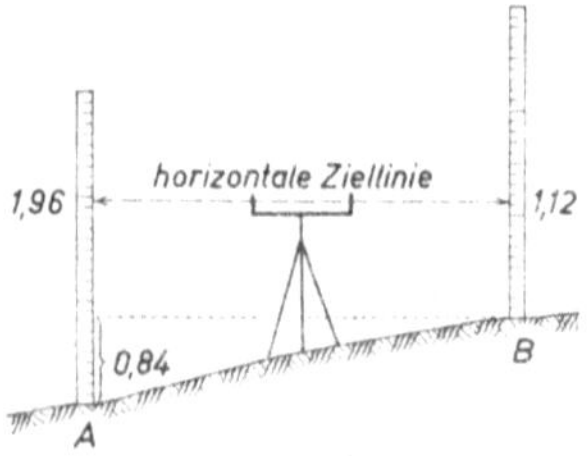

Abb. 6.1 Grundgedanke des Nivellierens

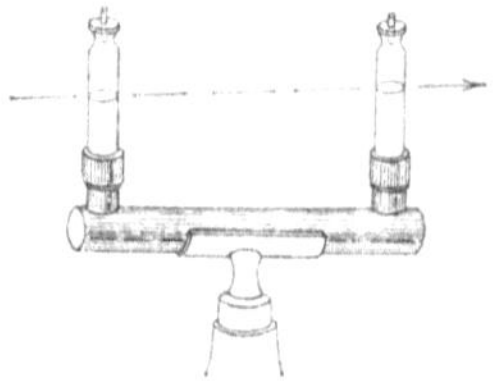

Abb. 6.2 Kanalwaage

6.1.1 Die Kanalwaage

Das einfachste Nivellierinstrument ist die Kanalwaage; sie besteht aus zwei Glaszylindern, die durch ein Rohr miteinander verbunden und mit einer farbigen Flüssigkeit gefüllt sind. Bringt man sie in eine der Darstellung in Abb 6.2 entsprechende Lage, so erhält man durch Visieren über den Flüssigkeitsspiegel eine horizontale Ziellinie. Die Zielgenauigkeit ist jedoch so gering, daß die Kanalwaage in der hier skizzierten Form kaum noch benutzt wird. Etwas genauer wird das Verfahren, wenn in den beiden Glaszylindern gleichhohe schwimmende Zielmarken auf die Flüssigkeitsoberfläche gesetzt werden.

6.1.2 Die Schlauchwaage

Ersetzt man das Verbindungsrohr der Kanalwaage durch einen 20 bis 30 m langen Schlauch und die Zylinder durch Standgläser mit Millimeterteilung, so entsteht eine Schlauchwaage. Sie wird beim Bau von Straßen, Brücken, Kanalisationen usw., zumal in schwer einzusehendem Gelände, gern verwandt.

Nachdem etwaige Luftblasen durch Bewegen des Schlauches entfernt sind, hält man die beiden Standgläser in gleicher Höhe senkrecht nebeneinander, um einen etwaigen Unterschied des Wasserstandes, die Nullpunktskorrektur, zu ermitteln. Dann bringt man die Standgläser an die Meßstellen, wartet einige Minuten, bis das Wasser im Schlauch sich beruhigt hat und liest an beiden Enden mehrere Male ab, mittelt die Ergebnisse und stellt die Nullpunktskorrektur in Rechnung. Bei sachgemäßer Handhabung ist dann für eine einzelne Höhenunterschiedsbestimmung eine Standardabweichung von 1 – 2 mm zu erwarten. Im Bergbau sowie in der Ingenieur- und Landesvermessung werden Präzisionsschlauchwaagen verwandt, die eine noch sehr viel größere Genauigkeit gewährleisten (*Martin* 1958, *Spettman* 1958, *Thierbach* 1979).

6.1.3 Freihandgefällmesser

Freihandgefällmesser nach Art des Necli (Abb. 2.26) können ebenfalls für einfachste Nivellierungen ausreichen.

6.2 Nivelliere mit Libellenhorizontierung

6.2.1 Mechanischer Aufbau der Libellennivelliere

Das Nivellier mit Libellenhorizontierung besteht aus einem mit dem Unterbau durch Achse und Fernrohrträger verbundenen Meßfernrohr, das mit Hilfe einer am Fernrohr befestigten Röhrenlibelle (Fernrohrlibelle) so eingerichtet werden kann, daß die Zielachse horizontal ist. Sind, wie in Abb. 6.1 angedeutet, in *A* und *B* Nivellierlatten senkrecht aufgestellt, so erhält man den Höhenunterschied h als Differenz zwischen dem „Rückblick R" nach A und dem „Vorblick V" nach B aufgrund der Formel

$$h = R - V. \tag{6.1}$$

Das ist die Grundgleichung des Nivellierens.

Fast alle modernen Nivelliere haben Fernrohre mit Zwischenlinse und Einrichtungen, mittels derer der Beobachter die Libelle ohne Standpunktwechsel an Spiegeln, Prismen oder auch im Fernrohrgesichtsfeld zu beobachten vermag. Unterschiede bestehen vornehmlich im Achsgefüge, in der Lagerung von Fernrohr und Libelle und in der Leistungsfähigkeit der Optik. Man unterscheidet im Hinblick auf die Lagerung des Fernrohrs und der Libelle:

a) Nivelliere mit festem Fernrohr, bei denen die Libelle mit dem Fernrohr und das Fernrohr mit dem Fernrohrträger fest verbunden ist (sog. Norddeutscher Unterbau; Abb. 6.3a);

b) Nivelliere mit Kippschraube, bei denen die Libelle mit dem Fernrohr fest verbunden ist, das Fernrohr aber gegenüber der Stehachse mit der sogenannten Kippschraube in beschränktem Umfang gekippt werden kann (sog. Süddeutscher Unterbau; Abb. 6.3b);

c) Nivelliere mit einer Kippschraube, einem Ringfernrohr, das um seine Längsachse gewälzt werden kann und einer mit dem Fernrohr fest verbundenen Wendelibelle (Abb. 6.3c).

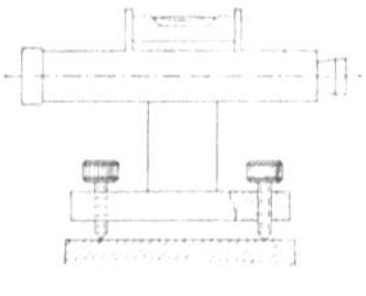

Abb. 6.3a
Norddeutsches Nivellier

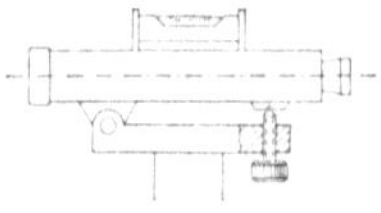

Abb. 6.3b
Nivellier mit Kippschraube

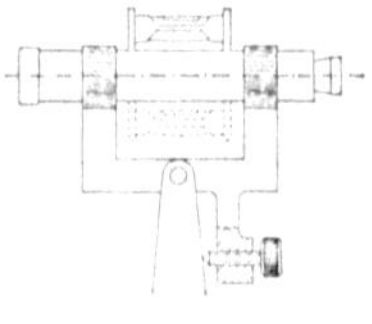

Abb. 6.3c
Nivellier mit Ringfernrohr

6.2.2 Regeln für den Gebrauch der Libellennivelliere

6.2.2.1 Handhabung und Justierbedingungen

Die in [6.2.1] herausgearbeiteten Unterschiede in der Fernrohrlagerung sind bei den weitgehend verkapselten modernen Instrumenten nicht immer auf den ersten Blick zu erkennen. Sie sind aber insofern von Bedeutung, als die Lagerung des Fernrohrs für das Justierverfahren maßgebend ist.

Bei Nivellieren mit norddeutschem Unterbau kann das Fernrohr nur mit den Schrauben des Dreifußes auf- und abbewegt werden. Zur Horizontierung des Fernrohrs muß die Vertikal- oder Stehachse daher mit Hilfe der Fernrohrlibelle streng lotrecht gestellt werden. Damit dabei eine horizontale Visur erhalten wird, müssen, wie Abb. 6.3a erkennen läßt, zwei Bedingungen erfüllt sein:

1. $LL \perp VV$, d. h. Libellenachse und Vertikalachse müssen senkrecht aufeinanderstehen. Ist das nicht der Fall, so ist der Spielpunkt zu bestimmen und mit Hilfe der Libellenjustierschrauben auf die Mittelmarke zu verlegen [vgl. 5.1.3].

2. $LL \parallel ZZ$, d. h. die Zielachse muß der Libellenachse parallel sein.

Ob die Justierbedingung erfüllt ist, kann man nach den in [6.2.3] beschriebenen Verfahren überprüfen. Justieren kann man die Instrumente – wie dort beschrieben – mit den Strichkreuzjustierschrauben.

Bei Nivellieren mit Kippschraube (Abb. 6.3b) kann das Fernrohr gegenüber der Stehachse mit der Kippschraube in beschränktem Umfange geneigt werden. Daher stellt man die Stehachse mit Hilfe der Dosenlibelle nur genähert lotrecht und bringt alsdann die Fernrohrlibelle mit der Kippschraube zum Einspielen. Damit dabei eine horizontale Visur erhalten wird, braucht nur die eine Bedingung $LL \parallel ZZ$, d. h. Libellenachse parallel Zielachse, erfüllt zu sein.

Ob sie erfüllt ist, prüft man nach den in [6.2.3] beschriebenen Verfahren. Justieren kann man das Instrument entweder auf die dort erläuterte Weise mit Hilfe der Strichkreuzjustierschrauben, oder man stellt die Visurlinie mit der Kippschraube auf die Sollrichtung ein und bringt anschließend die Blase mit den Libellenjustierschrauben zum Einspielen.

Mit einem justierten Kippschraubennivellier werden, wenn die Blase mit der Kippschraube zum Einspielen gebracht ist, unabhängig von der Stellung der Vertikalachse horizontale Visuren erhalten. Im Gegensatz zum Nivellier mit norddeutschem Unterbau muß das Fernrohr jedoch bei Einstellung jeder neuen Richtung mit der Kippschraube nachgestellt werden. Das ist vor allem bei etwaigen Seitenblicken zu beachten.

Bei Nivellieren mit Ringfernrohr und Wendelibelle (Abb. 6.3c), die heute nur noch selten gebaut werden, kann der Idee nach auf das Justieren ganz verzichtet werden. Man läßt die Libelle erst an der einen, dann – nach dem Wälzen des Fernrohrs – an der anderen Libellenteilung einspielen und erhält als Mittel aus den in beiden Libellenlagen gemachten Ablesungen an der Latte auch bei dejustiertem Instrument eine horizontale Visur. Damit hat man eine recht einfache Justierungsmöglichkeit: Nachdem man auf dem angegebenen Wege die Sollablesung an der Latte für eine horizontale Visur ermittelt hat, stellt man

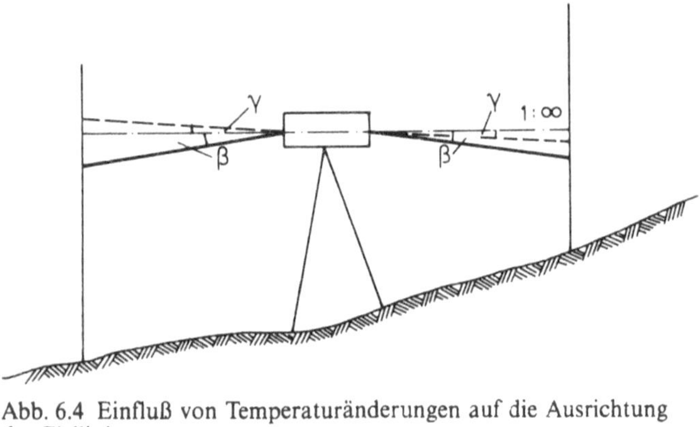

Abb. 6.4 Einfluß von Temperaturänderungen auf die Ausrichtung der Ziellinie

die Visierlinie mit der Kippschraube auf die Sollablesung ein und bringt dann die Libelle mit ihren Justierschrauben zum Einspielen. Das Instrument wird also ohne es umzustellen, auf einem Stand justiert. Solche Instrumente – ein gutes Beispiel ist das *N* 2 von *Wild*-Heerbrugg (Abb. 6.13) – können vor allem im Gebirge oder auf Baustellen nützlich sein, wo man durch die örtlichen Verhältnisse des öfteren gezwungen wird, im Vor- und Rückblick verschieden lange Zielweiten zu nehmen.

Diesen Vorteilen stehen jedoch Nachteile gegenüber. Es entstehen zusätzliche Fehlerquellen, wie Schiefe des Strichkreuzes, Konvergenz zwischen Visier- und Libellenachse, Konvergenz der beiden Libellenachsen u. a.

6.2.2.2 Einfluß von Temperaturänderungen auf Libellennivelliere

Bei ungleichen Temperaturänderungen können Materialspannungen in dem Meßgerät entstehen, die Justierfehler [vgl. 6.2.2.1] hervorrufen. Man muß unterscheiden zwischen

– dem Einfluß der sich ändernden Umgebungstemperatur,
– dem Einfluß der von einer bestimmten Richtung einfallenden Sonnenstrahlung.

Im ersten Fall ist der Einfluß unabhängig vom Azimut der Ziellinie. Der Restjustierfehler ist daher im Vorblick und Rückblick konstant und wirkt sich nach (6.1) nicht aus, wenn mit gleichen Zielweiten gearbeitet wird (Abb. 6.4). Bei Sonneneinstrahlung aus einer bestimmten Richtung (Abb. 6.5)

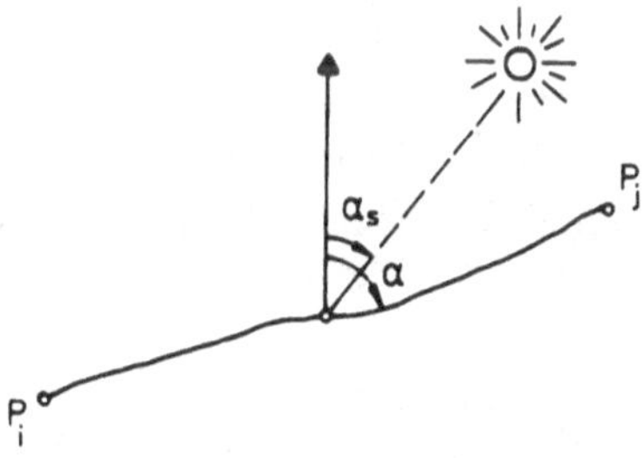

Abb. 6.5 Azimut der Sonne und der Nivellementlinie

kann eine azimutabhängige Fehlausrichtung γ der Ziellinie auftreten. Näherungsweise gilt:

$$\gamma = \gamma_0 \cos(\alpha - \alpha_s) \tag{6.2}$$

α = Azimut der Nivellementlinie
α_s = Azimut der Sonne.

Beim Wechsel vom Rückblick zum Vorblick geht α über in α + 200 gon und entsprechend geht γ über in $-\gamma$. Der Einfluß der Fehlausrichtung wird folglich bei Differenzbildungen nach (6.1) nicht beseitigt und hat daher die Wirkung eines systematischen Fehlers, insbesondere, wenn die Nivellementlinie geradlinig verläuft. Abhilfe wird geschaffen, wenn

– das Instrument vor Sonneneinstrahlung durch einen Schirm geschützt wird,
– die Beobachtungen auf den einzelnen Stationen möglichst schnell ausgeführt werden und
– bei Wiederholungsnivellements die Nivellementlinie so geplant wird, daß α_s andere Werte annimmt.

6.2.3 Prüfverfahren für Nivelliergeräte

Mit den nachfolgend beschriebenen Verfahren kann man überprüfen ob:

a) *bei Libellennivellieren** die Zielachse parallel zur Libellenachse verläuft [vgl. 6.2.2],
b) *bei automatischem Nivellieren* ein durch den Hauptpunkt des Objektivs verlaufender Strahl auch durch den Schnittpunkt der Striche in der Strichplatte verläuft [6.3.2].

6.2.3.1 Justieren im Feld (nach Kukkamäki)

1. *Schritt* (Abb. 6.6 untere Figur): Man stellt das Nivellier nach Beseitigung einer etwaigen Schräge des Strichkreuzes [vgl. Kap.

---

* Man beachte die besonderen Bedingungen für Nivelliere mit norddeutschem Unterbau und für Nivelliere mit Ringfernrohr und Wendelibelle [6.2.2].

5.3.1.1] in die Mitte zwischen zwei um $2s = 20$ m voneinander entfernte Nivellierlatten A und B und macht bei einspielender Libelle an den Latten die Ablesungen a_1 und b_1. Wenn nun die Zielachse und die Libellenachse gem. Abb. 6.6 den als Zielachsenfehler bezeichneten Winkel α miteinander bilden, sind beide Lattenablesungen um das gleiche Stück $c = s \cdot \alpha/\varrho$ unrichtig. Beim Bilden der Höhendifferenz Rückblick minus Vorblick fällt c aber heraus; also ist, wenn a_1' und b_1' die beiden Sollablesungen bedeuten:

$$h_{A,B} = a_1' - b_1' = a_1 - b_1. \tag{6.3}$$

Durch „Nivellieren aus der Mitte" kann mithin auch mittels eines Nivelliers mit dejustierter Zielachse ein Höhenunterschied h fehlerfrei ermittelt werden.

2. *Schritt* (Abb. 6.6 obere Figur): Man wähle den zweiten Standpunkt auf der Verlängerung von AB um genau $2s = 20$ m über B hinaus. Da der Zielachsenfehler α in beiden Figuren der Abb. 6.6 denselben Wert hat, ist seine Auswirkung auf die Ablesungen an den Latten in A und B an der oberen Figur der Abb. 6.6 leicht zu ermitteln: Er bewirkt an der Latte in B bei b_2 eine Verschiebung des Zielstrahls um $2c$ und an der Latte A bei a_2 um $4c$. Den Höhenwert von a_2 über dem Ausgangspunkt A aber liest man an der oberen Figur beginnend am Fuß der Latte in B folgendermaßen ab:

$$a_2 = h_{A,B} + b_2 + 2c = a_1 - b_1 + b_2 + 2c, \tag{6.4}$$

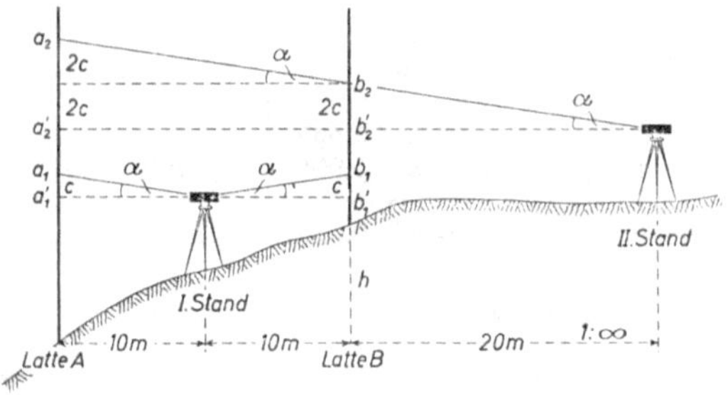

Abb. 6.6 Nivellierjustieren nach Kukkamäki

Daraus folgt

$$2c = (a_2 - b_2) - (a_1 - b_1). \tag{6.4}$$

Zum Justieren ist das Strichkreuz des Instruments daher so zu verschieben, daß die fehlerfreien Ablesungen

$$a_2' = a_2 - 4c;\ b_2' = b_2 - 2c \tag{6.5}$$

mit der Rechenprobe

$$a_2' - b_2' = a_1 - b_1 = h_{A,B} \tag{6.6}$$

erhalten werden.

Beim Justieren von Feinnivellieren muß noch der bei verschieden langen Visuren ungleiche Einfluß von Erdkrümmung und Refraktion beachtet werden. Er beträgt nach Kukkamäki in mm

$$p = -1{,}68 \cdot 10^{-4} s^2, \tag{6.7}$$

wobei s in Metern zu nehmen ist. Für die gebräuchlichen Zielweiten ergeben sich folgende Werte:

$s = 10$	20	30	40	50	60 m
$p = -0{,}02$	$-0{,}07$	$-0{,}15$	$-0{,}27$	$-0{,}42$	$-0{,}60$ mm.

Zahlenbeispiele zum Verfahren Kukkamäki

a) *Ohne Berücksichtigung von Erdkrümmung und Refraktion* nach den Formeln (6.4) u. (6.5):

Latte	Stand I [m]	Stand II [m]	Soll nach (6.5) [m]
A	$a_1 =$ 1,499	$a_2 =$ 1,685	$a_2' =$ 1,679
B	$b_1 =$ 1,722	$b_2 =$ 1,905	$b_2' =$ 1,902
	$a_1 - b_1 = -0{,}223$	$a_2 - b_2 = -0{,}220$	$a_2' - b_2' = -0{,}223$

$$2c = -0{,}220 + 0{,}223 = +0{,}003\ [\text{m}]; \quad 4c = +0{,}006\ [\text{m}].$$

Auf Stand II wird die Strichplatte so lange verschoben, bis die Sollablesungen erscheinen.

b) *Bei Berücksichtigung von Erdkrümmung und Refraktion*
Gem. (6.7) erhalten (6.4) und (6.5) mit den Zielweiten der Abb. 6.6 die Formen

$$2c = [(a_2 + p_{40}) - (b_2 + p_{20})] - (a_1 - b_1), \tag{6.8}$$
$$a_2' = (a_2 + p_{40}) - 4c; \quad b_2' = (b_2 + p_{20}) - 2c, \tag{6.9}$$

bei deren Auswertung mm/10 mitgeführt werden:

Latte	Stand I Ablesung [m]	Stand II Ablesung [m]	s [m]	p [mm]	Stand II Ables. $+p$ [m]
A	$a_1 =$ 1,4986	$a_2 =$ 1,6853	40	−0,27	1,6850
B	$b_1 =$ 1,7215	$b_2 =$ 1,9050	20	−0,07	1,9049
	$a_1 - b_1 = -0{,}2229$	$a_2 - b_2 = -0{,}2197$		−0,20	−0,2199

Gemäß (6.8): $2c = -0{,}2199 + 0{,}2229 = +0{,}0030$ [m]; $4c = +0{,}0060$ [m]
Gemäß (6.9): $a_2' = 1{,}6850 - 0{,}0060 = +1{,}6790$ [m]
$b_2' = 1{,}9049 - 0{,}0030 = +1{,}9019$ [m]
$a_2' - b_2' = -0{,}2229$ [m] (soll $= a_1 - b_1$).

Einzustellen auf Stand II ist unter Berücksichtigung der p

$(a_2) = 1{,}6790 + p_{40} = 1{,}6793$ [m]; $(b_2) = 1{,}9019 + p_{20} = 1{,}9020$ [m].

Vergleicht man die Ergebnisse unter a) und b), so ergibt sich folgendes: Bei Flächennivellements und einfachen Streckennivellements kann bei der Ablesung auf mm/10 und bei der Berechnung auf die Korrektion wegen Erdkrümmung und Refraktion verzichtet werden.

6.2.3.2 *Justieren mit dem Kollimator*

Unter einem Kollimator sei ein auf unendlich eingestelltes Fernrohr mit nicht zu kleiner Brennweite und beleuchtbarem Strichkreuz verstanden, dessen Zielachse mit Hilfe einer umsetzbaren Libelle oder auf anderem Wege genau horizontiert werden kann. (Als Aushilfe kann ein sorgfältig justiertes und horizontiertes Feinnivellier mit nicht zu kleiner Brennweite dienen). Das zu justierende Nivellierinstrument (Prüfling), dessen Strichkreuz ebenfalls auf unendlich eingestellt ist, richtet man, wie Abb. 6.7 zeigt, auf den Kollimator ein. Dann bringt man

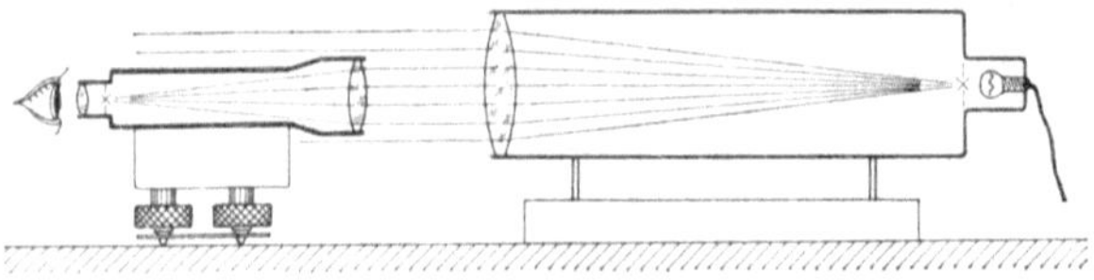

Abb. 6.7 Nivellier und Kollimator

entweder mit Hilfe der Kippschraube des Nivelliers das Strichkreuz des Prüflings mit dem des Kollimators zur Deckung und läßt seine Libelle mittels der Libellenjustierschrauben einspielen,

oder man läßt zuerst die Libelle des Prüflings einspielen und bringt dann sein Strichkreuz mit Hilfe der Strichkreuzberichtigungsschrauben mit dem Strichkreuz des Kollimators zur Deckung.

Abb. 6.8 zeigt den Justierkollimator Jusko der Firma *Breithaupt*. Ein gußeiserner Lagerblock dient als Grundplatte und Träger für das Kollimator-Rohr. Mit drei Stellschrauben kann die Grundplatte horizontiert werden. Die Grundplatte ist für die Grobhorizontierung mit einer Dosenlibelle, das

Abb. 6.8 Justierkollimator Jusko (*Breithaupt*)

Kollimator-Rohr für die Feinhorizontierung mit einer Querlibelle und einer Wendelibelle ausgestattet. Die Kollimatorstrichplatte ist mit einem Strichkreuz und einer horizontalen und vertikalen Skala versehen (Abb. 6.9).

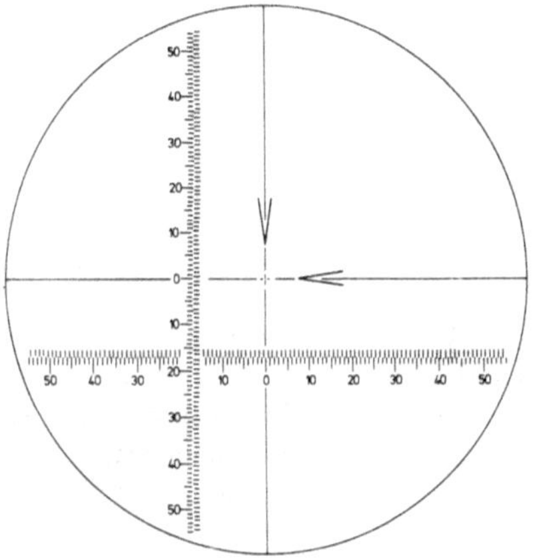

Abb. 6.9 Kollimatorstrichplatte des Justierkollimators Jusko (*Breithaupt*)

Die Skalen ermöglichen die Bestimmung einer Winkelabweichung der optischen Achse des Prüflings zur optischen Achse des Kollimators.

6.2.4 Klassifizierung der Libellennivelliere

Für die Beurteilung der Meßgenauigkeit von Nivellieren und Meßausrüstung wird nach DIN 18723 die Standardabweichung für 1 km Doppelnivellement angegeben. Mit dieser Beurteilung kann auch eine Klassifizierung für verschiedene Verwendungszwecke aufgestellt werden. Nachfolgend wird eine von (Deumlich 1980) vorgeschlagene Einteilung zugrundegelegt:

Nivelliere niederer Genauigkeit > 10 mm/km
Nivelliere mittlerer Genauigkeit $\leqslant 10$ mm/km

Nivelliere hoher Genauigkeit	$\leqslant$	3 mm/km
Nivelliere sehr hoher Genauigkeit	$\leqslant$	1 mm/km
Nivelliere höchster Genauigkeit	$\leqslant$	0,5 mm/km.

6.2.4.1 Nivelliere niederer und mittlerer Genauigkeit

Nivelliere niederer und mittlerer Genauigkeit, auch *Baunivelliere* genannt, sind für einfache technische Höhenmessungen auf Baustellen, für Flächenaufnahmen und kurze Anschlußnivellements bestimmt, für die eine Standardabweichung (für 1 km Doppelnivellement) von 5 bis 10 mm ausreicht. Solche Instrumente haben norddeutschen oder auch süddeutschen Unterbau, Objektivdurchmesser von 25 bis 30 mm, 18- bis 25fache Fernrohrvergrößerung und Libellen mit 30″ bis 60″ Angabe auf 2 mm. Meistens kann die Libelle vom Stand aus im Spiegel abgelesen werden. Oftmals ist auch ein einfacher Horizontalkreis vorhanden. Eine Auswahl bekannter Typen ist auf Seite 166 in der Tab. 6.1 unter a) zusammengestellt. Als Anschauungsbeispiel zeigt Abb. 6.10 das Baunivellier Nifix der Fa. *Breithaupt*, Kassel.

Abb. 6.10 Baunivellier Nifix (*Breithaupt*)

6.2.4.2 Nivelliere hoher Genauigkeit

Nivelliere hoher Genauigkeit, auch als *Ingenieurnivelliere* bezeichnet, dienen vornehmlich zu Ingenieurvermessungen wie Gleis-, Brücken- und Tunnelabsteckungen sowie zu Festpunktnivellements, für die eine Standardabweichung (für 1 km Doppelnivellement) von 2 bis 3 mm gefordert wird. Die neueren Ingenieurnivelliere mit Libellenhorizontierung sind ausnahmslos mit Kippschrauben ausgestattet.

Sie haben Objektivdurchmesser von 30 bis 40 mm, 25- bis 30fache Fernrohrvergrößerung und Koinzidenzlibellen (Abb. 5.8) mit Angaben von 20″ bis 30″ auf 2 mm, die vom Stand aus eingestellt werden können. Meistens sind sie mit einem Horizontalkreis ausgestattet. Zur Verfeinerung der Ablesung werden einige Typen auch mit aufsteckbaren Planplattenmikrometern der Art geliefert, wie sie nachstehend in [6.2.4.3] beschrieben werden. Eine Auswahl bekannter Typen ist auf Seite 166 in der Tab. 6.1 unter b) zusammengestellt. Als Anschauungsbeispiel zeigt Abb. 6.11 das Ingenieurnivellier GK1 der Firma *Kern*.

Abb. 6.11 Ingenieurnivellier FNK2 (*Fennel*)

6.2.4.3 Nivelliere sehr hoher und höchster Genauigkeit

Nivelliere dieser Genauigkeitsklasse werden auch als *Präzisions- oder Feinnivelliere* bezeichnet. Diese Instrumente setzt man bei all den Arbeiten ein, bei denen für 1 km Doppelnivellement eine Standardabweichung von 1 bis 0,3 mm/km oder besser erzielt werden soll. Typische Aufgaben sind: Festpunktnivellements höchster Genauigkeit, Überwachungsnivellements von Brücken, Staumauern, Feinvermessungen im Maschinenbau und Senkungsnivellements im Bergbau. Sie besitzen einen ähnlich konstruierten Unterbau wie die Ingenieurnivelliere; sie sind aber in allen Teilen etwas größer, haben schwerere Stative und feinere Schrauben; weitere Kennzeichen sind mindestens 40fache Fernrohrvergrößerung, Objektivdurchmesser von etwa 50 mm und Libellen mit 5 bis 10″ Angabe.

Die älteren Feinnivelliere sind in der Regel auf das Nivellieren mit Libellenausschlägen eingerichtet. Sie besitzen besonders ausgebildete Strichkreuze, die man mit hoher Genauigkeit auf die Felder oder Striche der Latten einstellen kann, und 5″-Libellen mit durchlaufender Teilung, an denen die Ausschläge auf $\frac{1}{10}$ pars abgelesen werden können.

Die neueren Feinnivelliere sind durchweg mit den zuerst von H. Wild angegebenen Einrichtungen ausgestattet, die ein Feinnivellement mit einspielender Libelle erlauben. Dazu gehört zunächst eine Koinzidenzlibelle (Abb. 5.8), deren Angabe im Hinblick auf die hohe Einstellgenauigkeit beim Koinzidieren etwa 10″ bemessen wird. Vor dem Objektiv des Nivelliers ist sodann eine planparallele Platte von der Dicke D angebracht, die um eine horizontale Achse gedreht werden kann (Abb. 6.12). Durch Drehen der Platte um den Winkel α wird die Zielachse parallel zu ihrer ursprünglichen Richtung um den Betrag $\Delta \approx D(1 - 1/n)\,\alpha$ verschoben, wobei n der Brechungsindex der Platte und α ihr Neigungswinkel ist [5.2.3.4]. Mit diesem Planplattenmikrometer kann der Beobachter das Strichkreuz auf einen Zentimeterstrich an der Latte einstellen und den Betrag Δ an der Trommel, mit der die Planplatte bewegt wird, in Bruchteilen von Millimetern ablesen. Um schließlich die Genauigkeit, mit der man das Strichkreuz einstellt, möglichst unabhängig von der Entfernung zu machen, ist gewöhnlich eine Hälfte des Horizontalfadens durch zwei einen flachen Keil bildende Striche ersetzt, mit denen man den Lattenstrich gewissermaßen in die Zange nehmen kann; siehe in Abb. 6.12 rechts der Ablesung an der linken Hälfte der Lattenteilung.

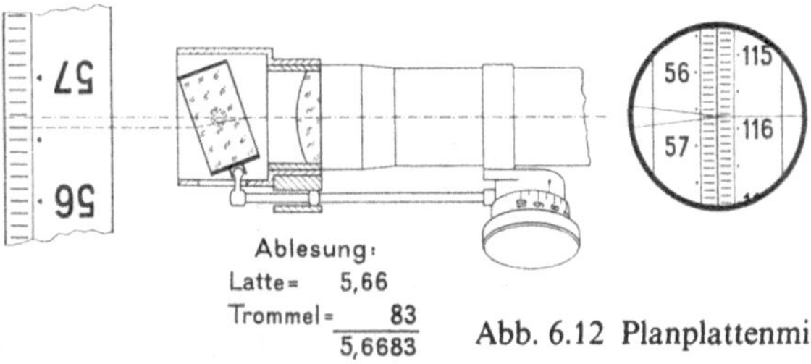

Abb. 6.12 Planplattenmikrometer

Einige bekannte Feinnivelliere dieser Art sind auf Seite 166 in der Tab. 6.1 unter c) aufgeführt.

Als Beispiel zeigt Abb. 6.13 ein Nivellier sehr hoher Genauigkeit, das Wild N2. Dieses Instrument ist mit einer Wendelibelle und einem wälzbaren Fernrohr ausgestattet. Als weiteres Beispiel zeigt Abb. 6.14 ein Nivellier höchster Genauigkeit, das Wild N3.

Abb. 6.13 Nivellier sehr hoher Genauigkeit *Wild N2**

Abb. 6.14 Nivellier höchster Genauigkeit *Wild N3*

* Ohne Mikrometerausrüstung ist dieses Instrument in die Gruppe [6.2.4.2] einzuordnen.

Tab. 6.1 Libellennivelliere (Auswahl)

Hersteller	Modell ohne Horizontalkreis	Modell mit Horizontalkreis	Fernrohr Vergröß. [fach]	Fernrohr Obj. Öffng. [mm]	Libelle Angabe auf 2 mm ["]	Libelle Einspielschärfe ["]	$\sigma_{1\,km}$** Dopp. Niv. [mm]	Besonderes H = Horizontierstativ R = Reibungsklemme K = Kippschraube
a) Nivelliere niederer oder mittlerer Genauigkeit (mit Libellenspiegel)								
Breithaupt, Kassel	Nakum	–	25	30	30		8	
Breithaupt, Kassel	–	Nifix	20	30	45		7	H, R, K
Ertel, München	–	BNL	20	25	60		6	H, R, K
Fennel, Ismaning	FN 01	FNK 01	25	30	30		5	
Fennel, Ismaning	FA 1	FNK 1	25	30	30		5	K
Kern, Aarau	GKO	GKO-C	18	24	45	± 4	5	H, R, K
Wild, Heerbrugg	–	NK 01	19	25	60	± 10	10	R
Zeiss, Oberkochen	–	Ni 52	20	25	60		5	
b) Nivelliere hoher Genauigkeit (mit Kippschraube und Koinzidenzlibelle)								
Breithaupt, Kassel	Naguk	Nakre	30	40	20	± 0,5	2	
Fennel, Ismaning	FN 10	FNK 10	25	30	30	± 1	3	
Fennel, Ismaning	FN 2	FNK 2	30	40	20	± 0,3	2	
Jenoptik, Jena		NI 021 A	31	37	20		2 0,7*	
Kern, Aarau		GK 1	22,5	30	45	± 1		H, R, K
Kern, Aarau		GK 23	30	45	18	± 0,4	2 0,5*	H, R, Pl, K
Sokkisha, Japan		TTL 6	25	40	40	± 2	2	K, Pl
Wild, Heerbrugg	N 2	NK 2	28	40	30	± 0,75	2	Wendelib. R, K, Pl
c) Nivelliere sehr hoher und höchster Genauigkeit (mit Kippschraube, Koinzidenzlibelle und festem Ablesemikrometer)								
Breithaupt, Kassel	Nabon	–	42	50	8	± 0,2	0,25	1′-Kreuzlib.
Wild, Heerbrugg	N 3	–	42	50	10	± 0,2	0,2	

Firmenangaben, unter b) ohne Verwendung einer aufsetzbaren Planplatte.

** Standardabweichung für 1 km Doppelnivellement, * unter b) mit Mikrometer

6.2.5 Nivelliertachymeter

Die Bau- und Ingenieurnivelliere werden auch mit einfachen Horizontalkreisen geliefert, mit welchen in ebenem Gelände rohe Winkelmessungen vorgenommen werden können (Abb. 6.15). Die Kreise sind etwa in ganze oder halbe Grade oder Gon geteilt und ermöglichen an einer einfachen Strichmarke, einem Nonius oder einem Strichmikroskop Schätzungen bis zu 1 – 2′ oder Zentigon. Solche Instrumente haben unter und über dem Mittelstrich des Strichkreuzes sogenannte *Distanzstriche,* mittels derer die Entfernung zwischen Standpunkt und Latte auf einige Dezimeter genau bestimmt werden kann (Abb. 6.16). Man liest hierzu Ober- und Unterstrich an der Latte ab, bildet die Differenz beider Ablesungen und multipliziert sie mit 100. Zu diesem Ergebnis hat man bei älteren Instrumenten normalerweise eine Nullpunktskorrektur („Additionskonstante") hinzuzuzählen, während sie bei neueren Instrumenten meistens vernachlässigt werden kann. Damit ist aus dem Nivellierinstrument das Nivelliertachymeter geworden, das in den Firmenprospekten gewöhnlich als Nivellier mit Horizontalkreis bezeichnet wird. Wegen der theoretischen Grundlagen der optischen Distanzmessung wird auf Band III verwiesen.

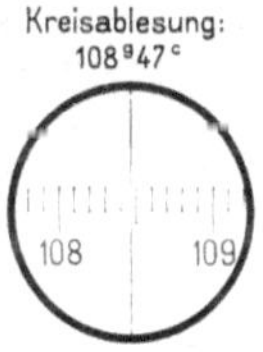

Abb. 6.15 Kreisablesung

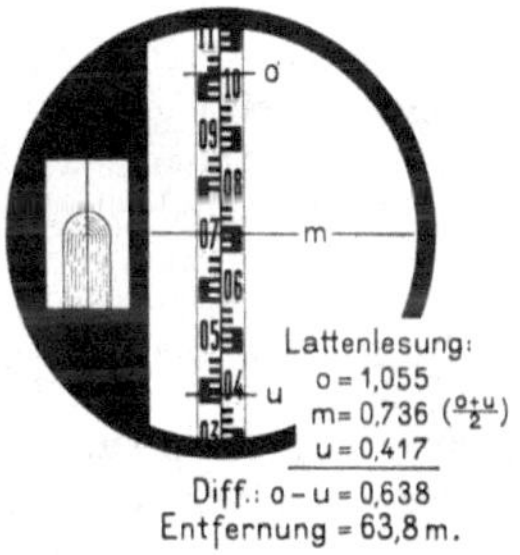

Abb. 6.16 Beobachtung der Libelle; Ablesung der Latte

6.3 Automatische Nivelliere

Vorbemerkung. Wie bereits in [5.1.6] erläutert ist, kann die Zielachse eines Nivelliers auch ohne eine Libelle horizontiert werden. Das zeigt für ein Nivellier die in Abb. 6.17 skizzierte rund 200 Jahre alte Pendelwaage, deren Ziellinie sich unter dem Einfluß der Schwerkraft automatisch waagerecht stellt. Ausgehend von diesem Grundgedanken hat im Jahre 1950 als erste die Fa. *Zeiss* in Oberkochen ein Ingenieurnivellier mit „selbsthorizontierender Ziellinie" entwickelt, bei dem die nachteiligen Auswirkungen einer leichten Neigung des Meßfernrohrs durch den Einbau eines optisch-mechanischen Bauelements, des Reglers oder Kompensators automatisch eliminiert werden. Dieses inzwischen hervorragend bewährte Instrument mit der Modellbezeichnung Ni 2 hat nicht nur eine Erhöhung der Meßgeschwindigkeit um 30 bis 40%, sondern auch eine spürbare Steigerung der Genauigkeit mit sich gebracht.

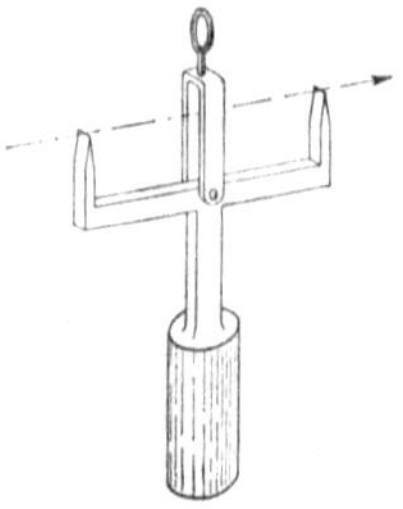

Abb. 6.17 Pendelwaage

Aufgrund der eindrucksvollen Erfolge des Ni 2 bauen heute fast alle in- und ausländischen Hersteller geodätischer Instrumente Nivelliere mit sogenannter selbsthorizontierender Ziellinie, für die sich inzwischen die Bezeichnung „automatische Nivelliere" eingebürgert hat.

6.3.1 Grundprinzip der Kompensatoren

Das Grundprinzip eines Kompensators zeigt Abb. 6.18. Die Fernrohrachse eines Nivelliers ohne Röhrenlibelle wird nach dem Einspielen der zum Aufrichten der Stehachse bestimmten Dosenlibelle in der Regel um den kleinen Winkel α gegen die Horizontale geneigt sein. Das Bild eines im Instrumentenhorizont liegenden fernen Gegenstandspunktes entsteht dann zwar in der Brennebene des Objektivs, aber – wenn f dessen Brennweite ist – um den Betrag $f \cdot \tan \alpha \approx f \frac{\alpha}{\varrho}$ nach unten

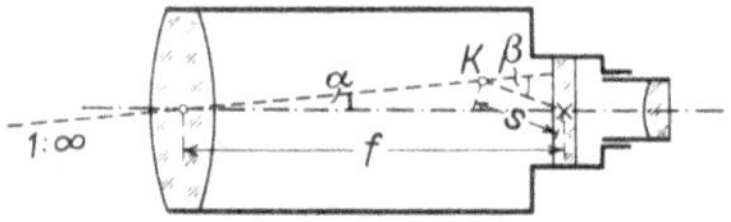

Abb. 6.18 Selbsthorizontierende Ziellinie

oder oben versetzt. Ein horizontal eingefallener Zielstrahl muß daher im Knickpunkt K durch ein von der Schwerkraft gesteuertes Bauelement (Kompensator) so abgelenkt werden, daß er den horizontalen Mittelstrich des Strichkreuzes schneidet. Der Ablenkungswinkel aber ergibt sich, wenn K um die Strecke s von der Strichplatte entfernt ist, aus der Bedingung

$$f\alpha = s\beta \text{ mit } f : s = n \text{ zu } \beta = \alpha n. \tag{6.10}$$

Um zu einem möglichst einfachen Kompensator zu kommen, wähle man $n = 2$ oder $s = \frac{1}{2} f$ und hänge demgemäß in der Mitte zwischen Objektiv und Strichplatte einen an einem freischwingenden Pendel befestigten Spiegel auf, der so justiert ist, daß die spiegelnde Fläche sich bei ruhendem Pendel in der Horizontalen befindet. Fällt nun ein horizontaler Strahl in das um den Winkel α geneigte Fernrohr ein, so lenkt der Spiegel gemäß dem Spiegelgesetz den eingefallenen Strahl um den Winkel $\beta = 2\alpha$ aus seiner ursprünglichen Richtung ab [vgl. 5.2.3.1], womit die in der Gleichung (6.10) eingeführte Bedingung erfüllt und ein um die Horizontale pendelnder Spiegel als die einfachste Form eines Kompensators erkannt ist.

Diese Lösung hat jedoch nur theoretische Bedeutung; praktisch ist sie nicht anwendbar, weil der horizontale Spiegel wegen der sehr flach einfallenden Strahlen sehr groß sein müßte. Um zu einer günstigeren Lösung zu kommen, kann man – vgl. die Abb. 6.19 u. 6.20 – in den Strahlengang zwei um 45° geneigte, einander zugekehrte und bei horizontaler Visur einander parallele Spiegel (oder spiegelnde Prismen) einbauen, von denen einer fest mit dem Fernrohr verbunden ist, während der andere, der beschränkt beweglich ist, durch ein Pendel in immer gleichbleibender Neigung zur Horizontalen gehalten wird. Kippt man nun das Fernrohr und mit ihm den festeingebauten

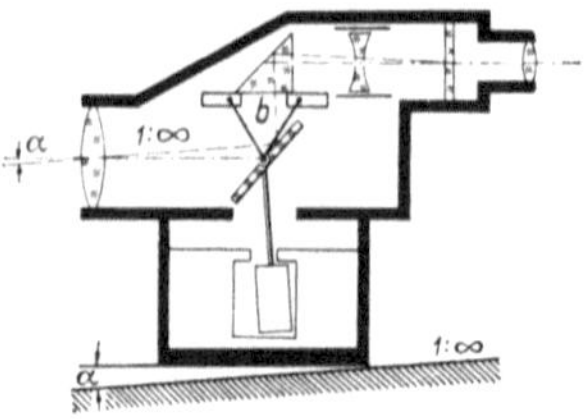

Abb. 6.19

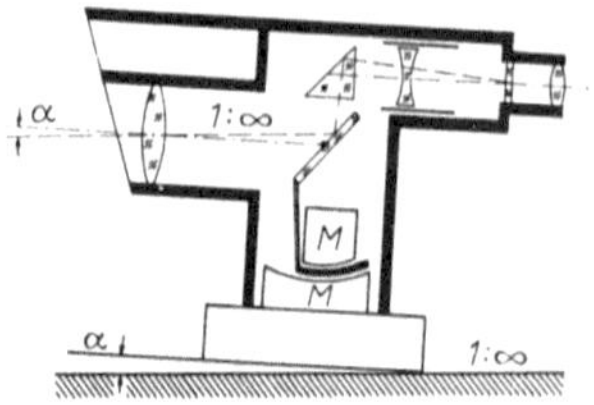

Abb. 6.20

Abb. 6.19 Kompensator des *Askania* Na

Abb. 6.20 Kompensator des *Breithaupt* Autom

Spiegel um α, so schließen die Ebenen dieses Spiegels und des durch das Pendel gesteuerten Spiegels den Winkel α ein, und es wird [vgl. 5.2.3.1] der an den beiden Spiegeln reflektierte Strahl um $\beta = 2\alpha$ aus seiner ursprünglichen Richtung zum Horizontalstrich der Strichplatte hin abgelenkt.

Ganz allgemein bedarf es zur automatischen Kompensation einer restlichen Fernrohrneigung (bis etwa $\pm$ ½°) dreier konstruktiver Voraussetzungen. Diese sind ein im Fernrohr fest eingebautes Element (hier, d.h. im Falle der Abb. 6.19 u. 6.20, ein Spiegelprisma), sodann ein unter dem Einfluß der Schwerkraft stehendes bewegliches Glied (hier ein Pendelspiegel), und endlich eine Dämpfungseinrichtung, die zur Beschleunigung der Messungen die Pendelschwingungen schnell abklingen läßt (hier eine Luft- bzw. magnetische Dämpfung). Diese drei Einrichtungen bilden den *Kompensator*. Der Sprachgebrauch ist indessen nicht ganz einheitlich. Manchmal wird unter dem Wort Kompensator auch allein das bewegliche Glied verstanden.

Kompensatoren mit $\beta = 2\alpha$ nehmen ziemlich viel Raum ein und behindern dadurch den Einbau der Fokussierlinse. Daher wird gerne $n > 2$ gemacht. Das läßt sich erreichen z. B. durch Kompensatoren, bei denen der Zielstrahl dreimal reflektiert wird. Dann ist nämlich $\beta = 4\alpha$ und $s = \frac{1}{4}f$. Doch gibt es noch sehr viele andere Möglichkeiten. Generell lassen die Kompensatoren sich nach drei Hauptkriterien unterscheiden:

Das erste Kriterium betrifft die Art des mechanischen Pendels. Soweit bekannt arbeiten alle Kompensatoren nach dem Prinzip des Schwerkraftpendels. Diese unterscheiden sich durch die Art ihrer Aufhängung, nämlich ob sie an Drähten oder Bändern, an einer elastischen Feder oder an einem Kreuzfedergelenk aufgehängt sind, oder ob eine Achse sich nahezu reibungsfrei in Schneiden-, Spitzen- oder Kugellagern dreht.

Das zweite Kriterium zur Unterscheidung von Kompensatoren betrifft die Beeinflussung des Strahlengangs im Fernrohr durch optische Bauelemente. Neben den genannten Spiegeln und Spiegelprismen werden vom Kompensator u. a. Zwischenabbildesysteme, Dachkantprismen, Glaskeile oder die Strichplatte gesteuert.

Das dritte Kriterium bezieht sich auf die Einrichtung zur Dämpfung der Schwingungen des Kompensators, die im Hinblick auf schnelle Meßbereitschaft eingebaut sind. Hier kennt man insbesondere die Luftdämpfung mit Kolben und Zylinder, sowie die Dämpfung durch Permanentmagneten mit Schwert, die besser als Wirbelstromdämpfung bezeichnet wird.

Durch Kombination der zu den verschiedenen Kriterien genannten Hilfsmittel lassen sich nahezu beliebig viele Kompensatorformen entwickeln. Einen tabellarischen Überblick über vorwiegend benutzten Modelle enthält Tab. 6.2 (S. 172). Zusätzlich zur Tab. 6.2 werden im nachstehenden Text noch einige Erläuterungen gegeben. Dabei soll unterschieden werden zwischen Kompensatoren, bei denen die Winkelvergrößerung $n > 1$ vorwiegend mit optischen Mitteln erreicht wird [6.3.1.1] und solchen, bei denen sie überwiegend auf dem Einsatz mechanischer Hilfsmittel beruht [6.3.1.2]. Bei allen Modellen soll außerdem untersucht werden, welche Bauelemente fest im Fernrohr eingebaut sind, und welche Glieder (beschränkt) beweglich sind.

6.3.1.1 Kompensatoren mit optischer Winkelvergrößerung

Bei der nachstehenden Vorstellung einiger Kompensatortypen in [6.3.1.1] und [6.3.1.2] wird allgemein folgendes unterstellt:

Tab. 6.2 Automatische Nivelliere (Auswahl)

Hersteller	Modell	Fernrohr Vergröß. [fach]	Fernrohr Obj. Öffn. [mm]	Kompensator	Dämpfung	Einspielschärfe ["]	$\sigma_{1\,km}$** [mm]	Anmerkungen H: Horizontierstativ * mit ** ohne Mikrometer
a) Nivelliere niederer oder mittlerer Genauigkeit								
Ertel, München	KNA	18	25	Stehfederpendel	magn.	1	5	H
Jenoptik, Jena	NI 040A	20	30			1	4	H
Zeiss, Oberkochen	Ni 42	22	30	Pd. in Kugellager	magn.		5	H
b) Nivelliere hoher Genauigkeit								
Askania	Na	25	36	bandgehängtes Pd.	Luft		1,5	
Breithaupt, Kassel	Autom	27	33	Torsionsband	magn.		2,5	H
Ertel, München	BNA	24	30	Stehfeder-Pd.	magn.	1	3	H
Jenoptik, Jena	Ni 020A	31	37			0,5	2 0,7*	
Kern, Aarau	GK1-A	25	45	magnet. gelag. Pd.	magn.	0,5	1,5	H
Nikon, Japan	AP-5	26	30	bandgehängt. Pd.	Luft		2	
Topkon, Japan	AT-F3	30	40	Gelenkviereck	magn.	0,3	1,5	
Wild, Heerbrugg	NA 1	24	36	Kreuzfedergelenk	magn.	0,5	1,5 1,0*	
c) Nivelliere sehr hoher und höchster Genauigkeit								
Jenoptik, Jena	005 A	35	46			0,3	0,5	
Kern, Aarau	GK 2A	32	45	Zwischenabbildesyst.	magn.	0,3	0,7 0,3*	
Sokkisha, Japan	B 2C	32	40		magn.		1	
Zeiss, Oberkochen	Ni 3	24	40	Gelenkviereck	Luft		1	
Zeiss, Oberkochen	Ni 2	32	40	Gelenkviereck	Luft		0,7 0,3*	
Jenoptik, Jena	NI 007	32	40	bandgehängtes Pd.	Luft	0,15	0,5*	
Jenoptik, Jena	NI 002	40	55	bandgehängter	Luft	0,05	0,2*	
MOM, Budapest	Ni-A 3	30/50	67	bandgehängter	Luft	0,2	0,2*	
Salmoiraghi, Maild.	Ni 1	30	45	drahtgehängter	Luft	0,2	0,2*	
Zeiss, Oberkochen	Ni 1	30/50	50	kreuzbandgeh.	Luft	0,1	0,2*	

** Standardabweichung für 1 km Doppelnivellement. * unter b) und c) mit Mikrometer

Nach der Horizontierung des Instruments mit Hilfe einer Dosenlibelle sei die Fernrohrachse gegenüber der Horizontalen um den meistens recht kleinen Winkel α geneigt. Dieser Winkel α soll nach Möglichkeit beim Durchgang durch den Kompensator um den Faktor n vergrößert werden, d. h. die Fernrohrachse soll den Neigungswinkel $n\alpha$ mit $n > 1$ erhalten.

Wir beginnen mit den dazu geeigneten optischen Verfahren und ordnen diese nach der bei der Erörterung unseres zweiten Kriteriums eingeführten Reihenfolge der optischen Mittel.

a) *Ein an einem Band pendelnder Wendespiegel,* dessen Spiegelflächen durch die Schwerkraft vertikal gestellt werden, bildet das bewegliche Glied im Kompensator des Präzisionsnivelliers NI 002 von Jenoptik-Jena; siehe Abb. 6.21, in dem das ins Objektiv einfallende Strahlenbündel durch seine Randstrahlen angedeutet ist.

Der Wendespiegel ist um $f/2$ vom Objektiv entfernt angebracht. Er wird, um die bei Zwischenlinsen zu befürchtenden Zielli-

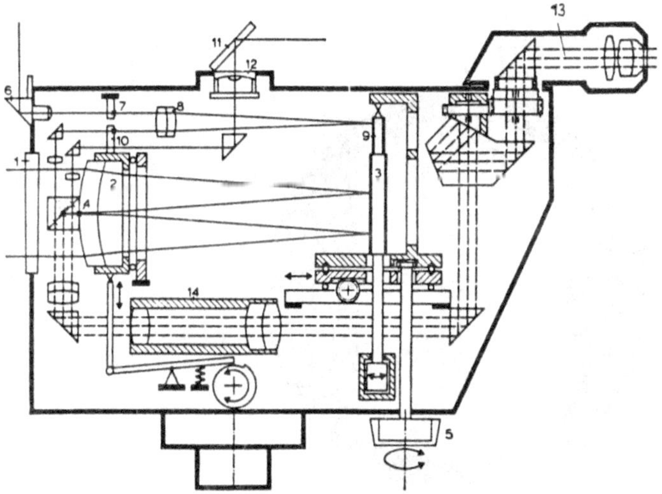

Abb. 6.21 Schnitt durch *Jenoptik*-Jena NI 002

nienänderungen auszuschalten, auch zum Fokussieren benutzt. Das Meßsystem besteht, wie das Bild zeigt, aus dem Objektiv 2 mit dem darauf als instrumentenfester Marke angebrachten Strichkreuz 4 und dem Pendelspiegel 3, an dem das um α geneigte einfallende Strahlenbündel reflektiert und damit der Neigungswinkel des Hauptstrahls auf das Doppelte ($n = 2$) vergrößert wird.

Die Abbildungsoptik ist folgendermaßen angeordnet: Das Strichkreuz 4 wird mit dem Zwischenabbildesystem 14 über mehrere Prismen in der Okularbildebene 13 des Schwenkokulars abgebildet. Diese optischen Bauteile dienen nur zur Betrachtung und beeinflussen die Ziellinie nicht. Anstelle des sonst üblichen Planplattenmikrometers ist ein Objektivmikrometer eingebaut. Durch das Prisma 6 wird ein fester Mikrometerindex 7 beleuchtet und mit der Abbildungsoptik 8 über den mit dem Pendelspiegel 3 verbundenen Spiegel 9 auf der Mikrometerskala 10 abgebildet. In diesem nach dem Abbeschen Komparatorprinzip arbeitenden Objektivmikrometer können keine Ablauffehler entstehen. Die Skala wird mit der Nivellierlatte dem Strichkreuz 4 und der Durchsichtdosenlibelle 12 in der Okularbildebene abgebildet (Abb. 6.22). Das Schwenkokular erlaubt

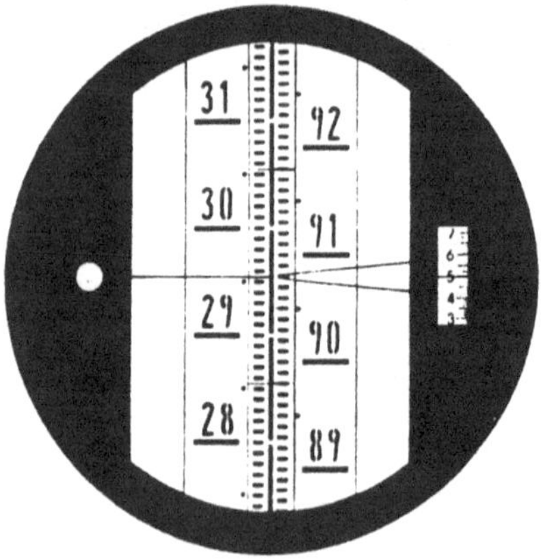

Abb. 6.22 Sehfeld des NI 002

die Beobachtung von Vor- und Rückblick, ohne daß der Beobachter um das Instrument herumtreten muß.

Durch Betätigung des Drehknopfes 5 kann der pendelnde Wendespiegel um 180° gedreht und damit die Beobachtung in einer 2. Lage des Kompensators durchgeführt werden. Durch die Beobachtung in zwei Lagen werden restliche Justierfehler eliminiert, und es ist das Mittel aus beiden Ablesungen auf einen „absoluten" Horizont bezogen. Deshalb braucht eine Dejustierung nicht berichtigt zu werden, auch dürfen die Zielweiten in Vor- und Rückblick verschieden lang sein. Die Schwingungen des Kompensators werden mit Luft gedämpft.

b) Ein *als Spiegel wirkendes Dachkantprisma, das an einer magnetisch gehaltenen Weicheisenachse pendelt,* ist das bewegliche Glied im Kompensator des Ingenieurnivelliers GK 1-A von *Kern* (Abb. 6.23). Die Achse wird in der Entfernung $f/2$ vom Objektiv von einem jochförmigen Dauermagneten praktisch reibungslos in der Schwebe gehalten. Die Rolle des fernrohrfesten Gliedes nehmen die beiden in das Objektivsystem eingebauten Spiegelprismen mit je 90° Ablenkung wahr. Die Winkelvergrößerung *n* ist gleich 2. Die Pendelschwingungen werden durch zwei Dämpfungskolben luftgedämpft.

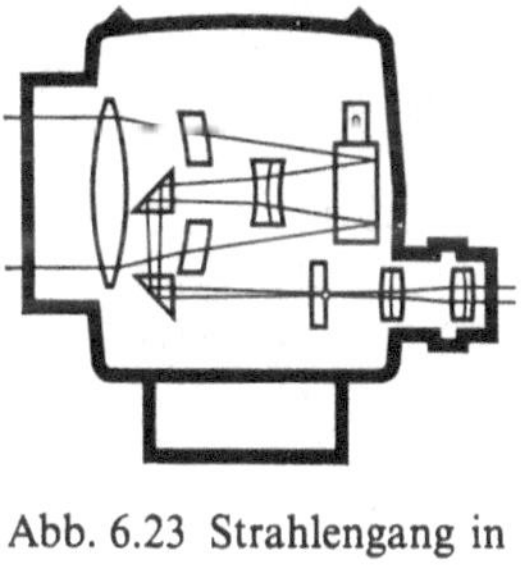

Abb. 6.23 Strahlengang in dem *Kern* GK1-A

Die am Dachkantprisma zum Objektiv hin reflektierten Strahlen durchsetzen die Fokussierlinse und werden über die beiden Spiegelprismen auf die Strichplatte und ins Okular geleitet.

c) *Ein an einem starren Pendel in horizontaler Lage schwingender Spiegel* ist der Kompensator des Baunivelliers Ni 42 von *Zeiss*-Oberkochen. Das Pendel lagert in einer in der Entfernung $f/2$ vom Objektiv angebrachten Achse, die sich in stoßgeschützten Präzisionskugellagern dreht. Auch hier ist die Vergrößerung $n = 2$; die Pendelschwingungen werden durch eine Wirbelstrombremse magnetisch gedämpft (Abb. 6.24).

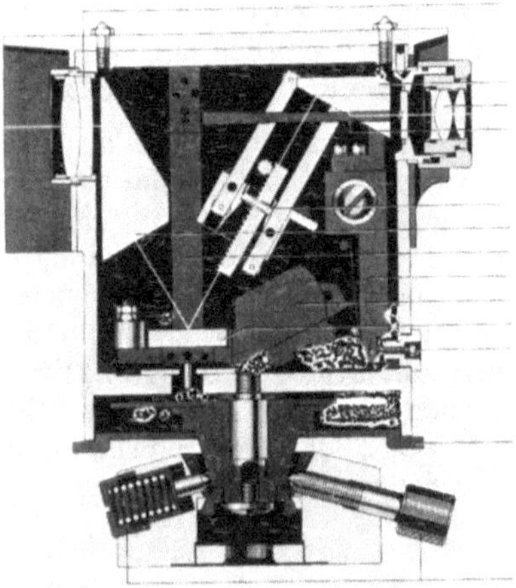

Abb. 6.24 Schnitt durch das *Zeiss* Ni 42

Der horizontal eintretende Strahl wird durch ein Doppelspiegelprisma, das hinter dem Objektiv eingebaut ist, um 60° in Richtung auf den Kompensatorspiegel umgelenkt; alsdann durchsetzt der Strahl die Fokussierlinse und wird schließlich durch ein Doppelspiegelprisma mit Dachkante horizontal auf die Strichplatte und ins Okular gelenkt. Ein Zeiger in der Bildebene des Kompensators und zwei Begrenzungsmarken auf der Strichplatte markieren den $\pm 1°$ umfassenden Arbeitsbereich des Kompensators. Damit kann der Beobachter die Vorhorizontierung des Instruments und das Funktionieren des Kompensators jederzeit überwachen.

d) *Ein bei horizontaler Visur um 50 gon geneigter Spiegel* ist als bewegliches Glied des Kompensators u. a. in den bereits in [6.3.1] behandelten Modellen *Askania* Na (Abb. 6.19) und *Breithaupt* Autom (Abb. 6.20) eingebaut. Beim Na ist der bewegliche Spiegel auf einer an zwei feinen Gelenkbändern hängenden Achse *b* angebracht; beim Autom ist er an einem quer zur Zielrichtung gespannten Torsionsband befestigt. In beiden Fällen ist $n = 2$. Zum Dämpfen der Schwingungen greift beim *Na* ein Kolben in einen Zylinder, in dem das Spiel so klein gehalten ist, daß Lufttaschen entstehen (Luftdämpfung). Beim Autom umfaßt ein Magnet den unteren Teil des Pendels, so daß die bei der Pendelbewegung entstehenden Wirbelströme die Schwingungen abklingen lassen.

e) *Ein an einem Federgelenk hängendes Pendel* mit zwei am Kopf dachförmig angeordneten Rechtwinkelprismen (Abb. 6.25 Ziff. 8 mit 3 und 5) ist das bewegliche Glied im Kompensator des NI 025 von *Jenoptik*. Als fester Kompensatorteil befindet sich über dem Pendel ein Dachkantprisma 4, das neben der Strahlumlenkung zum Aufrichten des Bildes und zum Austauschen seiner Seiten dient. Bei einer Neigung des Instruments um α wird die Richtung des Hauptstrahls durch

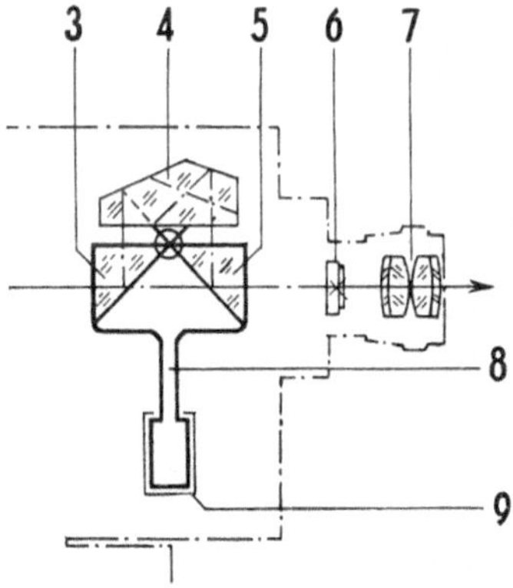

Abb. 6.25 Kompensator des *Jenoptik* NI 025

die Reflexion im ersten Rechtwinkelprisma um 2α abgelenkt, und dieser Winkel wird durch die Reflexion im zweiten Prisma verdoppelt, so daß $n = 4$ wird. Mithin konnte der Kompensator im Abstand $s = f/4$ von der Bildebene 6 angeordnet werden, über die die Strahlen in das Okular 7 gelangen. Die Pendelschwingungen werden, wie 9 zeigt, mit Luft gedämpft.

f) *Ein Porrosches Prismensystem II. Art* [vgl. Kap. 5.2.3.4] besteht in dem Kompensator des Baunivelliers *Fennel* FNA K1 aus einem beweglichen und einem fest mit dem Fernrohr verbundenen Teil (Abb. 6.26). Die beiden oberen im Bild erkennbaren Prismen sind an dem Kompensatorpendel 4 angebracht, das an den beiden rechts und links der beiden Prismen sichtbaren Stahlbändern 7 pendelt. Dagegen ist das mittlere Prisma 3, bei dem der rechte Winkel nach unten zeigt, im Fernrohrkörper fest eingekittet.

Nachdem das Pendel 4 sich in die Richtung der Schwerkraft eingestellt hat, trifft ein vom Objektiv her unter dem Neigungswinkel α einfallender Strahl nach dem Durchtritt durch die Fokussierlinse 5 zunächst auf das rechte der beiden Pendelprismen. In diesem wird der Strahl auf das fernrohrfeste Prisma 3 reflektiert, wird dann im Innern des Prismas von dessen rechter

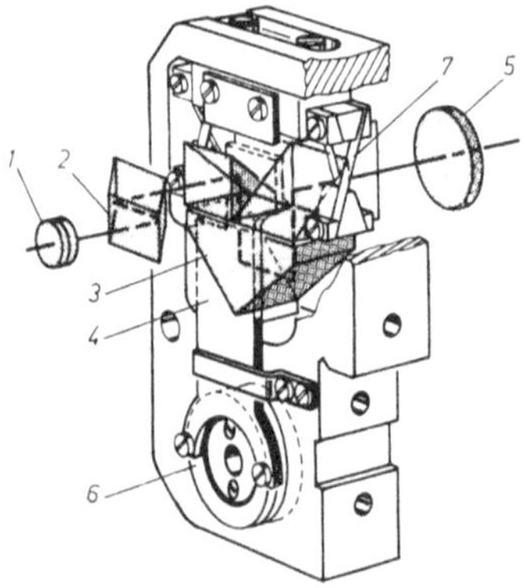

Abb. 6.26 Kompensator des *Fennel* FNA K1

auf seine linke Flanke gelenkt und von dort weiter auf das linke Pendelprisma reflektiert. Von dort gelangt der Strahl schließlich über das rhombische Prisma 2, das die durch das Porrosystem bewirkte seitliche Parallelversetzung rückgängig macht, auf die Strichplatte und ins Okular. Durch die doppelte Reflexion wird der Neigungswinkel α, unter dem der Zielstrahl eingefallen ist, auf 4α vergrößert; also ist $n = 4$. Die Pendelschwingungen werden durch das Luftkolbensystem 6 gedämpft.

Das Fennelnivellier *Fennel* FNA 2 besitzt den beschriebenen Kompensator in leicht modifizierter Ausführung.

Einen ähnlichen Kompensator hat auch das Nivellier *MOM* Ni-B3.

g) *Ein Porrosches Prismensystem I. Art kann ebenfalls als beweglicher Teil des Kompensators eingesetzt werden* [5.2.3.4]. Bei der doppelten Reflexion wird der Neigungswinkel α, unter dem der Zielstrahl eingefallen ist, auf 4α vergrößert; d. h. $n = 4$ (Abb. 6.27). Einen Kompensator dieses Typs hat z. B. das Nivellier *Topcon* AT-S.

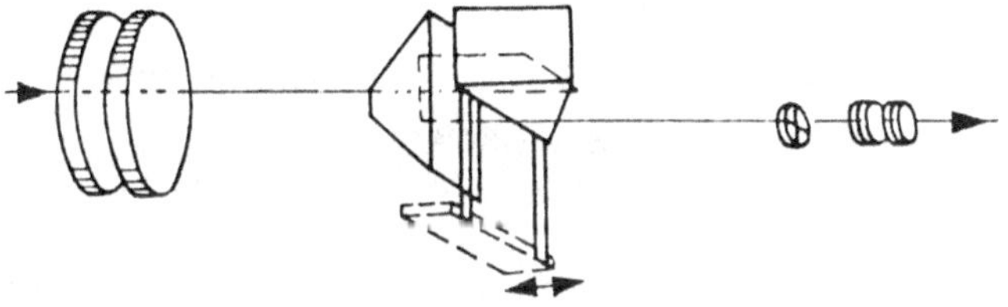

Abb. 6.27 Kompensator mit einem Porroschen Prismensystem I. Art

h) *Einen Kompensator mit einem Zwischenabbildungssystem als beweglichem Teil* hat die Firma *Kern* für ihr Baunivellier GK0-A entwickelt. Während alle bisher beschriebenen Systeme als optische Elemente Spiegel oder Spiegelprismen einsetzen, benutzt die Firma *Kern* für ihr GK0-A das Zwischenabbildungssystem des terrestrischen Fernrohrs, so daß der Kompensator keine zusätzlichen optischen Bauteile benötigt (Abb. 6.28). Der bewegliche Teil des Kompensators ist ein horizontaler starrer Waagebalken, der in zwei Präzisionskugellagern um die horizontale Achse 3 schwingt und an seinem okularseitigen Ende die Umkehrlinse 1 trägt. Das am objektivseitigen Ende angebrachte Gegengewicht 2 ragt mit einem Ausleger in das Kraftfeld des zum Dämpfen der Pendelschwingungen bestimmten Magneten 4 hinein.

Objektiv und Fokussierlinse erzeugen als fernrohrfestes Element ein Zwischenbild in einer ersten Bildebene 7. Dieses Bild wird durch die Umkehrlinse 1 in der Strichplattenebene aufrecht abgebildet. Die mechanische Winkelvergrößerung ist $n = 1$; die Gesamtvergrößerung wird durch den Abstand der Umkehrlinse von ihrem Drehpunkt bestimmt. Die punktierten Rechtecke in 7 kennzeichnen eine rote Warnblende, die im Gesichtsfeld erscheint, wenn die Fernrohrneigung α den Kompensationsbereich von $\pm 1/2°$ überschreitet.

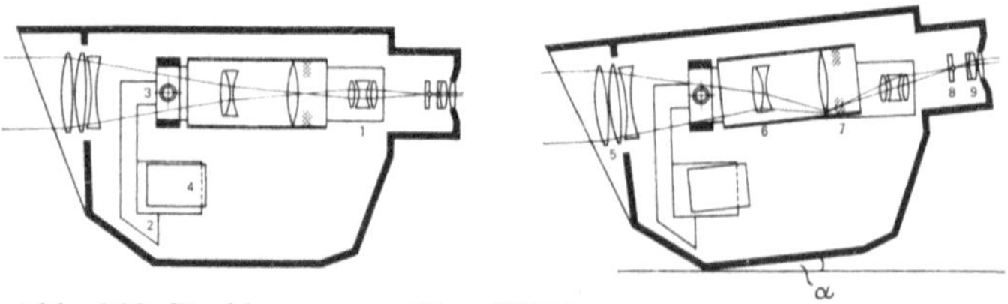

Abb. 6.28 Strahlengang im *Kern* GK0A
a) bei horizontiertem Instrument b) in geneigtem Instrument

i) *Pendelnde optische Bauteile in Nivellieren mit vertikalem Tubus* ergeben einen besonders einfachen Aufbau. Beim Nivellier 5190 der *Filotecnica Salmoiraghi*-Mailand (Abb. 6.29) pendelt die Strichplatte an 3 Stahldrähten, deren Länge gleich der Objektivbrennweite ist; also ist $n = 1$. Dadurch stimmen Zielachse und Lotlinie überein, und die durch Spiegel und Prismen abgeknickte Zielachse verläuft außerhalb des Instruments horizontal. Der Pentaspiegel im Kopf ist in der Höhe verschiebbar und dient als Mikrometer.

Im Feinnivellier NI 007 der *Jenoptik* (Abb. 6.30) ist ein 180°-Prisma (d. h. 90°-Prisma mit zwei Reflexionen) an einem Pendel von der Länge $s = f/2$ angebracht. Ein horizontal einfallender Strahl gelangt nach rechtwinkliger Abknickung durch ein Pentagon, zweifacher Reflexion an dem pendelnden Prisma und Spiegelung an einem Dachkantprisma stets auf den horizontalen Strich der Strichplatte des Nivelliers. Dieser Kompensator knickt den Strahl nicht ab, sondern er versetzt ihn parallel. Die Vergrößerung ist $n = 2$, da eine Auslenkung des Kompensatorprismas um das lineare Maß x einen Parallelversatz von 2x erzeugt. Das Pentagon im Kopf des Nivelliers ist kippbar und damit gleichzeitig als Mikrometer verwendbar.

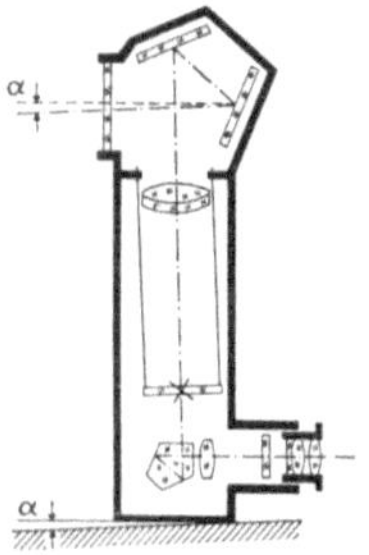

Abb. 6.29 Strahlengang in *Salmoiraghi* 5190

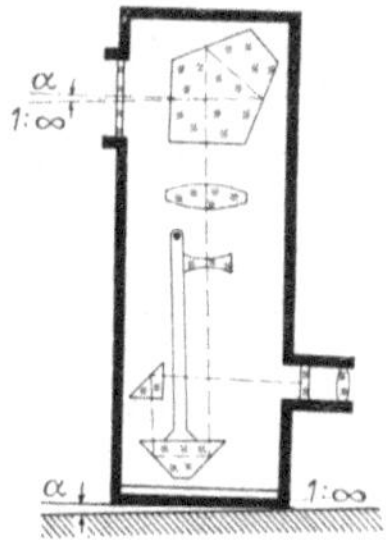

Abb. 6.30 Strahlengang in *Jenoptik* 007

6.3.1.2 Kompensatoren mit überwiegend mechanischer Winkelvergrößerung

Mechanische Hilfsmittel zur Winkelvergrößerung gelangen in folgenden Kompensatoren zur Anwendung:

a) *Ein Gelenkviereck,* das wie ein mechanisches Hebelgetriebe wirkt, steuert das optische Element des Kompensators im Ingenieurnivellier Ni 2 von *Zeiss*-Oberkochen, dessen Aufbau mit dem Gelenkviereck und den 3 charakteristischen Prismen am Okularende des Instruments der Abb. 6.31 leicht zu entnehmen ist. Die Dimensionen des Gelenkvierecks sind so bemessen, daß die untere – bewegliche – Basis sich bei einer Neigung der oberen – fernrohrfesten – Basis um α auf die Neigung

3,7α einstellt (Abb. 6.32). Die untere Basis ist mit der oberen durch je zwei Drähte verbunden; die Gelenke sind dadurch spiel- und reibungsfrei.

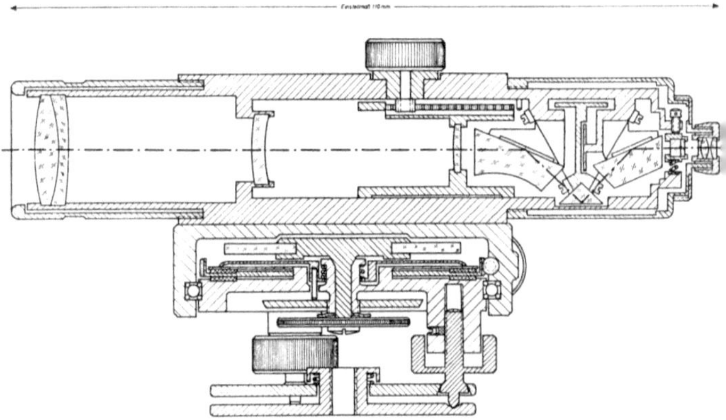

Abb. 6.31 Längsschnitt durch *Zeiss* Ni 2

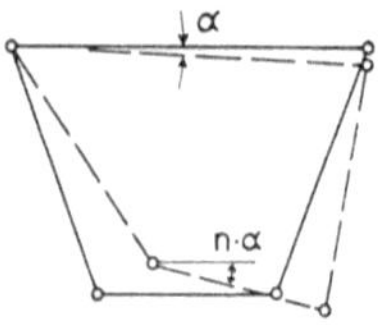

Abb. 6.32 Gelenkviereck im *Zeiss* Ni 2

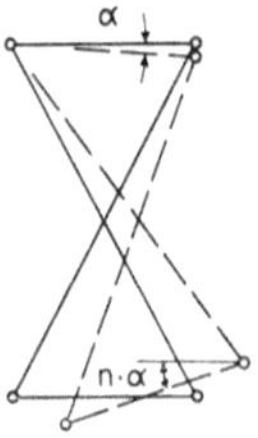

Abb. 6.33 Gelenkviereck im *Zeiss* Ni 1

Das optische Glied des Kompensators, ein 90°-Spiegelprisma, ist auf der unteren Basis befestigt und verdoppelt den Neigungswinkel, so daß die Gesamtvergrößerung des Kompensators $n = 7{,}4$ ist. Die Schwingungen werden durch Luft gedämpft. Der Hauptstrahl wird nach dem Durchtritt durch Objektiv und Fokussierlinse von einem fernrohrfesten Spiegelprisma um 45° abgelenkt, am beweglichen 90°-Kompensatorprisma reflektiert und von einem zweiten fernrohrfesten Spiegelprisma mit Dachkante in Strichkreuz und Okular geleitet. Die 3 Spiegelungen bewirken zusammen mit der Dachkante ein aufrechtes, seitenrichtiges Bild.

Beim Feinnivellier *Zeiss* Ni 1 wird die mechanische Winkelvergrößerung des Kompensators ebenfalls durch ein Gelenkviereck erzeugt (Abb. 6.33). Hier werden jedoch anstelle der Drähte Bänder in gekreuzter Anordnung verwendet. Die Dimensionen dieses Kompensators sind so gewählt, daß die mechanische Winkelvergrößerung $n = 16$ ist. Dadurch ist die Eigenfrequenz der schwingenden Teile so niedrig, daß sie einem Pendel von 1,12 m Länge entspricht. Die Firma spricht deshalb von einem Langkompensator mit einer reduzierten Pendellänge von 1,12 m. Wegen der großen reduzierten Pendellänge wird dieser Kompensator durch von außen aufgezwungene Schwingungen – z. B. vorbeifahrende Fahrzeuge – kaum gestört. Die Abb. 6.34 gibt einen schematischen Seitenriß. Darin bezeichnet P_1 das zur Seitenvertauschung mit einer Dachkante versehene fernrohrfeste Umlenkprisma. P_2 ist ein zweimal reflektierendes Prisma, welches das bewegliche, optisch wirksame Element des Kompensators bildet. Dieses Prisma knickt den Strahl nicht um einen festen Winkel, sondern versetzt ihn bei Neigung des Fernrohrs parallel. Die Hebelarmlänge des Prismas bis zum Drehpunkt des Gelenkvierecks ist $1/16$ der Brennweite; der Strahlversatz wird optisch nicht vergrößert. Die Lage der Drehachse des Gelenkvierecks im Fernrohr ist im Gegensatz zum vorher beschriebenen Ni 2-Kompensator

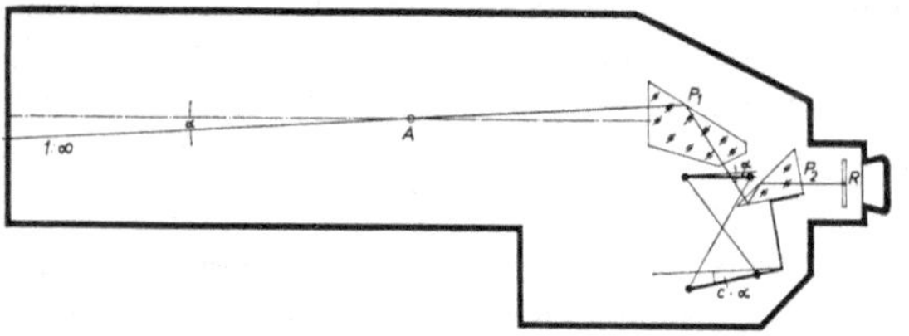

Abb. 6.34 Kompensator des *Zeiss* Ni 1 (schematisch)

nicht an die Brennweite gebunden. Dies gilt für alle Kompensatoren, deren optisches Element einen Parallelversatz verursacht. Nebenher wird durch die dreimalige Reflexion das Bild aufgerichtet.

b) *Ein astatisiertes Stehfederpendel* ist das bewegliche Glied in den Kompensatoren der Nivelliere BNA und INA der Firma *Ertel* (Abb. 6.35). Den mechanischen Teil bildet eine im Ruhezustand vertikal stehende elastische Feder, die oben durch ein von einem Metallfuß gehaltenes Umlenkprisma belastet und unten durch ein dünnes Blech mit der Grundfläche verbunden ist. Der optische Teil besteht aus dem über dem Pendelkopf fernrohrfest eingebauten Umlenkprisma, das die eingefallenen Strahlen in das Pendelprisma leitet, von wo sie über zwei ebenfalls fernrohrfeste spiegelnde Prismen auf die Strichkreuzplatte gelenkt werden.

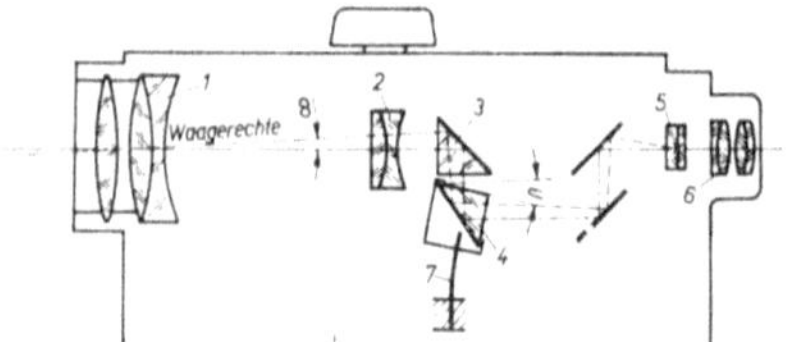

Abb. 6.35 Schnitt durch das *Ertel* BNA

Wird nun das Instrument und mit ihm das Federpendel um α gekippt, so neigt das obere Ende des Pendels sich infolge seines Übergewichts um $n\alpha$. Die Winkelvergrößerung n ist eine Funktion der Elastizität der Feder, des Gewichts, des Umlenkprismas nebst seiner Fassung und der Neigung α des Nivellierfernrohrs gegen die Horizontale. Die Schwingungen des Pendels werden durch Wirbelströme abgedämpft.

c) *Ein in seiner Wirkung einem astatisierten Pendel ähnliches Kreuzfedergelenk* ist als mechanisches Glied in das Ingenieurnivellier NAZ2/NAK2 von *Wild* eingebaut. Das Pendel besteht, wie in der Abb. 6.36 zu erkennen ist, aus vier in Kreuzform angeordneten vorgespannten Bändern und trägt ein Umlenkprisma, das das bewegliche optische Glied des Kompensators ist. Ein vom Objektiv her einfallender Strahl erfährt beim Durchgang durch das Umlenkprisma die – mechanisch-entstandene – Winkelvergrößerung $n = 5$; diese wird durch Spiegelung im Nivellierprisma verdoppelt, so daß die gesamte Winkelvergrößerung $n = 10$ beträgt. Infolgedessen konnte die wirksame horizontale Kippachse des beweglichen Gliedes rechtwinklig zur optischen Fernrohrachse im Abstand $f/10$ von der Strichkreuzplatte angebracht werden.

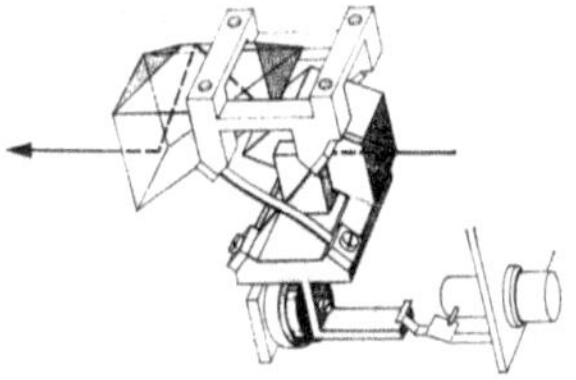

Abb. 6.36 Kompensator des *Wild* NA 2/NAK 2

Durch einen Druck auf den im Bilde unten rechts sichtbaren Kontrollknopf kann überprüft werden, ob das Pendel freischwingt [6.3.2.2].

Die Kompensatoren der *Wild*-Nivelliere NA 0/NAK 0 und NA 1/NAK 1 arbeiten nach dem gleichen Prinzip.

6.3.2 Regeln für den Gebrauch automatischer Nivelliere

6.3.2.1 Handhabung und Justierbedingungen

Ein automatisches Nivellier muß zwei Bedingungen erfüllen:

a) Die Tangentialebene im Mittelpunkt der Dosenlibelle muß normal zur Stehachse des Instruments liegen; Justieren nach [5.1.1].

b) In einem Nivellier mit fehlerfrei arbeitendem Kompensator muß ein Strahl durch den vorderen Hauptpunkt H des Objektivs stets auf Punkt S der Strichplatte fallen (Abb. 6.37). Ist das Nivellier nicht richtig justiert – d. h. ist die Zielachse gegenüber der Horizontalen um einen Winkel γ geneigt – so trifft wie in Abb. 6.37 der Zielstrahl die Strichplatte nicht im Strichkreuz S, sondern in einem Punkt P. Der Abstand SP aber ist, wie die Abbildung zeigt, offensichtlich eine Funktion der Zielweite. Bei gleich großen Zielweiten hat mithin ein Dejustierungsfehler auf den Höhenunterschied keinen Einfluß. Ein automatisches Nivellier kann nach den in [6.2.3.1] und [6.2.3.2] beschriebenen Verfahren justiert werden. Berichtigt wird die Lage der Ziellinie je nach dem Aufbau des Instruments entweder durch Verschieben der Strichplatte oder durch Drehen eines schwach keilförmig ausgebildeten Abschlußglases vor dem Objektiv.

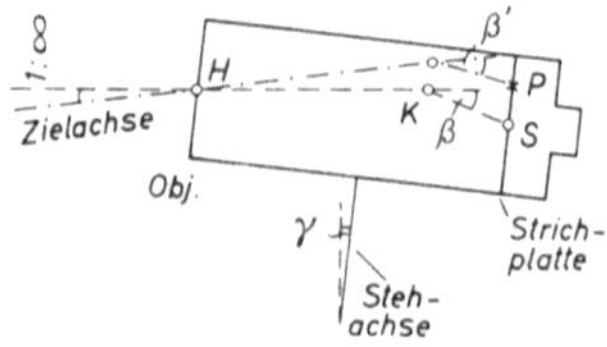

Abb. 6.37 Justierungsmängel

6.3.2.2 *Vorhorizontieren mit der Dosenlibelle*

Um den Kompensator vor Beschädigungen beim Transport zu schützen, ist der Bewegungsraum des pendelnden Kompensatorteils durch Anschläge begrenzt. Damit das Pendel frei schwingt, muß daher die Dosenlibelle einerseits sorgfältig justiert und andererseits sorgfältig eingespielt werden. Trotzdem kann es vorkommen, daß das Pendel am Anschlag klebt. Vor der Ablesung soll man deshalb leicht an den Stativteller klopfen und sich vergewissern, daß das Pendel schwingt. Beim Modell NA 2 von *Wild* erreicht man dasselbe durch einen Druck auf den in Abb. 6.36 sichtbaren Kontrollknopf. In einigen Nivelliergeräten von *Jenoptik* – z. B. in den Instrumenten NI 020 A, NI 021 A, NI 005 A – erfolgt die Kontrolle über das Aufleuchten eines Warnfeldes im Fernrohrsehfeld.

6.3.2.3 Höhenversatz des Objektivs und Horizontschräge

Hierbei handelt es sich um Fehler, die beim Nivellement mit Libellennivellieren unbekannt sind. Beim Einsatz von automatisch arbeitenden Instrumenten aber können sie als Folge von Restfehlern beim Justieren der Dosenlibelle und von unzureichender Horizontierung auf den Beobachtungsständen auftreten. Auch bei fehlerfrei arbeitendem Kompensator bewirkt die Schiefstellung der Stehachse um den Winkel γ einen *Höhenversatz* c, der sich aus Abb. 6.38 mit den dort eingetragenen Maßen zu $c = 2a\gamma/\varrho$ ergibt. Wählt man als Abstand des dingseitigen Hauptpunktes von der Stehachse $a =$ 150 mm und nimmt für γ die Hälfte der üblichen Angabe einer Dosenlibelle, also $\gamma = 4'$, so ergibt sich als Höhenversatz $c =$ 0,4 mm. Dieser Betrag kann beim Feinnivellement keinesfalls zugelassen werden. Die bereits oben erhobene Forderung nach sorgfältigem Justieren und sorgfältigem Einspielenlassen der Dosenlibelle erhält hier also eine zusätzliche Begründung.

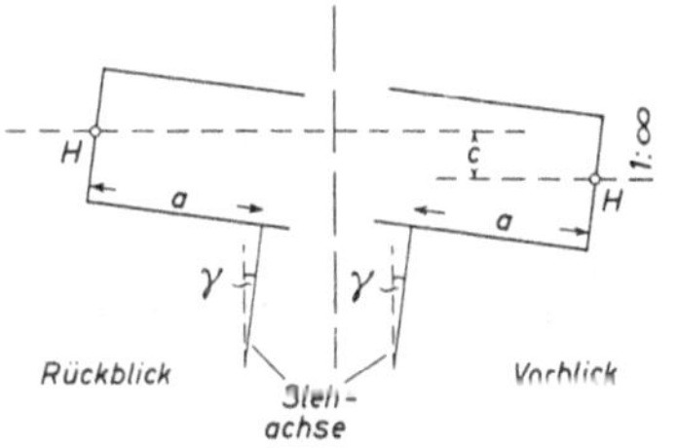

Abb. 6.38 Höhenversatz

Ein weiterer Fehler, den eine Schiefstellung der Stehachse zur Folge haben kann, ist die sogenannte *Horizontschräge*: Die Kompensatoren arbeiten oftmals nicht fehlerfrei, sondern sie neigen zu Über- oder Unterkompensation. Ursachen sind die nicht immer exakte Lage des Kompensators im Strahlengang, die Gelenkreibung und ähnliche Einflüsse, die von Gerät zu Gerät verschieden sind. Bei einer Überkompensation z. B. (vgl. Abb. 6.39a und b) ist der tatsächliche Kompensationswinkel

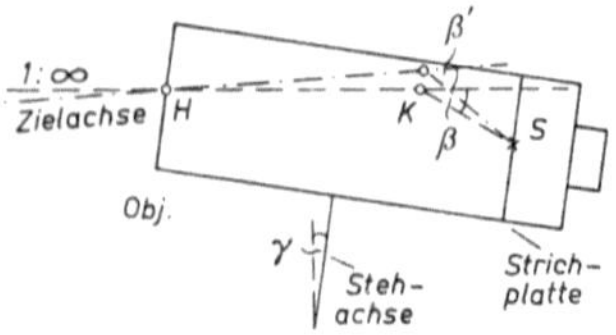

Abb. 6.39a Rückblick

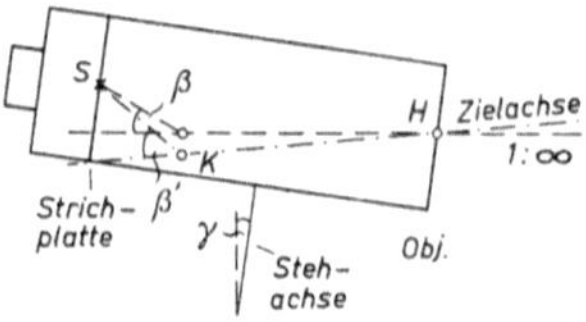

Abb. 6.39b Vorblick

β' größer als der Sollwinkel $\beta = n\alpha$. Infolgedessen ist bei der in den Bildern angenommenen Stehachsenneigung die Zielachse gegenüber der Horizontalen im Rückblick nach unten, im Vorblick hingegen um denselben Winkel nach oben geneigt; der Instrumentenhorizont liegt demnach schräg. Also ist, wenn die mit Strichen versehenen Buchstaben die Ablesung im schrägen Horizont bedeuten, bei den in den Bildern angenommenen Verhältnissen im Rückblick R und im Vorblick V,

$$R' < R \text{ und } V' > V,$$

so daß statt $h = R - V$ fälschlich $h' = R' - V'$, also ein zu kleiner Wert erhalten wird. Die Größe des Fehlers hängt wesentlich ab von der Neigung γ der Stehachse und von der Zielweite; sie kann leicht einige Zehntel mm erreichen. Abbhilfe schafft ein Kompensator, mit dem man in zwei Lagen messen kann (vgl. Abb. 6.21) und allgemein auch hier ein genaues Einspielen der Dosenlibelle.

Der Höhenversatz des Objektivs und die Horizontschräge sind nicht sehr zu befürchten, solange die Dosenlibelle des Nivelliers in bezug auf die Stehachse scharf justiert ist. Bei sorgfältigem Einspielen der Libelle halten die Fehler sich in Grenzen; sie wirken dann bei einer längeren Nivellementslinie als zufällige Fehler mit wechselndem Vorzeichen und unterschiedlicher Größe auf das Ergebnis kaum ein.

Ein restlicher Justierfehler der Dosenlibelle läßt sich indessen niemals ganz ausschließen; dann aber können die durch den Höhenversatz und die Horizontschräge entstehenden Fehler systematischen Charakter annehmen. Dieser Fall tritt ein, wenn der Beobachter die Dosenlibelle gewohnheitsgemäß auf jedem Standpunkt bei gleicher Stellung des Fernrohrs – etwa auf die Rückblicklatte – einspielt. Zwar ist dann das Mittel aus Hin- und Rücknivellement fehlerfrei; doch können die Einzelergebnisse erheblich differieren, was als sehr störend empfunden wird.

Abhilfe schafft ein alternierendes Meßverfahren; man läßt die Dosenlibelle auf einem Standpunkt bei rückwärts gewandtem Fernrohr, auf dem nächsten Standpunkt aber in Richtung des Vorblicks einspielen und setzt dies Verfahren über die ganze Strecke fort. Arbeitet man mit zwei Meßgehilfen, so muß der Beobachter beim Horizontieren das Fernrohr stets auf die gleiche Latte, d. h. auf denselben Lattenträger richten; den Träger aber muß er sich merken. Im Scherz ist vorgeschlagen worden, diesen Mann mit einer roten Hose auszustatten. Daher wird das beschriebene Verfahren gerne als das „Verfahren der roten Hose" bezeichnet.

6.3.2.4 Periodische Erschütterungen

Periodische Erschütterungen durch Verkehr, Bau, starken Wind und dergl. beeinflussen den empfindlichen Kompensator viel stärker als die ziemlich träge Libelle. In solchen Fällen ist also ein Libellennivellier vorzuziehen. Gelegentlich muß trotzdem mit einem Kompensatornivellier gemessen werden. Weil die genannten Störungen auch das Stativ zu Schwingungen anregen, sollte man dieses dann durch kräftiges Eintreten in den Untergrund gewissermaßen verspannen. Man kann ferner – ein alter Trick erfahrener Nivelleure – die Stativschwingungen erheblich dämpfen, indem man eine Hand leicht auf den Stativteller legt oder im Augenblick der Ablesung zwei Stativbeine leicht anfaßt.

6.3.2.5 Empfindlichkeit gegen Temperaturänderungen

Gegen Temperaturänderungen [vgl. 6.2.2.2] sind automatische Nivelliere wesentlich unempfindlicher als Libellennivelliere. Ein Sonnenschirm ist daher nur bei Feinnivellements erforderlich.

6.3.2.6 Einfluß des Magnetfeldes der Erde

Soweit bekannt, arbeiten alle Kompensatoren nach dem Prinzip des Schwerkraftpendels [6.3.1]. Unter dem Einfluß der Schwerkraft wird in automatischen Nivelliergeräten die Ziellinie automatisch horizontiert. Zusätzlich zur Schwerkraft kann aber auch das Magnetfeld der Erde Auswirkungen auf die Ausrichtung des Pendels haben. Fehlausrichtungen des Pendels bewirken eine Fehlausrichtung der Ziellinie (Abb. 6.40). Für eine konstante geographische Breite und unter der Annahme, daß die horizontale Komponente des Magnetfeldes in dem Meßgebiet konstant bleibt, gilt:

$$\delta = \delta_0 \cos \mu, \tag{6.11}$$

wobei μ den Winkel in bezug auf magnetisch Nord bezeichnet. Nach (6.11) tritt δ im Vor- und Rückblick mit entgegengesetztem Vorzeichen auf und wird folglich bei Differenzbildungen nach (6.1) nicht eliminiert. Mit Instrumenten, deren Kompensator durch das Magnetfeld beeinflußt wird, nivelliert man daher auf einem schrägen Horizont. Es können Effekte auftreten, die bei Präzisionsnivellements nicht zu vernachlässigen sind (*Rumpf; Meurisch* 1981).

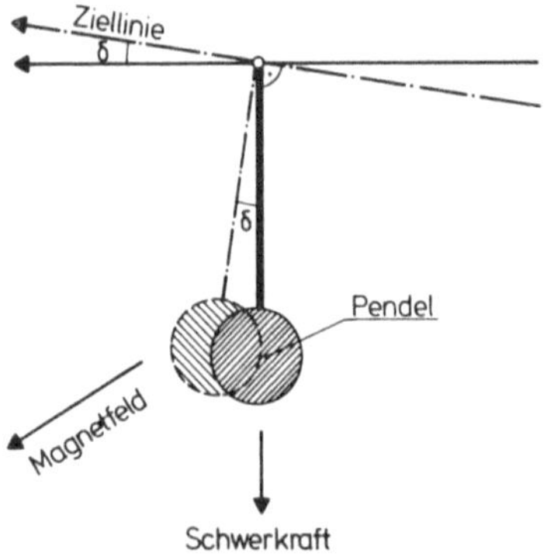

Abb. 6.40 Einfluß des Magnetfeldes auf die von einem Kompensator ausgerichtete Ziellinie

Es gibt keine Meßanordnung, um diese Fehler wirksam zu beseitigen. Insbesondere bei sehr genauen Nivellements sollten daher vor Beginn der Arbeiten die Instrumente auf einer Testlinie untersucht werden. Wenn sich Einflüsse des Magnetfeldes nachweisen lassen, so sollte man das Instrument zur Überarbeitung an den Hersteller geben. Bei neueren Instrumenten läßt sich der Einfluß des Magnetfeldes vermeiden (*Leitz* 1984).

6.3.3 Automatische und Libellennivelliere

Wie eine Umfrage bei Firmen, die beide Typen herstellen, ergeben hat, sind die Libellennivelliere noch keineswegs vom Markt verschwunden. Vor allem haben die Baunivelliere mit Libelle insbesondere in den Entwicklungsländern nach wie vor große Bedeutung; sie sind einfach zu bedienen, sie stellen geringe Anforderungen an Service und Reparaturen, und der Hauptvorteil automatischer Nivelliere, das Einsparen von Arbeitskräften, spielt in diesen Ländern nur eine untergeordnete Rolle. Aber auch Ingenieur- und Feinnivelliere mit Libellenhorizontierung haben noch einen guten Markt; denn selbst in den USA sind die automatischen Nivelliere noch nicht in der Weise zum Durchbruch gekommen wie in Mitteleuropa.

6.3.4 Klassifizierung der automatischen Nivelliere

Wie die Libellennivelliere unterteilt man auch die automatischen Instrumente in Nivelliere niederer, mittlerer, hoher, sehr hoher und höchster Genauigkeit [vgl. 6.2.4]. Häufig verwendet man auch wie unter [6.2.4.1 – 6.2.4.3] die Begriffe Bau-, Ingenieur- und Feinnivelliere. Im Hinblick auf ihren Verwendungszweck gilt ebenfalls das, was in [6.2.4] gesagt ist. Ihre äußere Form, die vorwiegend durch die Arbeitsweise des jeweiligen Kompensators bedingt ist, weicht bei manchen Typen von dem gewohnten Bild der Libellennivelliere völlig ab. Eine Auswahl einiger automatischer Nivelliere zeigen die Abb. 6.41 bis 6.46.

Abb. 6.41 *Ertel* BNA

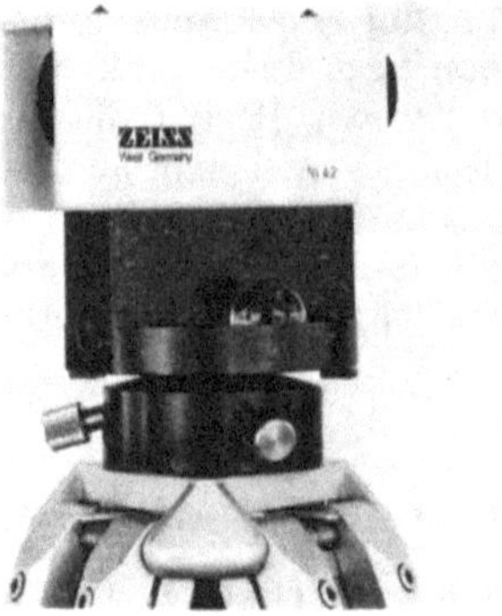

Abb. 6.42 *Zeiss* Ni 42

Abb. 6.43 *Sokkisha* B2C

Abb. 6.44. *Kern* GK1-A

Abb. 6.45 *Wild* Na 1

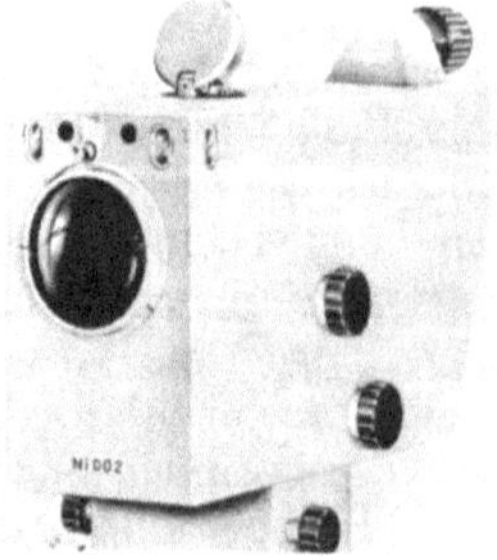

Abb. 6.46 *Jenoptik* NI 002

6.4 Nivellierlatten

6.4.1 Einfache Nivellierlatten

Einfache Nivellierlatten sind 3 bis 5 m lang und 6 bis 8 cm breit; sie sind aus trockenem Kiefernholz gefertigt und oftmals zur Versteifung mit Rippen versehen. Ein Ölanstrich und ein wetterfester Lack schützen sie gegen Feuchtigkeit. Zur Transporterleichterung werden Klapp- und Schiebelatten gefertigt. Eine Teilung befindet sich nur auf der Vorderseite; der Teilungsnullpunkt liegt in der Ebene der Aufsatzfläche.

Die Teilung der Latte in Abb. 6.47a wird aufgrund ihres Aussehens als *E-Teilung* bezeichnet. Sie ist in cm-Felder eingeteilt und nach dm so beziffert, daß die Zahlen in dem dm-Abschnitt stehen, wo die cm abgelesen werden. Die cm-Teilung befindet sich, von dm-Feld zu dm-Feld wechselnd, entweder auf der rechten oder der linken Lattenhälfte. Die Farben der Teilung sind abwechselnd 1 m lang schwarz und 1 m lang rot auf weißem oder gelbem Grund, vom Teilungsanfang mit schwarz beginnend auszuführen. Die Ziffern sind Schwarz.

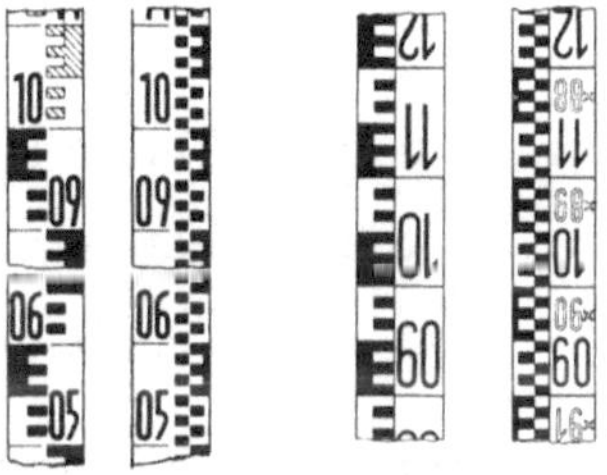

a. b. c. d.

Abb. 6.47. Einfache Nivellierlatten (Auswahl)

Abb. 47b zeigt eine Teilung mit besonderen Eigenschaften, die *E-Schachbretteilung*; diese doppelte Felderteilung soll Schätzungsfehlern entgegenwirken, die dadurch entstehen, daß die weißen Felder, vor allem bei heller Beleuchtung, größer als die schwarzen erscheinen. Die Teilung wird bei Latten mit doppelter Felderteilung schwarz auf weißem oder gelbem Grund ausgeführt. Bei den Abb. 6.47a und b handelt es sich um Nivellierlatten nach DIN 18703. Die automatischen Nivelliere haben normalerweise aufrecht stehende Bilder, die Libellennivelliere jedoch häufig bildumkehrende Fernrohre. Um beim Einsatz der letzteren Instrumente die Ziffern ebenfalls aufrecht lesen zu können, werden auch Nivellierlatten mit auf dem Kopf stehenden Zahlen angeboten (Abb. 6.47c und d).

Die Latte d besitzt eine *dekadische* Teilung; sie trägt neben der gewöhnlichen Bezifferung die sogenannten dekadischen Ergänzungen. Diese bilden die Zehnerergänzungen zu den gewöhnlichen Zahlen. So ist z. B. $-1{,}417 = -10 + 8{,}583 = \times 8{,}583$, wobei das Kreuz eine negative Einheit an der Stelle bedeutet, an der es steht. Die dekadischen Zahlen erleichtern, wie in [7.2.3] gezeigt werden wird, die Aufrechnung, indem sie die Subtraktion durch die Addition ersetzen.

Einfache Nivellierlatten tragen in der Regel zum Senkrechtstellen eine justierbare Dosenlibelle mit einer Angabe von etwa 30′.

6.4.2 Präzisions-Nivellierlatten

Bei den Präzisions-Nivellierlatten unterscheidet man zwei Teilungsarten:

- die *Strichteilung*, Teilungseinheit 10 mm (Abb. 6.48a und b).
- die *E-Schachbretteilung*, Teilungseinheit 5 mm (Abb. 6.48c).

Die Formen a und b werden für Messungen mit Nivellieren hoher, sehr hoher und höchster Genauigkeit mit optischem Mikrometer empfohlen. Für die Form (Abb. 6.48c) sind die Genauigkeitsanforderungen etwas geringer gehalten; sie liegen zwischen denen für Nivellierlatten nach Abb. 6.47a, b, c, d und denen nach Abb. 6.48a und b. Nivellierlatten nach Abb. 6.48c werden für Messungen in Verbindung mit Nivellieren hoher und sehr hoher Genauigkeit ohne optisches Mikrometer empfohlen.

Die Latten a und b sind *Zweiskalenlatten*; solche Latten besitzen zwei Teilungen, von denen nur eine mit Null, die

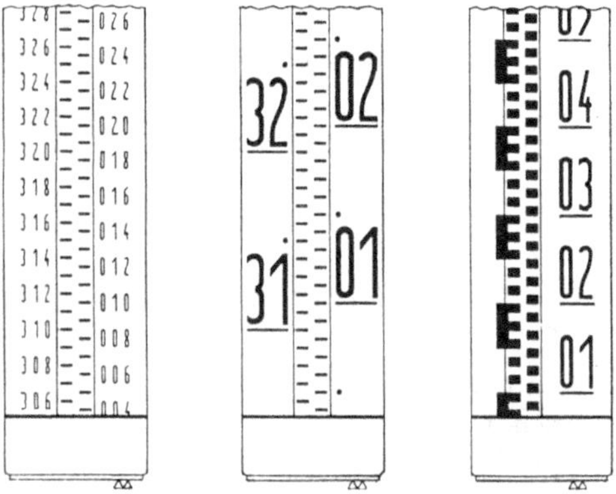

a. b. c.

Abb. 6.48. Präzisionsnivellierlatten (Auswahl)

andere mit einem bestimmten Betrag, der Lattenkonstanten, beginnt. Häufig sind die Teilungen um den halben Betrag der Teilungseinheit gegeneinander versetzt. Bei den Formen b und c wird jede 10. Teilungseinheit beziffert und bei Form b jede 5. Teilungseinheit zusätzlich durch eine Punktmarke hervorgehoben. Bei Form a wird jede 2. Teilungseinheit beziffert.

Teilungsträger ist bei Präzisionsnivellierlatten ein temperaturunempfindliches Metallband (z. B. Invar) mit einem Längenausdehnungskoeffizient $< 2 \cdot 10^{-6} \cdot K^{-1}$, das in einen Rahmen mit Hilfe einer Feder durch die Kraft von $(100 \pm 25)\,N$ eingespannt ist. Die Federkonstante soll $(10 \pm 2)\,N\,\mathrm{mm}^{-1}$ betragen. Bei den Abb. 6.48 a, b, c handelt es sich um Präzisions-Nivellierlatten nach DIN 18717.

Es gibt außerdem Zweiskalenlatten, bei denen eine Teilung auf der Vorderseite und die zweite auf der Rückseite aufgetragen ist; man bezeichnet diese auch als *Wendelatten*.

Zweiskalenlatten gewähren, wenn beide Skalen abgelesen werden, einerseits ziemliche Sicherheit gegen Ablese- und einseitige Schätzfehler; zum anderen kann man damit, wie noch in [7.2.3] und [7.2.4] erläutert wird, zwei Parallelnivellements ausführen und dadurch eine spürbare Genauigkeitssteigerung erzielen.

Präzisions-Nivellierlatten tragen auf der Rückseite eine justierbare Dosenlibelle mit einer Angabe von etwa 20′.

6.4.3 Lattenzubehör

Bei Feinnivellements sind je Latte zwei Bambusstäbe zum Abstützen der Latte erforderlich.

Zum Festlegen der Latten in den Wechselpunkten dienen Unterlagsplatten (Frösche) aus Grauguß, die mit drei kurzen stählernen Spitzen versehen sind und fest in den Boden eingetreten werden.

Abb. 6.49 Unterlagsplatte

In lockerem Boden dienen fest eingeschlagene Pfähle, auf unebenem Pflaster eingerammte Gasrohre oder Nietkopfnägel als Lattenstandpunkt.

6.4.4 Kalibrieren der Nivellierlatten

6.4.4.1 Bestimmung des mittleren Lattenmeters

Nivellierlatten, die man für „Einfache Nivellements“ [7.2.2] oder Ingenieurnivellements [7.2.3] einsetzt (vgl. z. B. Abb. 6.47a, b, c, d und 6.48c), kann man mit einem Prüfmaßstab prüfen. Man bedient sich zweckmäßig eines Prüfmeterstabs, der vor und hinter den Meterstrichen je 2 mm Überteilung besitzt und bestimmt damit den Abstand zweier um 1 m unterschiedlicher Dezimetergrenzen an etwa 10 Stellen der

Latte auf 0,1 mm. Das Mittel aus den Einzelbestimmungen wird als das mittlere Lattenmeter in die Rechnung eingeführt.

Gelegentlich werden auch Strichlatten nach diesem Verfahren überprüft. Es werden dann zweckmäßig die beiden Ränder der Striche abgelesen.

Bei Festpunktnivellements mit Holzlatten empfiehlt sich tägliche Überprüfung, weil die Lattenlänge sich vor allem durch Feuchtigkeitseinflüsse um mehrere Zehntelmillimeter je Meter ändern kann.

Bei einfachen Nivellements können, so lange keine großen Höhenunterschiede zu überwinden sind, Abweichungen der Latten von der Sollänge bis 0,2 mm je Meter hingenommen werden.

6.4.4.2 Kalibrieren von Präzisions-Nivellierlatten mit Komparatoreinrichtungen

Mit dem Verfahren [6.4.4.1] wird der durchschnittliche Maßstab einer Nivellierlatte bestimmt; man erhält jedoch nicht die Lagefehler einzelner Teilstriche. Die Abweichungen einzelner Teilstriche von ihrer Sollage können bis zu 50 μm betragen; bei der Berücksichtigung des mittleren Lattenmeters werden diese Abweichungen nur teilweise erfaßt. Sollen Höhenunterschiede mit Genauigkeiten von 10^{-4} bis 10^{-5} bestimmt werden, so müssen die Abweichungen der einzelnen Teilstriche bekannt sein, damit man sie bei der Auswertung berücksichtigen kann. Diese hohen Genauigkeitsanforderungen treten z. B. auf bei der Beobachtung von

- Erdkrustenbewegungen: 0,1 – 0,5 mm/a
- Fundamentsetzungen großer Industrieanlagen: 1 mm
- Haupthöhennetzen $\leqslant$ 0,3 mm/km.

Individuelle Fehler aller Teilstriche lassen sich weitgehend automatisch mit einem Laserinterferometer bestimmen, das man als Sekundärnormal einsetzt. Abb. 6.50 zeigt den Aufbau eines computergesteuerten Nivellierlattenkomparators. Ein Rechner steuert die einzelnen Meßvorgänge; er erfaßt und verarbeitet außerdem die Meßdaten. Die Daten sind so abzuspeichern, daß sie möglichst einfach auf einen Rechner für die automatische Auswertung der Nivellements übertragen werden können [6.5]. Ein Motor bewegt die Nivellierlatte an einem Meßmikroskop vorbei. Das Meßmikroskop tastet jeweils die Strichmitten der Teilstriche ab und veranlaßt mit einem Steuerimpuls, daß die von dem Interferometer ermittelten Positionen registriert werden. Bei anderen Komparatoren werden mit dem Meßmikroskop die Hell-Dunkel-Felder der Latte in ein entsprechendes Spannungssignal umgewandelt. Dieses analoge Intensitätsprofil wird anschließend digitalisiert; danach lassen sich die Positionen der Striche mathematisch vom Rechner ermitteln. Es gibt außerdem noch Komparatoren, bei denen die Teilstriche nur grob angefahren werden und die Feineinstellung visuell vorgenommen wird. Grundsätzlich unterscheidet man noch zwischen Komparatoren mit horizontaler oder vertikaler Lattenlagerung (*Tille* 1984).

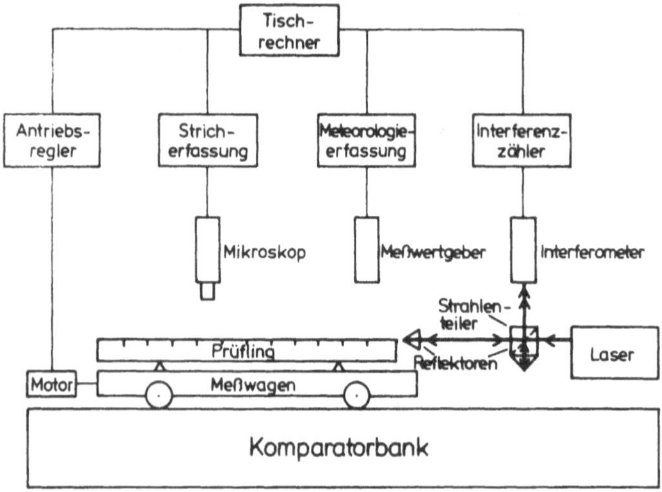

Abb.6.50. Computergesteuerter Nivellierlattenkomparator

Die Maßeinheiten des sekundären Längennormals und des Prüflings sind von meteorologischen Daten abhängig; diese müssen daher zusätzlich erfaßt und berücksichtigt werden.

Nach Abschätzungen von *Grabe* und *Lebowsky* (1979) ist bei Berücksichtigung von Führungsfehlern, Strichauffassungs- und Auswertefehlern sowie Fehlern der Lattenlagerung mit einer Standardabweichung von etwa 30 μm für die Strichverbesserungen zu rechnen.

Inzwischen ist man dazu übergegangen, die Teilstriche interferometrisch gesteuert auf Invarbänder mit Laserenergie einzubrennen. Die Standardabweichung der Teilstrichfehler soll dann kleiner als 5 μm sein (*Schlemmer* 1984).

6.5 Registrierung der Daten in einem mobilen Datenerfassungsgerät (Datenterminal), automatischer Datenfluß

Ein Datenterminal – häufig auch als elektronisches Feldbuch bezeichnet – besteht aus einem Mikroprozessor, einem Programmspeicher und einem oder mehreren Datenspeichern. Über eine Tastatur können Daten und Zusatzinformationen (Punkt Nr, meteorologische Daten ...), die zur Identifizierung und Klassifizierung der Messungen dienen, eingegeben werden. Ein kleines Programm ermöglicht:

– die Benutzerführung
– die Kontrollen und
– die Berechnung des rohen Höhenunterschieds einer Nivellementstrecke.

Die Kapazität des Datenspeichers ist normalerweise so ausgelegt, daß die während einer Arbeitswoche in einem Nivellementtrupp anfallende Datenmenge aufgenommen werden kann. Die von dem Datenterminal gespeicherten Informationen können in der Regel direkt auf eine Rechenanlage übertragen werden. Für die Auswertung und Erstellung einer Niv.-Punktdatei läßt sich dann ein automatischer Datenfluß erzeugen.

Es gibt Datenerfassungsgeräte mit festen Programmen (z. B. die Systeme Geomemo – Niv und Micronic 445) und andere, die frei programmierbar sind (z. B: das GRE 3 von *Wild*). Die letzteren kann man zusätzlich auch für weitere Aufgaben einsetzen; wie z. B. für die Polygonierung, Polaraufnahme .... Abb. 6.51 zeigt das Datenerfassungsgerät GRE 3 der Firma *Wild*.

Abb. 6.51 Datenerfassungsgerät GRE 3 (*Wild*)

Verwendet man ein Datenerfassungsgerät, so lassen sich die Daten nach ihrer manuellen Registrierung bis hin zur Ausgleichung und Erstellung der Niv.-Punktdatei automatisch verarbeiten.

6.6 Refraktionsmodelle für das Nivellement

Da sich der Brechungsindex n normalerweise in der Nähe des Bodens mit der Höhe ändert, wird der Zielstrahl geringfügig aus der Horizontalen abgelenkt (Abb. 6.52). Es sind eine Vielzahl von Modellen entwickelt worden, um den Einfluß der Refraktion zu erfassen. Eine Gruppe von Modellen benutzt als Eingangsgrößen die Geländeneigung α und Temperaturänderungen Δt in Abhängigkeit von der Höhe h:

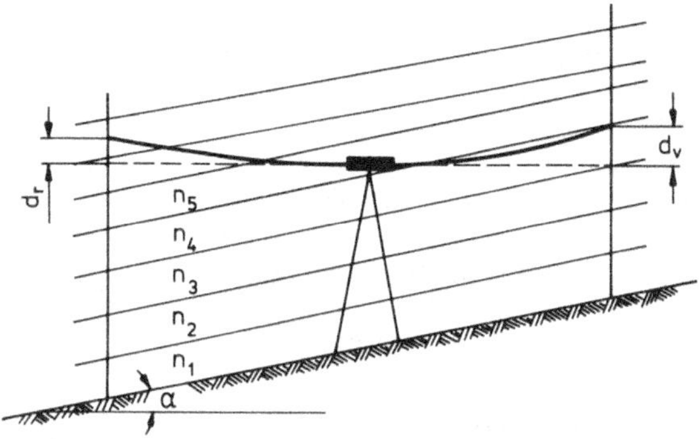

Abb. 6.52. Ablenkung des Zielstrahls infolge Refraktion

$$d_{r,v} = -\cot^2 \alpha \cdot K \int_{h_i}^{h_r, h_v} \Delta t \, dh, \tag{6.12}$$

mit

$$K \approx -1 \cdot 10^{-6}$$

$d_{r,v}$: Refraktionskorrektur im Rück- und Vorblick
h_i: Instrumentenhöhe
$h_{v,r}$: Lattenablesungen im Vor- und Rückblick.

Als erster hat *Kukkamäki* (1938) ein Modell aufgestellt, das die Temperatur t in Bodennähe in Abhängigkeit von der Höhe beschreibt

$$t = a + b \cdot h^c, \tag{6.13}$$

mit
a, b, c: Konstante die aus Temperaturmessungen abgeleitet werden können. Für die Temperaturdifferenz gilt dann:

$$\Delta t = b \cdot (h_{r,v}^c - h_i^c). \tag{6.14}$$

Andere Modelle beziehen sich auf andere meteorologische Parameter und Geländeinformationen. *Angus-Leppan* (1979) benutzt z. B. folgende Informationen: Grad der Bewölkung, Bodenfeuchtigkeit, Zenitwinkel der Sonne, Neigung des Geländes, Azimut der Nivellementslinie, Azimut der Sonne. Einen Überblick über eine größere Anzahl von Modellen und vergleichende Untersuchungen findet man in (*Heer* 1984). Im Hinblick auf die geplante „Neudefinition des Nordamerikanischen Vertikalen Datums" werden in den USA mit besonderer Aktivität Refraktionsmodelle erprobt (*Holdahl* 1981, 1983), (*Whalen* u. *Strange* 1983).

7 Nivellierverfahren

7.1 Höhenausgangsfläche und Höhenfestpunkte

7.1.1 Aufbau eines Nivellementpunktfeldes

Der Aufbau eines Nivellementpunktfeldes sei nachfolgend am Beispiel des Deutschen Haupthöhennetzes beschrieben. Viele Länder haben einen ähnlichen Weg beschritten.

Als Höhenausgangs- oder Bezugsfläche gilt in Deutschland seit dem Jahre 1879 diejenige Niveaufläche der Erde, die im Abstand von 37,000 m unter dem *Normalhöhenpunkt*, einer Marke an der alten Berliner Sternwarte, verläuft. Diese Fläche heißt *Normal Null* oder NN; sie ist durch Feinnivellements zwischen Amsterdam und Berlin so bestimmt, daß sie auf rund 1 dm mit dem am Amsterdamer Pegel beobachteten Mittelwasser der Nordsee zusammenfällt. Als die Sternwarte im Jahre 1912 abgebrochen wurde, ist als Ersatz im Müncheberger Forst, an der Straße Berlin – Küstrin, rund 40 km ostwärts der Stadtmitte von Berlin der *Normalhöhenpunkt von 1912* geschaffen worden. An der Bezugsfläche NN hat sich dabei nichts geändert. Der Normalhöhenpunkt ist durch einen Granitpfeiler unterirdisch vermarkt und durch 10 Kontrollmarken versichert. Im Anschluß an die Berliner Marken sind seither die NN-Höhen von vielen tausend Nivellementpunkten (NivP) durch Feinnivellements festgelegt worden. Die Gesamtheit dieser Punkte bildet das *Nivellementpunktfeld* (NivP-Feld).

Die Arbeitsgemeinschaft der Vermessungsverwaltung der Bundesrepublik Deutschland (AdV) hat 1968 *Richtlinien* für das NivP-Feld ihres Gebietes erlassen. Auszugsweise sind diese nachfolgend wiedergegeben:

1. Grundlage des NivP-Feldes ist das *Deutsche Haupthöhennetz* (DHHN). Dieses besteht aus den mit höchster Genauigkeit im Zuge der Nivellements 1. Ordnung gemessenen und in einem Guß ausgeglichenen *Nivellementschleifen* (Niv-Schleifen) von 30 – 80 km Durchmesser, von denen die Abb. 7.1 eine Vorstellung geben mag. Die Niv-Schleifen bestehen aus den von Knotenpunkt zu Knotenpunkt führenden *Nivellementlinien* (Niv-Linien) L_1, L_2 ..., die sich ihrerseits aus den zwei aufeinanderfolgende Niv-Punkte (Niv.-P.) verbindenden *Nivellementstrecken* (Niv-Strecken) R_1, R_2 ... zusammensetzen.

Die im DHHN berechneten Höhenwerte stellen den in Metern ausgedrückten lotrechten Abstand von der oben beschriebenen Bezugsfläche NN dar; sie werden als *Höhen über NN* bezeichnet. Maßeinheit ist das Internationale Meter.

2. Das DHHN wird verdichtet

a) durch die Zwischenlinien 1. Ordnung, die mit der gleichen Genauigkeit wie das DHHN gemessen sind, jedoch in dieses erst nach dessen Ausgleichung eingerechnet werden,

b) durch das Niv.-Netz 2. Ordnung, das Schleifen von höchstens 20 km Durchmesser aufweist,

c) durch das Niv.-Netz 3. Ordnung mit Schleifen von höchstens 10 km Durchmesser,

d) durch die Nivellements 4. Ordnung, die die übergeordneten Netze flächen- oder linienmäßig ergänzen. Die Niv.-Linien 4. Ordnung sollen nicht länger als 4 km sein.

3. Die Höhen über NN des NivP.-Feldes werden in dem sog. „neuen System" des vormaligen Reichsamts für Landesaufnahme berechnet. Sie enthalten die normale orthometrische Korrektion, d. h. eine von der jeweiligen Schwerebeschleunigung abhängige Verbesserung. Die früher verwendeten Höhen

über NN im „alten System" gehen auf Nivellements in der Ze von 1868–1879 zurück; sie haben mit den Höhen im neue System nur den Normalhöhenpunkt von 1879 gemeinsar

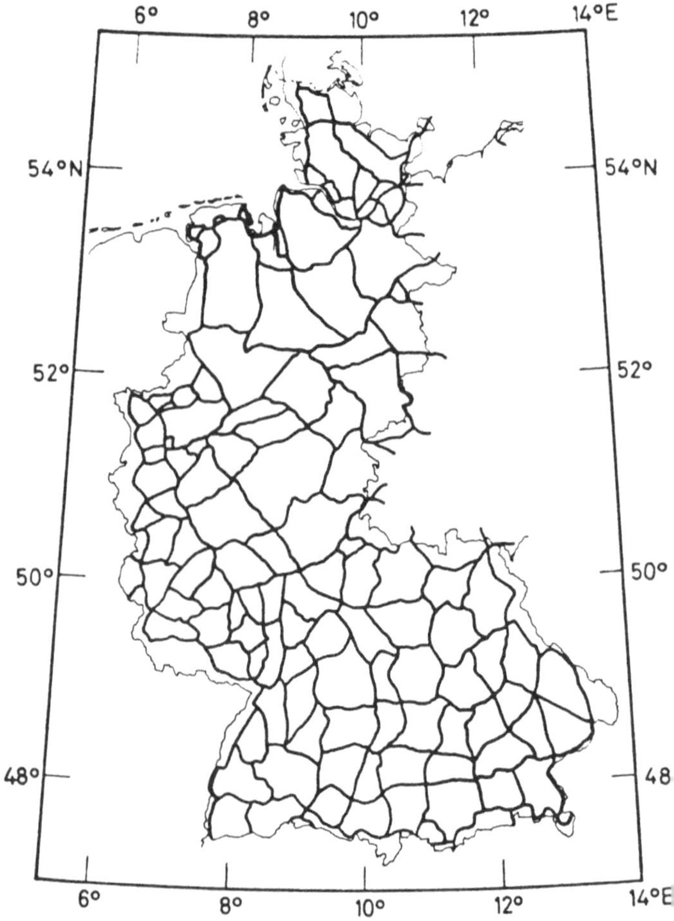

Abb. 7.1 Deutsches Haupthöhennetz (Nieders. Min. d. Inn. 1971)

Höhen im alten System werden laufend durch Höhen über NN im neuen System ersetzt. Beide können sich bis zu 1 dm unterscheiden.

In den Seekarten an der Nordseeküste sind die Höhenangaben auf ein besonderes *Seekartennull* bezogen, das als *örtliches* mittleres Springniedrigwasser definiert ist und entsprechend der Größe des Tidenhubs von Ort zu Ort wechselt. Seekartennull ist also keine Niveaufläche. Im Mittel liegt es um etwa den halben Betrag des mittleren Tidenhubs unter NN. An der Ostseeküste ist Seekartennull gleich NN.

7.1.2 Festlegung der Nivellementpunkte

Aus den in 7.1.1 bereits erwähnten „Richtlinien" sei hier folgendes mitgeteilt:

Die NivP sind überwiegend oberirdisch vermarkt und frei zugänglich. Sie werden im Regelfall durch Höhenbolzen aus Metall oder Kunststoff mit tonnen-, kugel- birnenförmigem oder konischem Kopf und eindeutigem höchsten Punkt festgelegt, auf dem die Nivellierlatten unmittelbar aufgesetzt werden können; auf diesen höchsten Punkt beziehen sich auch die Höhenangaben. Je nach ihrer Bedeutung und entsprechend den Verhältnissen des Untergrundes werden die Höhenbolzen an Bauwerken, im Fels oder an besonders eingebrachten Punktträgern verschiedener Ausführung angebracht. Als Festlegungen (Abb. 7.2 bis 7.6) werden benutzt:

Mauerbolzen (MB):	Höhenbolzen in Bauwerken, Fels u. a.;
Pfeilerbolzen (PB):	Höhenbolzen in Granit- oder Betonpfeilern in den Maßen 25 × 25 × 100;
Rammpfahlbolzen (RB):	Höhenbolzen in eingerammten Schleuderbetonpfählen;
Rohrfestpunkte (RF):	Höhenbolzen auf Stahlrohren, die bis in den tragfähigen Untergrund reichen.

Die Höhenbolzen werden überwiegend an vertikalen Flächen angebracht. Sie tragen vielfach eine Nummer oder Inschriften wie NivP, HP, NP. Eine ältere Sonderausführung sind kreisförmige Höhenmarken mit einem Durchmesser von 14 cm, die meistens in die Außenwände älterer Kirchen oder öffentlicher Gebäude gewöhnlich in der Nähe des Haupteingangs eingelassen sind.

Für Zwecke der Landesvermessung und für wissenschaftliche Untersuchungen sind in größeren Abständen auch unterirdische Vermarkungen eingebracht. Gebräuchlich sind:

Unterirdische Bolzen (UB): Höhenbolzen im Fundament von Bauwerken oder im Fels;

Unterirdische Rammpfähle (UR): Höhenbolzen in tief eingerammten Schleuderbetonpfählen;

Unterirdische Rohrfestpunkte (RF): Höhenbolzen auf Stahlrohren, die bis in den tragfähigen Untergrund reichen Abb. 7.5);

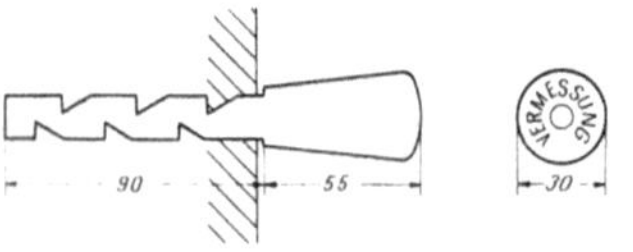

Abb. 7.2 Mauerbolzen (MB)

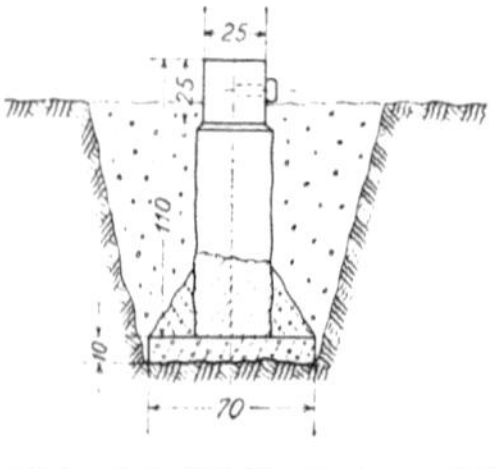

Abb. 7.3 Pfeilerbolzen (PB)

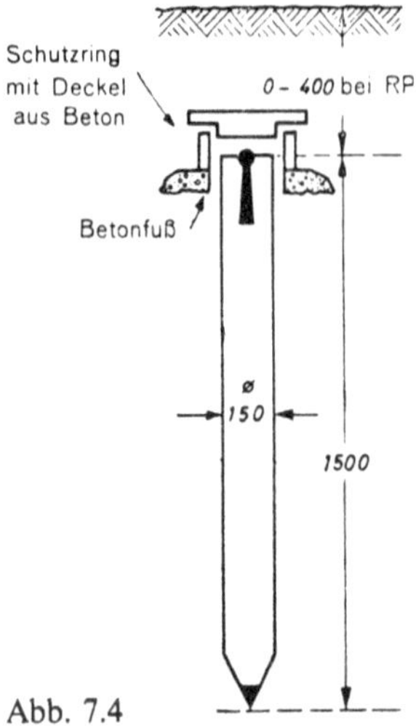

Abb. 7.4 Rammpfahlbolzen (RB)

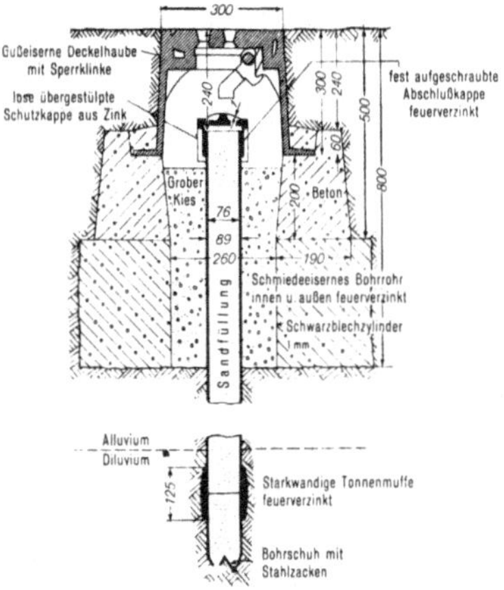

Abb. 7.5 Unterirdischer Rohrfestpunkt Hamburger Bauart (RF)

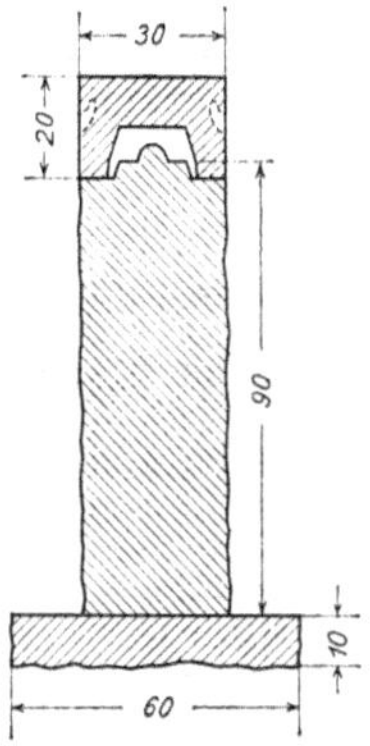

Abb. 7.6 Unterirdische Festlegung (UF)

Unterirdische Festlegungen (UF): Granitpfeiler 30 × 30 × 90 cm mit einer aus der Kopffläche herausgearbeiteten Halbkugel oder mit einzementierten Bronzebolzen oder Achatkugeln, die durch eine Granitplatte abgedeckt sind (Abb. 7.6); die Oberfläche des Pfeilers soll etwa 1 m unter dem Gelände liegen.

Die UF sind für Sonderzwecke, z. B. für Landeshöhenpunkte vorgesehen. Den UR und UF können als Lagehinweis Tagessteine beigegeben werden. Außerdem findet sich in ihrer Nähe fast immer ein oberirdischer NivP.

7.1.3 Bezeichnung der Nivellementpunkte

Die NivP sind nach den „Richtlinien" durch eine Nummer und in der Regel durch Angabe der Festlegungsart zu bezeichnen. Die NivP werden in der Regel innerhalb jedes Blattes der Topographischen Karte 1:25000 (TK 25) nach Ordnungen numeriert. Dabei werden die Nummern innerhalb einer neuen Linie fortlaufend vergeben. Neben der Nummer kann der NivP auch eine Benennung erhalten. Hierfür werden herangezogen

a) der Name der Gemeinde, eines Gemeindeteils, der Gemarkung oder der Gewanne,

b) ein geographischer, topographischer oder ortsüblicher Name,

c) eine Gebäude- oder Bauwerksbezeichnung.

7.1.4 Nachweis der Nivellementpunkte

Der Nachweis besteht aus der Kartei der NivP, den NivP-Beschreibungen und den NivP-Übersichten.

In der *Kartei der NivP* sind anzugeben: Die Nummern des NivP und das Blatt der TK 25, die Ordnung, die Festlegung, Angaben über die Lage des NivP, seine Höhe über NN und das Jahr seiner Bestimmung.

Die *NivP-Beschreibungen* sollen enthalten außer Nummer, Ordnung und Festlegung eine nach Norden orientierte Lageskizze mit Maßen zum Wiederauffinden und Überprüfen des NivP.

Die *NivP-Übersichten* sind die kartenmäßigen Nachweise in der TK 25, in die auch Schwerepunkte eingetragen werden können.

Der Nachweis der NivP wird von den Landesvermessungsämtern geführt und auf dem Laufenden gehalten. An die Katasterämter und ggfl. sonstige Behörden werden Abdrucke abgegeben.

7.2 Festpunktnivellements

7.2.1 Allgemeine Nivellementregeln

Durch Festpunktnivellements wird ein NivP-Feld verdichtet oder neu geschaffen. Die Wahl des Instruments, der Latten und des Verfahrens richtet sich nach der für den jeweiligen Zweck geforderten Genauigkeit.

Man unterteilt die Festpunktnivellements in einfache Nivellements, in Ingenieurnivellements – z. B. mit Zweiskalenlatten oder mit doppelten Wechselpunkten – und in Feinnivellements. Bei allen genaueren Festpunktnivellements wird grundsätzlich aus der Mitte nivelliert, um den Einfluß von Erdkrümmung, Refraktion und restlichen Justierfehlern gering zu halten. Zur Beschleunigung der Arbeit sollten immer zwei Nivellierlatten eingesetzt werden.

Beim Aufstellen von Libelleninstrumenten sorgt man zunächst für eine feste Aufstellung des Stativs; dann setzt man das Instrument, dessen Klemmschrauben angezogen sein sollen, mit der linken Hand auf das Stativ und schraubt es mit der rechten Hand fest. Der Stativteller soll so gut horizontiert sein, daß die Stehachse nahezu senkrecht steht, wenn die Fußschrauben gleich weit herausgedreht sind. Bei automatischen Nivellieren fällt die Feinhorizontierung fort. Bei Instrumenten mit Horizontierstativen beachte [5.4].

Beim Transport auf den nächsten Stand bleibt das Instrument am Stativ; dabei sollen Libelleninstrumente so getragen werden, daß die Stehachse näherungsweise vertikal bleibt; bei Kompensatorinstrumenten dagegen soll sie so schräg gehalten werden, daß der bewegliche Teil des Kompensators nicht hin und herschlägt.

Beim Einpacken in den Instrumentenkasten sind die Klemmen zunächst zu lösen und, wenn das Instrument im Kasten liegt, wieder leicht anzuziehen.

Bei den Latten sorge man für regelmäßige Überprüfung der Lattenlibellen.

7.2.2 Einfache Nivellements

Um die Höhe eines Neupunktes *B* über der in 7.1.1 eingeführten (gekrümmten) Normal-Null-Fläche im Anschluß an einen Festpunkt *A* zu bestimmen, sei der Höhenunterschied $\Delta h_{A,B}$ durch einfaches Nivellement zu ermitteln. Hierzu wird die in Abb. 7.7 schematisch dargestellte Strecke von *A* bis *B* durch

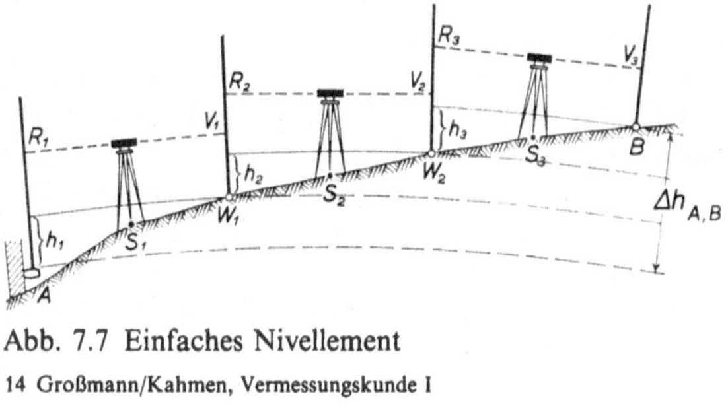

Abb. 7.7 Einfaches Nivellement

„Wechselpunkte" in Abschnitte von 70 bis 100 m unterteilt, und es werden die Einzelhöhenunterschiede $h_1, h_2 \ldots h_n$ ermittelt und aufsummiert.

Zur Bestimmung von h_1 wird zunächst der Punkt S_1 in der Mitte zwischen dem Anschlußpunkt A und dem ersten Wechselpunkt W_1 eingeschritten; dann wird dort das Instrument aufgestellt und horizontiert. Auf einen Wink hält der Meßgehilfe die Latte unter Beachtung der Lattenlibelle auf der Punktmarke in A auf, und der Beobachter liest am Instrument bei einspiegelnder Libelle oder freischwingendem Kompensator den Rückblick R_1 ab. Auf einen Wink wandert der Meßgehilfe mit der Latte nach W_1, legt dort eine Unterlagsplatte fest auf den Boden und setzt die Latte darauf, so daß der Beobachter – gegebenenfalls unter Nachrichten der Libellen – den Vorblick V_1 ablesen kann. Aus Rück- und Vorblick wird schließlich der Höhenunterschied $h_1 = R_1 - V_1$ errechnet. Damit ist der erste Stand erledigt.

Jetzt wird die Latte in W_1 vorsichtig gewendet und das Instrument nach S_2 gebracht; von dort wird zuerst der Rückblick R_2 und nach Transport der Latte nach W_2 der Vorblick V_2 abgelesen und

$$h_2 = R_2 - V_2 \tag{7.1}$$

errechnet. So fortfahrend erhält man, immer $h_i = R_i - V_i$ bildend, schließlich

$$\Delta h = h_1 + h_2 + h_3 + \cdots = \sum h = \sum R - \sum V. \tag{7.2}$$

Ist der Höhenunterschied positiv, so steigt das Gelände; ist er negativ, so fällt es. Zur Sicherung des Ergebnisses wird entweder zurücknivelliert, oder das Nivellement wird bis zum Anschluß an einen höhenmäßig bekannten NivP weitergeführt.

Bei einem einfachen Nivellement mit einem Nivellier niederer oder mittlerer Genauigkeit ist eine Standardabweichung von 5–10 mm auf 1 km ohne weiteres zu erreichen; jedoch muß nach [1.4.9] damit gerechnet werden, daß gelegentlich auch ein Abschlußfehler vom 2–3fachen Betrag auftritt. Ist bei einem Nivellement diese Grenze eingehalten, so wird der Abschlußfehler auf die Standpunkte proportional zu den Entfernungen verteilt. Hat man sie überschritten, muß ein grober Fehler vermutet werden, der nur durch Wiederholung der ganzen Messung beseitigt werden kann. Für solche Fälle ist es nützlich, wenn hin und wieder ein fester Punkt (Bordstein, Kilometerstein) als Wechselpunkt benutzt wird.

Die obere Grenze der als Zielweite bezeichneten Entfernung vom Instrument zur Latte beträgt bei Millimeterablesung 50 m. Genügt für den Nivellementszweck Zentimeterablesung, so kann bis 100 m Zielweite gegangen werden. Bei stärkeren Steigungen wird man vielfach durch das Gelände zu kürzeren Zielweiten gezwungen. Etwaige ungleich lange Zielweiten können auf den folgenden Standpunkten ausgeglichen werden, wenn nur erreicht wird, daß bei einer Nivellementstrecke die Summe aller Zielweiten im Vorblick gleich ihrer Summe im Rückblick ist. Das nachstehende Beispiel soll gleichzeitig als Muster für die Aufschreibung dienen; siehe S. 212.

Steht ein Datenterminal [6.5] zur Verfügung, so wird man die Daten elektronisch speichern und automatisch auswerten.

7.2.3 Ingenieurnivellements

(1) *Nivellements mit Zweiskalenlatten*

Wird eine etwas höhere Genauigkeit gefordert, als durch ein einfaches Nivellement mit einem Baunivellier (Nivellier niederer oder mittlerer Genauigkeit) erreichbar ist, so bedient man sich zweckmäßig eines Ingenieurnivelliers (Nivelliers hoher Genauigkeit) und wählt ein Beobachtungsverfahren, das einerseits eine laufende Kontrolle liefert, zum anderen aber auch eine bessere Fehlerbekämpfung erwarten läßt. Diesen Forderungen entspricht in besonderem Maße das Nivellement mit einer Zweiskalenlatte [6.4.2]. Werden an einer solchen Latte beide Skalen abgelesen, so hat man für die Lattenablesungen die Probe, daß ihre Differenz bis auf etwa ± 1 mm einen konstanten Betrag, die Lattenkonstante, ergeben muß. Läßt man sodann vor jeder Lattenablesung die Libellenblase bzw. den Kompensator ein wenig ausschlagen und wieder neu einspielen, so ist die Libelleneinstellung ebenfalls kontrolliert. Außerdem ist zu erwarten, daß nach [1.4.4] die Standardabweichungen für die Ablesefehler und Einstellfehler um das $\sqrt{2}$fache zurückgehen.

Beispiel: Im Anschluß an die gegebenen Höhenfestpunkte A und E ist die Höhe des Punktes B durch einfaches Nivellement zu bestimmen.

Pkt.	z	R	V	$h = R - V$ +	$h = R - V$ −	Höhe über N. N.
1	2	3	4	5	6	7
A	40	1,524				52,475
	40		1,217	0,307		+0,307
W_1	35	0,723				52,782
					+1	
	35		1,894		1,171	−1,170
W_2	50	1,234				51,612
	50		0,654	0,580		+0,580
B	45	2,421				52,192
				+1		
	45		1,945	0,476		+0,477
W_3	30	0,635				52,669
	30		0,513	0,122		+0,122
E						52,791
				+1	+1	
		6,537	6,223	1,485	1,171	0,316

Unter den Summen von R und V: +0,314. Unter den Summen von h: +2 (darüber) und +0,314.

Erläuterungen zum Feldbuch:

(1) Die Zielweite z in Schrittmaß angeben;

(2) Auf jedem Stand R und V eintragen und h bilden;

(3) Am Ende die Summenprobe $\sum R - \sum V = \sum h$ rechnen;

(4) Beim Abschluß an Festpunkt als Meßprobe $\sum h$ und $(H_E - H_A)$ vergleichen; Differenz auf die h_i proportional zu den überbrückten Entfernungen verteilen.

(5) In Spalte 7 Höhe von A eintragen und verbesserte h_i aufaddieren. Nach der letzten Addition muß der Sollwert von E herauskommen.

Um darüber hinaus etwaigen regelmäßigen Fehlern [vgl. 7.2.4] entgegenzuwirken, setzt man zweckmäßig zwei Latten mit je einem Träger ein und beobachtet in der Reihenfolge R_{I}, V_{I}, V_{II}, R_{II}, d. h.

Rückblick auf Skala I der rückwärtigen Latte,

Vorblick auf Skala I der vorderen Latte,

Vorblick auf Skala II der vorderen Latte,

Rückblick auf Skala II der rückwärtigen Latte.

Zur Probe werden die Höhenunterschiede sowohl aus den Ablesungen der Skalen I wie aus denen der Skalen II gebildet und verglichen; dabei soll im allgemeinen keine größere Differenz als ± 1 mm auftreten. Bei sorgfältiger Arbeit kann bei einem so angelegten Nivellement eine Standardabweichung für 1 km von 2 bis 3 mm unschwer erreicht werden.

Aufschrieb und Rechnung werden vereinfacht, wenn *dekadisch bezifferte Latten* (vgl. Abb. 6.47b) benutzt werden. Man liest dann, wie im nachstehenden Muster gezeigt, den Rückblick natürlich, den Vorblick dekadisch ab, schreibt den Vorblick unter den Rückblick und erhält durch Addition den Höhenunterschied h. Dabei beachte man folgende Rechenregeln:

1. Das Kreuz bedeutet eine negative Einheit an der Stelle, an der es steht:

$$2{,}103 - 1{,}417 = 2{,}103 + \times 8{,}583 = +0{,}686\,.$$

2. Negatives h bedeutet, daß das Gelände fällt:

$$2{,}103 - 2{,}366 = 2{,}103 + \times 7{,}634 = \times 9{,}737\,.$$

3. Kreuz verdrängt rechts benachbarte 9:

$$\times 9{,}737 = \times{,}737 = -0{,}263\,.$$

Beispiel: Im Anschluß an die Niv.-Punkte A und E ist die Höhe des Punktes B durch Nivellement mit dekadisch bezifferten Zweiskalenlatten zu bestimmen.

Pkt.	z	Nivellement I		Nivellement II		$h =$	Höhe
		R_{I} V_{I}	$h_{\mathrm{I}} =$ $R_{\mathrm{I}} - V_{\mathrm{I}}$	R_{II} V_{II}	$h_{\mathrm{II}} =$ $R_{\mathrm{II}} - V_{\mathrm{II}}$	$\frac{1}{2}(h_{\mathrm{I}} + h_{\mathrm{II}})$	über NN
1	2	3	4	5	6	7	8
A	40	2,465		6,500			127,568
W_1	40 35	× ,873 1,827	2,338	× 5,837 5,863	2,337	2,338	2,338 129,906
B	35 50	× 8,914 1,066	0,741	× 4,879 5,101	0,742	+ 1 0,742	0,743 130,649
W_2	50 45	× ,412 0,505	0,478	× 5,378 4,540	0,479	0,478	0,478 131,127
W_3	45 30	× 8,762 1,358	× ,267	× 4,727 5,393	× ,267	+ 1 × ,267	× ,268 130,395
E	30	× ,907	1,265	× 5,873	1,266	1,265	1,265 131,660
		4,089	4,089	4,091	4,091	+ 2 4,090	4,092

(2) *Nivellements mit doppelten Wechselpunkten*

Steht eine Zweiskalenlatte nicht zur Verfügung, so kann man sich eine fortlaufende Probe durch das Verfahren der doppelten Wechselpunkte schaffen. Bei diesem Verfahren legt der Meßgehilfe zwei Unterlagsplatten mit geringem Abstand nebeneinander auf den Boden und hält die Latte erst auf der einen und dann auf der anderen Platte auf. Auf diese Weise werden zwei nebeneinander herlaufende Nivellements erhalten, die auf dem gleichen Blatt, aber jedes für sich, aufgeschrieben und durchgerechnet werden. Die Probe besteht darin, daß für beide Lattenaufstellungen die Differenz zwischen dem Vorblick im Instrumentenstand S_i und dem Rückblick in S_{i+1} gleich sein muß.

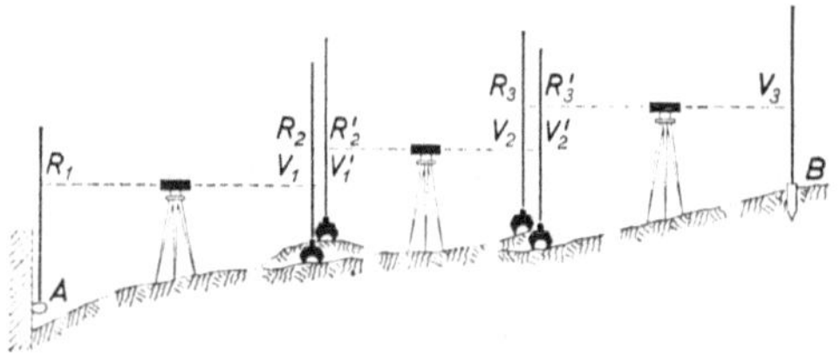

Abb. 7.8 Nivellement mit doppelten Wechselpunkten

Die Probe wird also immer erst auf dem nächsten Stand wirksam. Man kann sich jedoch eine – allerdings nicht durchgreifende – Standprobe schaffen, indem man statt zweier Unterlagsplatten eine Platte mit zwei verschieden hohen Zapfen benutzt, deren Höhenunterschied bekannt ist. Wie beim Zweiskalennivellement stelle man die Blase vor jeder Ablesung neu ein.

Die erreichbare Genauigkeit entspricht nahezu der des Nivellements mit einer Zweiskalenlatte. Das Verfahren ist aber etwas umständlicher.

Abb. 7.9 Unterlagsplatte mit 2 Zapfen

7.2.4 Feinnivellements

Für genaueste Messungen wählt man Nivelliere sehr hoher und höchster Genauigkeit. Als Zielweiten sind bei Instrumenten mit 40facher Vergrößerung Entfernungen bis zu 40m, bei Instrumenten mit 30facher Vergrößerung Entfernungen bis zu 30m zu verwenden. Der Zielstrahl soll möglichst 50 cm vom Erdboden entfernt sein. Die Zielweiten sind im Vor- und Rückblick auf 1 m gleich zu halten. Zur Genauigkeitssteigerung und um die einzelnen Meßwerte schon auf den Stationen kontrollieren zu können verwendet man Präzisions-Nivellierlatten mit doppelter Teilung. Zur Kontrolle vergleicht man die Höhenunterschiede aus den Ablesungen an den linken und rechten Lattenteilungen (Rückbl. links, Vorbl. links, Vorbl. rechts, Rückbl. rechts) auf jedem Standpunkt. Alle Ablesungen sind zu wiederholen, wenn die Differenz einen Wert von etwa 0,4 mm übersteigt. Eine zusätzliche Überprüfung ist durch das Aufsummieren von Standdifferenzen gegeben, was in dem Beispiel auf S. 218 zu erkennen ist. Jede Niv.-Strecke ist grundsätzlich im Hin- und Rückweg zu beobachten.

Für die Registrierung verwendet man in der Regel ein Datenterminal (elektronisches Feldbuch). Mit den registrierten Daten läßt sich dann ein automatischer Datenfluß bis hin zur Ausgleichung und Herstellung der Niv.-Punkt-Datei erzeugen [6.5].

Bei jedem Nivellement treten *systematische* und *zufällige Fehler* auf. Auf den einzelnen Stationen sind die systematischen Fehler in der Regel kleiner als die zufälligen Fehler; selbst wenn ihre Werte nur Bruchteile der zufälligen Fehler annehmen, führen sie jedoch bei längeren Nivellementwegen zu einer ungünstigeren Fehlerfortpflanzung. Bei längeren Niv.-Linien können die systematischen Anteile leicht dazu führen, daß der aus systematischen und zufälligen Anteilen resultierende Gesamtfehler um ein Vielfaches größer wird als der Anteil, der nur aus zufälligen Fehlern entsteht [7.4.2]. Beim Feinnivellement muß man folglich besonders darauf bedacht sein, die systematischen Fehler zu bekämpfen und ihre Auswirkung klein zu halten.

Die gefährlichsten systematischen Fehler sind:

1. Einseitige Schätzungsfehler beim Ablesen. Bekämpfung: Übergang vom Schätzen zum Messen der kleinen Intervalle an der Latte. Früher tat man das durch Nivellieren mit ausschlagender Libelle, d. h. Einstellen des Mittelfadens auf einen Lattenstrich, Ablesen des Libellenausschlages und Anbringen einer entsprechenden Korrektur an dem an der Latte abgelesenen Maß; heute benutzt man ein Planplattenmikrometer [5.2.3.5].

2. Teilungs- und Nullpunktsfehler der Latten. Bekämpfung: Regelmäßiges Kalibrieren der Latten [6.4.4.2].

3. Schiefhalten der Latten. Bekämpfung: Häufige Kontrolle der Lattenlibelle. Während der Beobachtung Latten durch je zwei Stäbe abstützen.
4. Temperatureinflüsse auf die Meßausrüstung [6.2.2.2], [6.3.2.5]. Bekämpfung: Vor Beginn der Messung ist das Nivellier zum Temperaturausgleich eine ausreichende Zeit der Außentemperatur auszusetzen. Als Faustregel merke man sich: pro 1 K Temperaturdifferenz eine Minute Wartezeit. Instrument auf dem Stand durch Schirm, während des Transportes durch Wachstuchkappe vor Sonnenbestrahlung schützen. Instrument auch möglichst wenig mit der Hand berühren. Bei hohen Genauigkeitsanforderungen ist auch die Temperatur des Invarbandes der Nivellierlatten zu erfassen und gegebenenfalls zur Korrektur des Maßstabes zu verwenden. Bei Sonneneinstrahlung können Temperaturänderungen bis zu 5 K auftreten.
5. Einsinken des Instruments während der Messung. Bekämpfung: Aufstellen nur auf festem Untergrund; ferner Benutzung einer Latte mit zwei Skalen (I und II) und Beobachtung auf jedem Stand in der in [7.2.3] erläuterten Reihenfolge R_{I}, V_{I}, V_{II}, R_{II}. Dadurch werden auch andere der Zeit proportionale Einflüsse eliminiert.
6. Einfluß des Magnetfeldes der Erde. Bekämpfung: Überprüfung des Instruments auf einer längeren Teststrecke oder im Labor[6.3.2.6].
7. Kompensationsreste bei selbsthorizontierenden Nivellieren [6.3.2.3]. Bekämpfung: Beim Horizontieren des Instruments das Fernrohr auf dem ersten Stand gegen die rückwärtige Latte, auf dem nächsten Stand dagegen nach vorn richten und in diesem Rhythmus die Richtung von Stand zu Stand wechseln.
8. Einfluß der Refraktion. Bekämpfung: Zielstrahl soll möglichst 50 cm über dem Boden verlaufen. Messung von Bergstrecken möglichst zu günstigen Zeiten mit kleinen Temperaturgradienten. Berücksichtigung von Refraktionsmodellen [6.6].

Richtung	Zielweite m	Aufstell.	Hinmessung Datum: 11. 07. 79 Zeit: 11 : 40 linke Teilung cm		rechte Teilung cm		Latten Nr. 3343 A, B Bemerkungen ∑ der Standdiff. in 1/100 mm		Richtung	Zielweite m	Aufstell.	Rückmessung Datum: 11. 07. 79 Zeit: 12 : 10 linke Teilung cm		rechte Teilung cm	
	10	r	+ 406	110	+ 104	578				15	r	+ 433	869	+ 132	337
		v	− 453	189	− 151	662					v	− 488	818	− 187	289
1			− 47	079	− 47	084	+5	+3	1			− 54	949	− 54	952
		r	+ 494	822	+ 193	292					r	+ 357	048	+ 55	505
	18		+ 447	743	+ 146	208				20		+ 302	099	+ 0	553
		v	− 402	859	− 101	350					v	− 559	588	− 258	062
2			+ 44	884	+ 44	858	+26	+20	2			− 257	489	− 257	509
		r	+ 502	801	+ 201	279					r	+ 351	418	+ 49	880
	18		+ 547	685	+ 246	137				20		+ 93	929	− 207	629
		v	− 394	091	− 92	568					v	− 559	371	− 257	852
3			+ 153	594	+ 153	569	+25	+39	3			− 465	442	− 465	481
		r	+ 535	814	+ 234	301					r	+ 374	219	+ 72	692
	17		+ 689	408	+ 387	870				17		− 91	223	− 392	789
		v	− 367	589	− 66	071					v	− 564	199	− 262	669
4			+ 321	819	+ 321	799	+20	+36	4			− 655	422	− 655	458
		r	+ 571	722	+ 270	210					r	+ 357	478	+ 55	951
	20		+ 893	541	+ 592	009				20		− 297	944	− 599	507
		v	− 353	330	− 51	809					v	− 567	590	− 266	067
5			+ 540	211	+ 540	200	+11	+40	5			− 865	534	− 865	574

		r	+ 563	744 + 262	232					r	+ 354	424 + 52	899
	20		+1103	955 + 802	432				20		− 511	110 − 812	675
		v	− 353	601 − 52	085					v	− 572	310 − 270	790
6			+ 750	354 + 750	347	+7	+45	6			−1083	420 −1083	465
		r	+ 562	291 + 260	768					r	+ 368	765 + 67	232
	17		+1312	645 +1011	115				17		− 714	655 −1016	233
		v	− 372	345 − 70	834					v	− 537	923 − 236	398
7			+ 940	300 + 940	281	+19	+53	7			−1252	578 −1252	631
		r	+ 562	280 + 260	740					r	+ 395	630 + 94	100
	20		+1502	580 +1201	021				18		− 856	948 −1158	531
		v	− 353	985 − 52	449					v	− 504	030 − 202	500
8			+1148	595 +1148	572	+23	+53	8			−1360	978 −1361	031
		r	+ 560	971 + 259	458					r	+ 400	011 + 98	486
	20		+1709	566 +1408	030				18		− 960	967 −1262	545
		v	− 358	651 − 57	128					v	− 491	960 − 190	432
9			+1350	915 +1350	902	+13	+50	9			−1452	927 −1452	977
		r	+ 490	070 + 188	553					r	+ 453	184 + 151	653
	15		+1840	985 +1539	455				10		− 999	743 −1301	324
		v	− 435	081 − 133	550					v	− 406	113 − 104	580
10			+1405	904 +1405	905	−1	+48	10			−1405	856 −1405	904

$\sum$ 175

Δh_{Hin} = 14,05904 m Meßweg 0,35 km $\Delta h_{\text{Rück}}$ = − 14,05880 m

Die schädlichsten unregelmäßigen Fehler sind:

1. Ungenaue Einstellung bei Luftflimmern. Bekämpfung: Beobachten möglichst bei bedecktem Himmel, an heißen Tagen nur in den Morgen- und Abendstunden.
2. Unbemerktes Nachziehen der Libellenblase. Bekämpfung: Libelle vor dem Ablesen zur Ruhe kommen lassen, evtl. Gang der Stehachse überprüfen.
3. Einsinken und sonstige Lageänderungen der Latten. Bekämpfung: Sorgfältiges Festlegen der Unterlagsplatten; Unterlagsplatten und Lattenfüße sauber halten.
4. Ungleiche Zielweiten. Bekämpfung: Entfernungen nicht nur abschreiten, sondern – etwa mit Distanzfäden – nachmessen; etwaige Abweichungen auf nächsten Ständen ausgleichen.
5. Mangelhafte Lattenaufsatzflächen. Bekämpfung: Latten stets mit derselben Stelle auf die Unterlagsplatte setzen. Ferner etwaige Nullpunktsdifferenz bestimmen und in Rechnung stellen oder mit der gleichen Latte, mit der angefangen wurde, auch aufhören.

Bei besonders sorgfältiger Beachtung dieser Vorschriften läßt sich für eine aus Hin- und Rückweg gemittelte Strecke eine Standardabweichung von 0,2 – 0,5 mm erreichen.

Zur Berechnung der NN-Höhen der einnivellierten Punkte werden die Beobachtungen einer Ausgleichung nach der Methode der kleinsten Quadrate unterzogen (Gotthardt 1978, Pelzer 1980). Dabei werden zuvor an den im DHHN beobachteten Höhenunterschieden „Schwerereduktionen" angebracht, die den unterschiedlichen Werten der Schwerebeschleunigung und ihren Auswirkungen auf das Nivellement Rechnung tragen (Torge 1975, 1980).

Beispiel: Durch ein Feinnivellement ist der Höhenunterschied zwischen den Niv.-Punkten A und B zu bestimmen. Für die Messungen verwendet man Zweiskalenlatten. Es werden auch die 1/100 mm abgelesen. Die Höhenunterschiede auf den einzelnen Standpunkten werden fortlaufend aufaddiert. Die gleichzeitig berechneten aufsummierten Standdifferenzen in 1/100 mm pro Aufstellung liefern eine Kontrolle für die Messungen. Bei Feinnivellements setzt man häufig ein elektronisches Feldbuch ein [6.5]. Die Auswertungen und Kontrollen führt dann automatisch der Mikroprozessor des elektronischen Feldbuches auf jeder Station aus.

7.3 Nivellierverfahren in Sonderfällen

7.3.1 Nivellitische Fluß- und Talübergänge

Bei der nivellitischen Überwindung von Flüssen und Tälern läßt das Nivellier sich nicht, wie sonst üblich, in der Mitte zwischen den beiden Latten aufstellen, sondern man beobachtet gewöhnlich gleichzeitig von beiden Ufern aus die Latten oder Zieltafeln am jeweils anderen Ufer. Durch Mitteln der Beobachtungsergebnisse fällt damit der Einfluß der Erdkrümmung ganz heraus, und die Einwirkungen von Refraktion und restlichen Instrumentenfehlern werden dadurch gemildert, daß nach einem streng symmetrischen Programm beobachtet wird. Möglichst symmetrisch zur Achse des Flusses oder Tales soll auch das Gelände sein, desgl. der Sonnenstand und im Tidegebiet der Wasserstand; ferner die Luft- und Wassertemperatur und schließlich die Windrichtung. Mängel des Instrumentariums wird durch den Austausch der beiderseitigen Beobachtungsinstrumente entgegengearbeitet. Dieses Verfahren erfordert jedoch lange Beobachtungszeiten und umfangreiche Berechnungen.

Für Übergänge mittlerer Größen (bis zu 1 – 2 km hat die Firma *Zeiss*-Oberkochen eine Talübergangsausrüstung entwickelt, die die Justierungsfehler eliminiert, die Reflexionseinflüsse vermindert und gleichzeitig den Beobachtungs- und Rechenaufwand beträchtlich herabsetzt (*Drodofsky* 1960, 1964; *Kakkuri* 1966, 1969). Die Ausrüstung besteht aus vier Ni 2, je zwei und zwei auf zwei Grundplatten montierbar, die mittels einer Dosenlibelle horizontiert werden können. Hinzu kommen für jedes Ni 2 ein Drehkeilvorsatz, ferner für die Visuren nach dem jenseitigen Ufer zwei Paar Zieltafeln oder Beleuchtungsreflektoren auf Dreifüßen und für die Anschlüsse an nahe gelegene Festpunkte an jedem Ufer eine Nivellierlatte (Abb. 7.10).

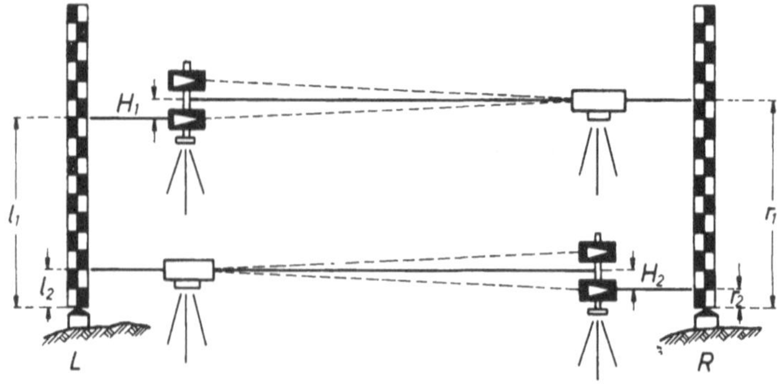

Abb. 7.10 Anordnung der Instrumente bei der Talübergangsmessung

Dem Meßverfahren liegen folgende Gedanken zugrunde:

(1) Bringt man zwei mit geringem Höhenunterschied aufgestellte und auf Unendlich fokussierte Nivelliere in gegenseitige Kollimation [6.2.3.2], so sind ihre Ziellinien parallel. Die Zenitwinkel der beiden Ziellinien ergänzen sich dann zu 2 Rechten oder anders ausgedrückt: Das eine Instrument zielt in bezug auf den mittleren oder, wie *Drodofsky* (1960) schreibt, den wahren Horizont um ebenso viel nach oben wie das andere nach unten.

(2) Hat man nun zwei Ni 2 in eine solche Stellung gebracht, so wird durch die Kompensatoren die einmal eingestellte Neigung der Ziellinie unverändert festgehalten, wenn die Instrumente gedreht werden. Man kann also die auf gegenseitige Kollimation eingestellten Instrumente auf eine Latte richten und ablesen. Man weiß dann, daß das Mittel aus beiden Ablesungen diejenige Stelle der Latte ist, in welcher der wahre Horizont durch die beiden Instrumente die Latte trifft.

(3) Da die Kippachse des Ni 2 der anallaktische Punkt des Ni 2-Fernrohrs ist, ist die Höhe des Horizonts zweier Instrumente gleich dem arithmetischen Mittel der Kippachsenhöhen der beiden Instrumente.

Nach den aus (1) bis (3) gewonnenen Einsichten laufen die Beobachtungen, wenn man in Abb. 7.10 zunächst die rechte Seite betrachtet, folgendermaßen ab:

1. *Schritt:* Nach dem Aufsetzen der Drehkeilvorsätze auf die beiden auf *einer* Grundplatte befestigten Ni 2 sowie der automatischen Horizontierung der Instrumente wird allein durch Betätigung der Drehkeile die Kollimation zwischen beiden Instrumenten hergestellt, und es werden die zugehörigen Neigungen der Ziellinien auf 2″ genau an den Skalen der Drehkeile abgelesen. Die Ablesungen seien am ersten Instrument mit n_1, am zweiten mit n_2 bezeichnet. Anschließend wird die Kippachsenhöhe beider Ni 2 durch Visur nach einem nahegelegenen Festpunkt bestimmt.

2. *Schritt:* Nachdem auf dem linken Ufer die obere Zieltafel T_o und die untere Zieltafel T_u (im Idealfalle senkrecht übereinander) aufgestellt sind, und ihr Höhenunterschied b ermittelt ist, werden vom rechten Ufer aus mit Instrument 1 durch Drehen am Keil zuerst T_o und T_u angezielt und dazu an der Drehkeilskala die Neigungen o_1 und u_1 abgelesen. Entsprechend werden mit dem Instrument 2 die Neigungen o_2 und u_2 erhalten. Die gleichen Arbeitsgänge werden von der Beobachtungsgruppe am jenseitigen Ufer – möglichst gleichzeitig – erledigt. Selbstverständlich wird jede Einstellung mehrfach wiederholt. Abschließend werden auf beiden Seiten die Latten auf den nahen Festpunkten noch einmal angemessen. Damit ist ein Satz der Flußüberquerungsmessung erledigt, dem in der Regel weitere Sätze folgen.

Die *Auswertung* wird zunächst für jede Station getrennt vorgenommen. Abb. 7.11 zeigt mit den soeben eingeführten Bezeichnungen die Zielungen mit beiden Instrumenten 1 und 2 nach der Gegenstation sowie den horizontalen Strahl, mit dem auch die Latte auf dem nahen Anschlußpunkt zu erfassen ist. o_1 und u_1 sind jetzt aber die arithmetischen Mittel aller bei den Zielungen nach T_o und T_u mit dem Instrument 1 gemessenen Neigungen, und ebenso sind o_2 und u_2 die entsprechenden Werte mit dem Instrument 2. In gleicher Weise sind n_1 und

n_2 die Mittelwerte aller Kollimationseinstellungen mit den Instrumenten 1 bzw. 2.

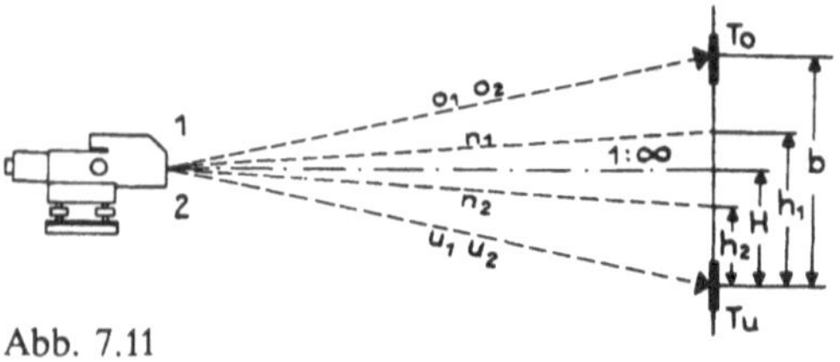

Abb. 7.11

Zur Vereinfachung der Rechnungen werden nun die Hilfshöhen h_1 und h_2 eingeführt und zwar sind nach Abb. 7.11 h_1 und h_2 die Höhen *der* Punkte über T_u, in denen die den Mittelwerten n_1 und n_2 der Kollimationen entsprechenden Zielstrahlen in der Ebene der Zieltafeln eintreffen. Der Abb. 7.11 entnimmt man dann die Beziehungen

$$h_1 = b\,\frac{n_1 - u_1}{o_1 - u_1}, \tag{7.3}$$

$$h_2 = b\,\frac{n_2 - u_2}{o_2 - u_2}. \tag{7.4}$$

Nach der vorbereitenden Überlegung unter 2) entspricht das arithmetische Mittel aus n_1 und n_2 dem wahren Horizont der beiden auf dem rechten Ufer stehenden Ni 2. Dieser schneidet die Tafelebene, wenn auf die Indizes zunächst verzichtet wird, in der Höhe

$$H = \frac{h_1 + h_2}{2}. \tag{7.5}$$

Diese Beziehung gilt sowohl für die Höhen bei der Messung von rechts nach links (Index 1) wie umgekehrt (Index 2). Damit sind H_1 und H_2 bekannt; die Entfernung S der beidseitigen Stationen wird bei dieser Rechnung nicht benötigt.

H_1 und H_2 sind bis jetzt aber nur das Ergebnis eines Satzes der Tal- oder Flußübergangsmessung. Wie oft dieser wiederholt werden muß, hängt von der Gunst oder Ungunst des Wetters und von der verlangten Genauigkeit ab.

An die Messungsergebnisse muß noch die Korrektion *dH* wegen Erdkrümmung und Refraktion angebracht werden; die Formel hierfür lautet nach (*Drodofsky* 1960)

$$dH = \frac{1-k}{6{,}37} S\, dS, \tag{7.6}$$

worin S die Zielwerte in km, dS der Unterschied der beiden Zielweiten in m und dH die Höhenkorrektion in mm bedeutet. S kann genau genug mit der oben gefundenen Größe b nach der Formel

$$S = \frac{10000\, b}{o_1 - u_1} = \frac{10000\, b}{o_2 - u_2} \tag{7.7}$$

ermittelt werden. Als Standardabweichung des Ergebnisses von 6 bis 8 Sätzen bei mittleren atmosphärischen Verhältnissen errechnet Drodofsky 1 mm/1 km. Aus praktischen Messungen erhielt *Kakkuri* (1966) aufgrund viertägiger Beobachtungen für einen Flußübergang über 931 m als Standardabweichung des Mittelwertes 12 mm.

Für Übergänge über breite Ströme ist das *hydrostatische Nivellement* ein geeignetes Verfahren. Basisinstrument ist eine Schlauchwaage hoher Präzision (*Sandig, Scheel* 1957; *Sneddon* 1979; *Tierbach* 1979). Schließlich können auch Theodolite mit guten Höhenkreisen für Übergänge eingesetzt werden (*Hasse* 1964).

7.3.2 Das motorisierte Präzisionsnivellement

Das Feinnivellement über lange Strecken ist ein überaus langwieriges Geschäft. Versuche, es durch die trigonometrische Höhenmessung (Band III, 1) zu ersetzen, haben nur im Hochgebirge begrenzten Erfolg gehabt, weil man die Refraktion trotz 100-jähriger wissenschaftlicher Untersuchungen und großer praktischer Erprobungen nicht in den Griff bekam und wohl auch nie ganz bekommen wird. Beide Schwierigkeiten, –

d. h. den langsamen Fortschritt beim Feinnivellement und die Ungenauigkeit trigonometrischer Höhenmessung – kann man mit dem *motorisierten Präzisionsnivellement* überwinden (*Peschel* 1974).

Es mußte ein Präzisions-Kompensatornivellier entwickelt werden, an dessen Konstruktion vor allem folgende Forderungen gestellt wurden:

a) nahezu vollständige Unempfindlichkeit gegen Temperaturänderungen und Zielweitendifferenzen,
b) Gangunsicherheiten bei der Fokussierung vermeiden,
c) seitliche Einblicke für Zielung, Mikrometerablesung und für die Beobachtung der Dosenlibelle einbauen,
d) wegen der eingeschränkten Bewegungsmöglichkeiten im Fahrzeug Bedienungseinrichtungen für Fokussierung, Mikrometereinstellung und seitliche Bewegungen des Instruments auf beiden Seiten des Instruments vorsehen.

Von *Jenoptik* (Jena) ist das Nivellier NI 002 so entwickelt worden, daß es all diesen Anforderungen entspricht [6.3.1.1].

Beim Dresdner Modell werden das Personal und das Instrumentarium mit Kraftfahrzeugen transportiert. Für den Instrumenten- und Lattentransport stehen 2 Personenkraftwagen zur Verfügung: das Instrumentenfahrzeug und das Lattenfahrzeug. Instrument und Latten werden vom Wagen aus aufgestellt und bedient.

a) Im Lattenfahrzeug (Abb. 7.12) hängt an der verstärkten linken Wagentür ein Lattenuntersatz von 10 kg Masse, den der Fahrer von seinem Sitz aus auf die Straßendecke setzt. Auf dem Wagendach befindet sich die Lattenhaltevorrichtung, aus der der Fahrer ebenfalls vom Sitz aus die Latte mit ihrem Fuß auf den Lattenuntersatz aufsetzen und die Latte mit den Steuerungsvorrichtungen vertikal stellen kann.

b) Das Instrumentenfahrzeug (Abb. 7.13) hat ebenfalls einige Besonderheiten. Von den drei überlangen Stativbeinen wird eines durch einen Wagendurchbruch hindurch auf die Straßen-

Abb. 7.12 Lattenfahrzeug

Abb. 7.13 Instrumentenfahrzeug

decke gestellt, während die beiden anderen Stativbeine außerhalb des Fahrzeugs auf der Straße stehen. Auf das Stativ wird ein Kugelkopf gestellt, mit dem eine schnelle Grobhorizontierung des Nivelliers möglich ist. Das Wageninventar wird vervollständigt durch Meterzähler, Sprechfunkgerät, Registriergeräte, Verkehrszeichen und manchmal ein Instrumentarium zur Ermittlung vertikaler Temperaturdifferenzen.

Bei den Arbeiten der letzten Jahre wurden Standardabweichungen für 1 km erreicht, die regelmäßig unter 0,2 mm/km lagen.

Von *Angus-Leppan* (1983) wird ein weiteres Verfahren vorgeschlagen: Zwei Wagen werden eingesetzt, von denen jeder ein Nivellierinstrument und eine Nivellierlatte trägt. Die Messungen können so gegenseitig von zwei Fahrzeugen aus durchgeführt werden. Die Refraktionseinflüsse kontrolliert ein Reflexionsverfahren. Auch für Präzisionsnivellements werden Zielweiten von einigen 100 m vorgeschlagen.

7.4 Genauigkeit des Nivellements

Die durch das Nivellement erhaltenen Höhenunterschiede werden durch *systematische* und *zufällige Fehler* verfälscht. Es gelingt jedoch, durch die in [7.2.4] genannten Maßnahmen, die systematischen Fehler weitgehend auszumerzen. Nachfolgend soll in [7.4.1] zunächst die Wirkung zufälliger Fehler behandelt werden. Wie noch verbleibende systematische Fehler zusätzlich die Ergebnisse beeinflussen, behandelt [7.4.2].

7.4.1 Fehlerfortpflanzung zufälliger Fehler und die Standardabweichung für 1 km Nivellement

Da der Gesamthöhenunterschied beim Nivellieren die Summe zahlreicher Einzelhöhenunterschiede ist, wächst die Standardabweichung nach [1.4] Gl. (1.15) mit der Wurzel aus der Anzahl der Aufstellungen:

$$\sigma_L = \sigma_\varepsilon \sqrt{L/2z} = \sigma_\varepsilon \sqrt{n} \qquad (7.8)$$

mit

σ_ε: Standardabweichung der zufälligen Fehler einer Aufstellung

L: Länge der Niv.-Linie

z: Zielweite

n: Anzahl der Aufstellungen

In der Regel legt man jedoch nicht die Standardabweichung einer Höhenunterschiedsbestimmung, sondern die Standardabweichung einer Strecke von 1 km zugrunde. Dann ist die Standardabweichung einer Nivellementlinie L, die a_{km} Kilometer lang ist,

$$\sigma_L = \sigma_{\text{Niv/km}} \cdot \sqrt{a_{\text{km}}}\,. \qquad (7.9)$$

Die Standardabweichung für 1 km Nivellement $\sigma_{\text{Niv/km}}$ läßt sich je nach Art der getätigten Beobachtungen *aus den Differenzen zwischen Hin- und Rückweg, aus den Widersprüchen beim Abschluß an Festpunkten und aus Schleifenschlüssen* berechnen. In den dafür bestimmten Formeln versteht man unter R die „Strecke" zwischen zwei benachbarten Höhenfestpunkten; eine „Linie" L ist die Summe der Strecken zwischen zwei Knotenpunkten, d.h. Punkten, an denen mehrere Linien zusammenlaufen; eine „Schleife“ führt über mehrere Fest- oder Knotenpunkte wieder auf den Ausgangspunkt zurück.

a) *Die Standardabweichung für 1 km aus den Differenzen d_i zwischen Hin- und Rückweg*

Es mögen n Strecken $R_1, R_2 \dots R_n$ im Hin- und Rückgang beobachtet sein; dann ist nach [1.4] Gl. (1.33) wegen $1/p_i = R_i$ *die Standardabweichung einer 1 km langen einfach gemessenen Strecke*

$$s_{\mathrm{Niv/km}} = \sqrt{\frac{1}{2n}\left[\frac{dd}{R_{\mathrm{km}}}\right]}, \tag{7.10}$$

die Standardabweichung einer 1 km langen aus Hin- und Rückgang gemittelten Strecke

$$\sigma_{\mathrm{DNiv/km}} = \frac{\sigma_{\mathrm{Niv/km}}}{\sqrt{2}}. \tag{7.11}$$

Bei Linien treten die L an die Stelle der R.

(b) *Standardabweichung für 1 km aus den Widersprüchen w_i beim Anschluß an zwei Festpunkte oder bei geschlossenen Nivellementschleifen*

Es sei ein Linienzug zwischen zwei Anschlußpunkten oder eine geschlossene Schleife von der Länge $[L]$ beobachtet und dabei der Abschlußwiderspruch w aufgetreten. Dann ist nach [1.4] Gl. (1.30) wegen $[1/p] = [L]$ *die Standardabweichung für 1 km berechnet aus einem Widerspruch*

$$s_{\mathrm{Niv/km}} = \frac{w}{\sqrt{[L_{\mathrm{km}}]}}. \tag{7.12}$$

Eine aus nur einem Widerspruch berechnete Standardabweichung hat keinen großen Wert; ein zuverlässigeres Maß ist *die Standardabweichung berechnet aus n Widersprüchen*

$$s_{\mathrm{Niv/km}} = \sqrt{\frac{1}{n}\left[\frac{ww}{[L_{\mathrm{km}}]}\right]}. \tag{7.13}$$

In beiden Fällen wird, wenn nur in einer Richtung gemessen ist, die Standardabweichung für 1 km Einzelmessung erhalten; ist aber mit dem Mittel aus Doppelmessungen in die Formeln eingegangen, so bezieht sich auch die Standardabweichung auf eine aus Hin- und Rückgang gemittelte Strecke

$$s_{\mathrm{DNiv/km}} = \sqrt{\frac{1}{n}\left[\frac{ww}{L_{\mathrm{km}}}\right]}\,. \tag{7.14}$$

(c) *Vergleich der Standardabweichungen, berechnet aus Hin- und Rückweg und aus Schleifenschlüssen*

Sind mehrere Schleifen der in Abb. 7.14 angedeuteten Art im Hin- und Rückweg beobachtet, so wird die Standardabweichung für 1 km Doppelnivellement sowohl aus Hin- und Rückweg gem. (7.11), wie aus den Schleifenwidersprüchen gem. (7.14) berechnet. Erhält man dabei aus der Mehrzahl der

Abb. 7.14

Schleifenschlüsse eine größere Standardabweichung als aus Hin- und Rückweg, so ist anzunehmen, daß die systematischen Fehler nicht hinreichend ausgeschaltet sind. Dann muß eine Überprüfung des Meßverfahrens anhand der in [7.2.4] genannten Kriterien vorgenommen werden.

Zahlenbeispiele:

Zu a) In dem in Abb. 7.14 dargestellten Netzteil ergaben sich für die Linien L_1, L_2 zwischen Hin- und Rücknivellement die nachfolgenden Differenzen:

Linie	L in km	d in mm	dd/L
L_1	108,2	−2,4	0,05
L_2	30,4	+1,0	0,03
L_3	41,1	−8,1	1,60
L_4	61,3	+13,5	2,97
L_5	30,5	−4,8	0,75
L_6	73,5	+8,7	1,03
L_7	35,0	−4,5	0,58
L_8	83,1	−0,3	0,00
			7,01

Daraus erhält man gem. (7.10) und (7.11) folgende Standardabweichungen:

$$s_{\mathrm{Niv/km}} = \sqrt{\frac{1}{2 \cdot 8}\, 7{,}01} = 0{,}66 \text{ mm}\,,$$

$$s_{\mathrm{DNiv/km}} = \frac{0{,}66}{\sqrt{2}} = 0{,}47 \text{ mm}\,.$$

Zu b) In demselben Netzteil traten, als die doppelt nivellierten Linien zu Schleifen zusammengestellt wurden, die nachfolgenden Widersprüche auf:

Schleife	$[L]$ in km	w in mm	$ww/[L]$
I	179,7	−0,31	0,00
II	122,3	−9,00	0,66
III	139,2	+5,25	0,20
IV	159,6	+6,73	0,28
			1,14

Daraus ergab sich gem. (7.14)

$$s_{\mathrm{DNiv/km}} = \sqrt{\frac{1}{4}\,1{,}14} = 0{,}53\ \mathrm{mm}\,.$$

Zu (c) Der nach (7.14) erhaltene Wert liegt nur ganz wenig über dem Ergebnis der auf (7.11) gestützten Rechnung. Bemerkenswerte systematische Fehler dürften daher bei der Beobachtung nicht aufgetreten sein.

7.4.2 Fehlerfortpflanzung zufälliger und systematischer Fehler

Die systematischen Fehler sind zwar in der Regel kleiner als die zufälligen, haben jedoch eine ungünstigere Fehlerfortpflanzung. Nach *Pelzer* (1984) gilt für die Standardabweichung eines nivellierten Höhenunterschiedes Δh einer Nivellementlinie der Länge L:

$$\begin{aligned}\sigma_L &= \sigma_\varepsilon \sqrt{n}\,\sqrt{1 + nq^2} \\ &= \sigma_\varepsilon \sqrt{n}\,\sqrt{1 + \frac{q^2}{2z}\,L} = \sigma_\varepsilon \sqrt{n} \cdot k\end{aligned} \tag{7.15}$$

mit

$q = \dfrac{\sigma_\Delta^2}{\sigma_\varepsilon^2}$: Verhältnis der Varianzen der systematischen und zufälligen Fehler bei einer Aufstellung.

Wie man aus (7.15) erkennen kann, ist der Maßstabsfaktor k eine Funktion der Länge L des Niv.-Weges. Aus der Abb. 7.15 können Werte für den Maßstabsfaktor abgegriffen werden. Für $q = 0{,}1$ und $L = 20$ km z. B. erhält man den Wert $k \approx 2$. In dem Fall verdoppeln schon die systematischen Fehler die Standardabweichungen, die aus den zufälligen Fehlern resultieren, obwohl das Verhältnis dieser Fehler bei einer einzigen Aufstellung nur 1 : 10 ist. Man kann annehmen, daß

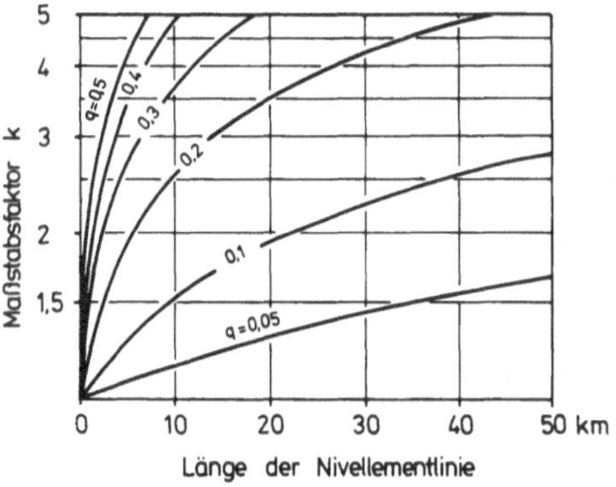

7.15 Maßstabsfaktor k (vgl. Gl. 7.15) als Funktion der Länge der Niv.-Linie für verschiedene Werte des Verhältnisses $q = \frac{\sigma_\Delta^2}{\sigma_\varepsilon^2}$ (*Pelzer* 1984).

auf einer Station σ_ε etwa 0,1 mm beträgt. Es erscheint daher gerechtfertigt, zu fordern (*Pelzer* 1984):

$$\sigma_\Delta \leq \frac{\sigma_\varepsilon}{10} = 0{,}01 \text{ mm} . \tag{7.16}$$

7.4.3 Die Fehlergrenzen für Festpunktnivellements

Für die Messungen im Nivellementpunktfeld (NivP-Feld) [7.1] sind in den unter [7.1.1] genannten Richtlinien Fehlergrenzen festgesetzt, die gem. [1.4.9] etwa das Dreifache der zu erwartenden Standardabweichung betragen. Sie lauten im Auszug:

Bei den Nivellements im NivP-Feld dürfen folgende Fehlergrenzen nicht überschritten werden:

a) Widerspruch d_1 des Hin- und Rücknivellements zwischen zwei aufeinanderfolgenden NivP:

$$\begin{aligned} &\text{Im Netz 1. Ordnung:} \quad d_1 = \pm 2\sqrt{R}\,\text{mm}, \\ &\text{im Netz 2. Ordnung:} \quad d_1 = \pm 3\sqrt{R}\,\text{mm}, \\ &\text{im Netz 3. Ordnung:} \quad d_1 = \pm 5\sqrt{R}\,\text{mm}. \end{aligned} \tag{7.17}$$

b) Widerspruch d_2 aus neuer Messung und dem früher bestimmten (veröffentlichten) Höhenunterschied zweier NivP:

$$
\begin{aligned}
&\text{Im Netz 1. Ordnung:} \quad d_2 = \pm(2 + 2\sqrt{R})\ \text{mm}\,,\\
&\text{im Netz 2. Ordnung:} \quad d_2 = \pm(2 + 3\sqrt{R})\ \text{mm}\,,\\
&\text{im Netz 3. Ordnung:} \quad d_2 = \pm(2 + 5\sqrt{R})\ \text{mm}\,,\\
&\text{im Netz 4. Ordnung:} \quad d_2 = \pm(2 + 6\sqrt{R})\ \text{mm}\,.
\end{aligned}
\tag{7.18}
$$

Hierin ist R die Länge der Niv-Strecke (einfacher Meßweg) in Kilometern.

Bei technischen Nivellements hängt die Genauigkeit, mit der nivelliert werden muß, von der Genauigkeit ab, die für den jeweiligen Zweck gefordert wird. Fehlergrenzen haben daher für Nivellements, die die Grundlage für technische Anlagen bilden, keinen rechten Sinn. Der Ingenieur muß in der Lage sein, ein den Genauigkeitsanforderungen entsprechendes Nivellierverfahren zu wählen und durch Berechnung der Standardabweichung zu prüfen, ob die erstrebte Genauigkeit erreicht ist.

7.5 Längs- und Querprofile

Für die Trassierung von Verkehrswegen werden häufig Längs- und Querprofile oder digitale Geländemodelle aufgenommen. Längs- und Querprofile reichen in der Regel aus, wenn die Trasse schon weitgehend festliegt. Digitale Geländemodelle sind eine geeignete Planungsunterlage, wenn als Vorbereitung für die endgültige Entscheidung zunächst noch mehrere Varianten zu planen sind. Auf digitale Geländemodelle wird in [Bd. III] eingegangen.

Die Messungen kann man mit Nivelliergeräten, elektronischen bzw. optischen Tachymetern oder mit Hilfe photogrammetrischer Systeme ausführen. Nachfolgend wird die Aufnahme mit Nivellieren besprochen. Die Geländeaufnahme mit Tachymetern wird in [Bd. III] behandelt.

7.5.1 Längsprofile

Ein Längsprofil ist ein Vertikalschnitt durch die Erdoberfläche längs einer *Leitlinie*, die bei Straßen- und Eisenbahnen meistens die Achse des künftigen Bauwerks, bei Wasserwegen eine Parallele zur Achse ist.

Die Aufnahme beginnt mit der Verpfählung und Stationierung der Leitlinie. Diese wird je nach Zweck und Gelände in Abständen von 25, 50 oder 100 m, dazu bei Gefällwechseln und Schnitten mit Wegen und Wasserläufen durch einen *Grundpfahl* und einen *Nummerpfahl* bezeichnet. Der Grundpfahl, dessen Höhe einnivelliert werden soll, wird erdbodengleich geschlagen; auf dem Nummerpfahl wird die *Stationierung* vermerkt. Der Stationierung werden Hektometer zugrunde gelegt, so daß die Stationspunkte statt mit 50 m, 175 m, 273 m ... mit 0^{+50}, 1^{+75}, 2^{+73}, ... bezeichnet werden. Die Entfernungen werden vom Anfangspunkt der Trasse an auf der Leitlinie gemessen.

Für die Höhenmessung kann man ein Baunivellier einsetzen. Die NN-Höhen der Anfangspunkte werden durch ein Festpunktnivellement von einem benachbarten Höhenfestpunkt hergeleitet. Auf der Leitlinie selbst benutzt man Grundpfähle, die etwa 100 m voneinander entfernt sind, als Wechselpunkte und nimmt die dazwischen liegenden Grundpfähle und sonstige wichtige Punkte (Pegel usw.) mit sogenannten Seitenblicken auf. Zur Kontrolle schließt man auf einem anderen Höhenfestpunkt ab oder kehrt an den Ausgangspunkt zurück. Die Abschlußfehler werden wie beim einfachen Nivellement proportional zur Strecke auf die einzelne Abschnitte verteilt.

Bei der Aufschreibung verfahre man nach dem nachstehenden Zahlbeispiel (s. Muster S. 236).

Sehr vorteilhaft kann für die Registrierung der Daten ein elektronisches Feldbuch [6.5] sein. Die Auswertung und Kontrolle der Meßwerte läßt sich dann im Felde automatisch ausführen.

Beispiel: Längsprofil

Pkt.	z	Rück-blick	Seiten-blick	Vor-blick	Instr. Horizont	Höhe über NN	Verb. (mm)
1	2	3	4	5	6	7	8
A	50	1,415				49,675	
	50			1,290	51,090		
W_1	45	0,420				49,800	+3
	45			1,655	50,220		
0^{+0}	50	1,390				48,565	+6
0^{+25}			3,175		49,955	46,780	+6
0^{+50}			2,955			47,000	+6
0^{+75}			0,595			49,360	+6
	50			0,700			
1^{+0}	50	2,040				49,255	+9
1^{+25}			1,545		51,295	49,750	+9
1^{+50}			3,235			48,060	+9
1^{+75}			0,820			50,475	+9
	50			0,415			
2^{+0}	30	1,005				50,880	+12
	30			2,090	51,885		
W_2	40	1,870				49,795	+15
	40			1,235	51,665		
E					Ist	50,430	+18
		8,140		7,385	Soll	50,448	
		0,755				+0,773	

7.5.2 Querprofile

Querprofile sind Vertikalschnitte durch die Erdoberfläche, die mit Hilfe der in [2.2] beschriebenen Geräte in geraden Strecken normal zur Leitlinie abgesteckt werden; in Knickpunkten der Leitlinie nimmt man die Richtung der Winkelhalbierenden, in Kurven radiale Richtung. Die seitliche Ausdehnung der Querprofile schwankt zwischen 20 und 50 m; sie ist vom Zweck der Aufnahme und vom Gelände abhängig. Die Querprofile werden einerseits für die Bearbeitung des Entwurfs gebraucht, zum anderen bilden sie die Grundlage für die Erdmassenberechnung. Sie sind daher überall dort aufzunehmen, wo die Geländeneigung und wo die Richtung der Leitlinie sich ändern.

Die seitlichen Entfernungen werden von dem in der Leitlinie liegenden Achspunkt aus auf Dezimeter gemessen und in einem unmaßstäblichen Handriß (Abb. 7.16) eingetragen. Zur Höhenbestimmung (auf cm oder dm) wird ein Baunivellier so aufgestellt, daß möglichst das ganze Profil von einem Stand übersehen werden kann. Man bestimmt dann mit Hilfe einer auf dem Achspunkt aufgehaltenen Latte den Instrumentenhorizont, liest die Latte an den eingemessenen Geländepunkten ab und notiert die Lattenablesungen im Handriß. Falls das Profil, wie in Abb. 7.16, nicht von einem Stand aus voll übersehen

---

←

Erläuterung zu dem Beispiel S. 236: Beginnend auf dem Anfangspunkt *A* bildet man auf jedem Standpunkt aus der NN-Höhe des im Rückblick angezielten Punktes plus der Lattenablesung nach diesem Punkt den „Instrumentenhorizont“. Vom Instrumentenhorizont aus werden die Geländehöhen der seitwärtsliegenden Punkte und der Wechselpunkte dadurch erhalten, daß man Seitenblicke und Vorblicke vom Instrumentenhorizont abzieht. Bei fehlerfreiem Nivellement muß man dann schließlich die Sollhöhe des Endpunktes *E* erhalten. Eine Abschlußdifferenz, die sich im Rahmen der geforderten Genauigkeit halten muß, kann nachträglich auf die einzelnen Standpunkte verteilt werden. Die Höhen der durch Seitenblick gewonnenen Punkte werden durch die Abschlußprobe nicht kontrolliert; man rechnet sie daher noch einmal nach. Wird auch eine Meßprobe gefordert, so muß eine zweite Aufnahme gemacht werden.

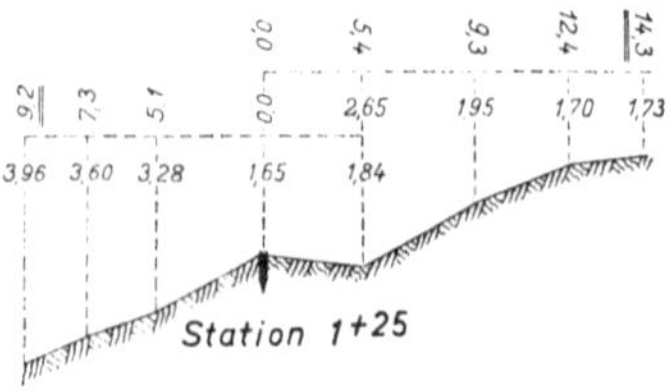

Abb. 7.16 Handriß vom Aufnehmen eines Querprofils

werden kann, muß das Instrument ein zweites Mal aufgestellt werden. Meß- und Rechenproben können nur durch eine unabhängige Aufnahme mit leicht geändertem Horizont beschafft werden. Meistens wird darauf jedoch verzichtet, weil bei dem ständigen Vergleich von Natur und Lattenablesungen größere Fehler unwahrscheinlich sind.

An steilen Hängen oder in unübersichtlichem Waldgelände werden Querprofile am besten mit einem Tachymeter aufgenommen.

7.5.3 Auftragen der Längs- und Querprofile

Die Längs- und Querprofile werden an Hand des Feldbuches S. 236 und des Handrisses (Abb. 7.16) am einfachsten auf Millimeterpapier aufgetragen. *Im Längsprofil* (Abb. 7.17) legt man eine Bezugslinie als Abszissenachse an den unteren Blattrand; sie stellt eine Parallele zum Horizont dar, die um ein Vielfaches von 10 m über der Höhenausgangsfläche liegt. Auf der Bezugslinie wird die Leitlinie möglichst im Maßstab des Lageplanes abgetragen. Als Ordinaten werden die Höhen der Achspunkte über der Bezugslinie eingezeichnet, jedoch, um die Höhenverhältnisse klar heraustreten zu lassen, in einem mindestens 10 mal größeren Maßstab. Übliche Maßstäbe für die Längen sind 1 : 1000 bis 1 : 5000, für die Höhen 1 : 100 bis 1 : 250.

Im Querprofil (Abb. 7.18) werden, damit die Entwürfe nicht verzerrt werden, Längen und Höhen im gleichen Maßstab aufgetragen, und zwar meistens im Maßstab der Höhen des

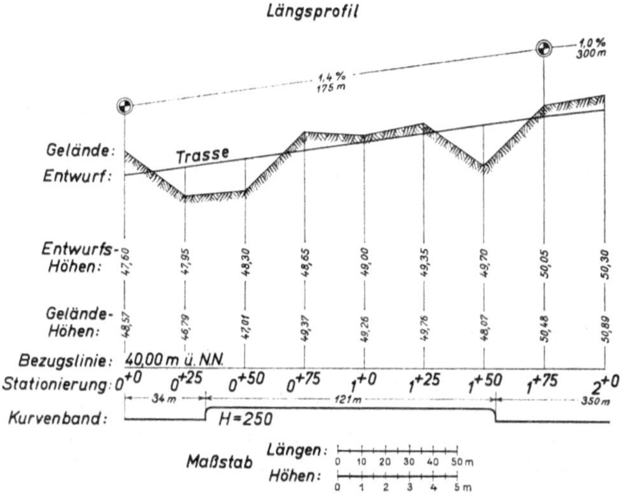

Abb. 7.17 Längsprofil

Längsprofils. Zweckmäßig überträgt man zunächst den Achspfahl aus dem Längsprofil, zeichnet dann den bei der Aufnahme des Querprofils benutzten Instrumentenhorizont ein und setzt von da aus die Geländepunkte nach unten ab. Die Bezugslinie kann zur Raumersparnis noch stärker angehoben werden

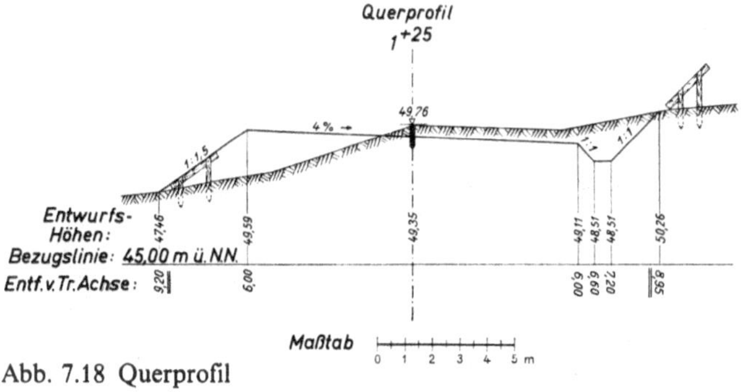

Abb. 7.18 Querprofil

als beim Längsprofil. Das Querprofil des abzusteckenden Bauwerks ist zusätzlich in die Zeichnung übertragen.

Die zu bewegende Erdmasse ergibt sich bei Auftrag und Abtrag als Mittel der Projektflächen benachbarter Querprofile multipliziert mit ihrem Abstand; beim Anschnitt tritt an die Stelle des Mittels die halbe Differenz [Bd. III].

7.6 Flächennivellements

7.6.1 Lagemessung, Höhenaufnahme, Zeichnung der Höhenpläne

Für die Bearbeitung von Bebauungsplänen, die Anlage von Sportplätzen, die Einrichtung von Ent- und Bewässerungen usw. benötigt man einen mit Höhenlinien versehenen Lageplan. Dabei werden die Höhenlinien aufgrund von Geländepunkten entworfen, die in der Örtlichkeit nach Lage und Höhe festgelegt sind. Die Höhe wird bei schwach geneigtem Gelände nivellitisch, bei stärkeren Neigungen tachymetrisch bestimmt [Bd. III].

Die Lagemessung richtet sich nach den etwa vorhandenen Kartenunterlagen und nach der Höhengestaltung des Geländes.

a) Ist ein Lageplan mit zahlreichen eingemessenen Punkten (Grenzsteinen usw.) vorhanden, so wählt man, zumal in flachen Gegenden, für die Höhenaufnahme eine Anzahl von diesen Punkten aus oder legt,

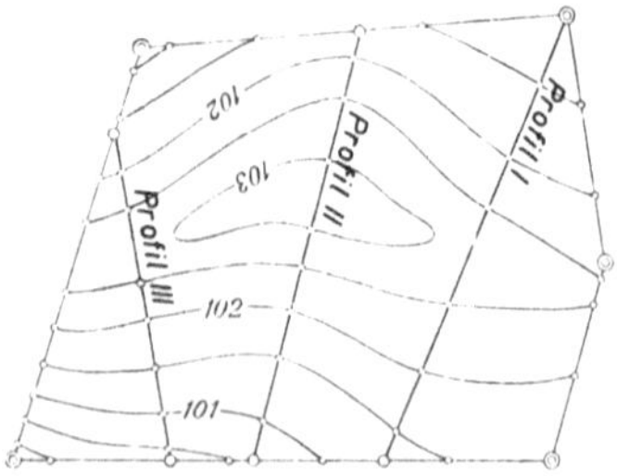

Abb. 7.19 Einbinden von Profilen

wenn die Punkte nicht ausreichen, zusätzliche Punkte von den vorhandenen aus fest.

b) Ist das Grundstück nur in den Umringsgrenzen bekannt, so legt man quer durch das Grundstück gerade Profile, deren Anfangs- und Endpunkte in die Umringsgrenzen eingebunden werden (Abb. 7.19).

c) Liegt keine Vermessungsgrundlage vor, so überzieht man das Gelände mit einem Netz sich rechtwinklig schneidender und paralleler Geraden, die entweder gleiche Abstände (Quadratrost; Abb. 7.20) oder ungleiche Abstände (Viereckrost) zwischen 10 und 50 m haben. Die Anlage eines Quadratrostes ist vor allem dann geboten, wenn die Erdmassen berechnet werden müssen. Etwaige zwischen die Rostpunkte fallende wichtige Geländepunkte werden in das Rost eingemessen. Die aufzunehmenden Punkte werden numeriert und mit Pfählchen bezeichnet.

d) In etwas bewegterem Gelände kann man die Lage der für die Geländeformen wichtigen Punkte am besten von bekannten Punkten aus mit Hilfe des in [6.2.5] beschriebenen Nivelliertachymeters festlegen. Man erfaßt in erster Linie die sogenannten Geripplinien, nämlich die Rücken- und Muldenpunkte, ferner Gefällwechsel und Böschungskanten. Das Verfahren erfordert indessen einige topographische Kenntnisse; [vgl. Bd. III].

Für die Höhenaufnahme überzieht man die aufzunehmende Fläche in den Fällen a) bis c) mit einem von Festpunkt zu Festpunkt führenden Nivellement, und bestimmt dabei teils mittels der Wechselpunkte, teils mit Hilfe von Seitenblicken

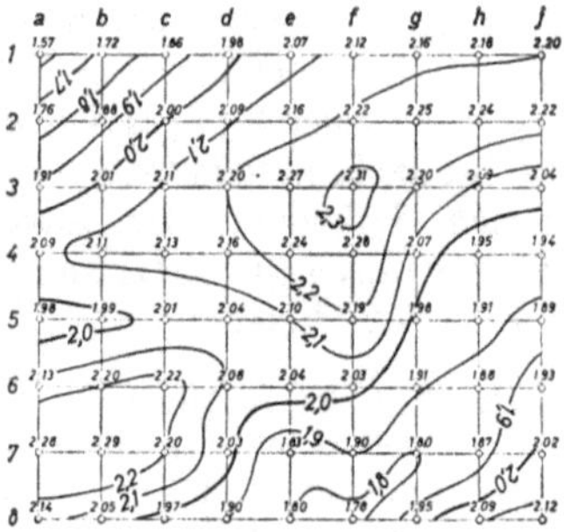

Abb. 7.20 Quadratrost

(Formblatt S. 236) die Höhen der charakteristischen Geländepunkte. Diese sind im Falle a) bereits vorgegeben, im Falle b) wählt und markiert man sie auf den Profilen, und im Falle c) sind sie durch die Rostpunkte gegeben. Im Falle d) (Nivelliertachymeter) fallen Lage- und Höhenaufnahme zusammen; doch muß von Fall zu Fall festgelegt werden, ob und für welche Zeit die aufgenommenen Punkte im Gelände zu markieren sind.

Als Aufnahmeinstrument empfiehlt sich zu a) bis c) ein Baunivellier.

Bei der Beurteilung des Geländes für die Auswahl des Instrumentenstandortes unterliegt man sehr leicht Täuschungen. Bei ausgedehnten Flächennivellements kann es daher geboten sein, sich zuvor durch ein flüchtiges Vornivellement einen rohen Überblick zu verschaffen, danach die Standorte auszuwählen und ihre Höhe durch ein Festpunktnivellement vorweg zu bestimmen. Diese letzte Maßnahme empfiehlt sich auch dann, wenn die Anschlußpunkte weit entfernt sind.

Überwiegen lange Visuren – man kann u. U. bis zu 300 m gehen –, so nehme man eine Latte mit Dezimeter- oder Halbdezimetereinteilung und achte darauf, daß die Stehachse des Instruments gut lotrecht steht.

Beim Ausarbeiten der Höhenpläne werden zuerst die beobachteten Punkte in den Lageplan eingetragen; dann wird neben jedem Punkt seine Höhe vermerkt; schließlich werden aufgrund der eingetragenen Punkte *Höhenlinien* konstruiert. Die Höhenlinien, auch Höhenschichtlinien genannt, sind Linien, die die Punkte gleicher Meereshöhen miteinander verbinden [Bd. III]. Sie werden je nach der verlangten Genauigkeit in flachem Gelände in Abständen von 0,1, 0,5 oder meistens 1,0 m, in etwas bewegtem Gelände von 2,5 oder 5 m gezeichnet, und zwar in der Weise, daß zunächst die Punkte mit runden Höhen zwischen den aufgenommenen Geländepunkten interpoliert und dann die gefundenen Punkte durch eine Linie miteinander verbunden werden; [vgl. Abb. 7.19 u. 7.20].

Interpoliert werden kann – immer in der Richtung des stärksten Gefälles – entweder auf rechnerischem oder zeichnerischem Wege. Als Beispiel seien in Abb. 7.21 zwei Geländepunkte (1) und (2) mit den Höhen $h_1 = 63{,}3$ und $h_2 = 68{,}5$ betrachtet, die im Lageplan im Papiermaßstab 28,3 mm voneinander entfernt liegen. Verlangt sind die

Schnitte der geraden Verbindungslinie (1) (2) mit den Höhenlinien 64,0, 65,0 ... 68,0, wobei davon ausgegangen werden kann, daß die Gerade (1) (2) dem Gelände angehört.

Für das rechnerische Verfahren sei in dem in Abb. 7.21 dargestellten Vertikalschnitt durch das Gelände unter s_4 die Papierentfernung von (1) bis zum Schnitt mit der Höhenlinie 64,0 unter s_5 von (1) bis 65,0 usw. verstanden; dann ergibt die Berechnung in mm:

$$s_4 = \frac{28{,}3}{5{,}2}\,0{,}7; \quad s_5 = \frac{28{,}3}{5{,}2}\,1{,}7; \quad s_6 = \frac{28{,}3}{5{,}2}\,2{,}7 \quad \text{usw.}$$

oder

$$s_4 = 3{,}8; \quad s_5 = 9{,}2; \quad s_6 = 14{,}7; \quad s_7 = 20{,}1; \quad s_8 = 25{,}6\,\text{mm}\,.$$

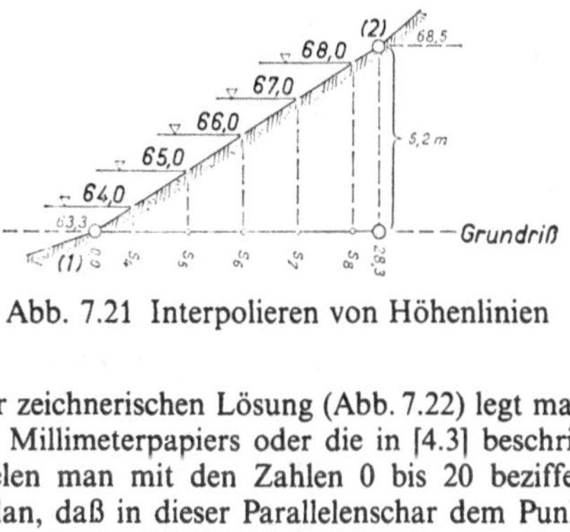

Abb. 7.21 Interpolieren von Höhenlinien

Bei der zeichnerischen Lösung (Abb. 7.22) legt man ein Blatt transparenten Millimeterpapiers oder die in [4.3] beschriebene Harfe, deren Parallelen man mit den Zahlen 0 bis 20 beziffert hat, so auf den Lageplan, daß in dieser Parallelenschar dem Punkt (1) die Höhe 3,3 und dem Punkt (2) die Höhe 8,5 zukommt. Dann schiebt man ein Lineal in die Verbindungslinie (1) (2) und sticht die Schnittpunkte der

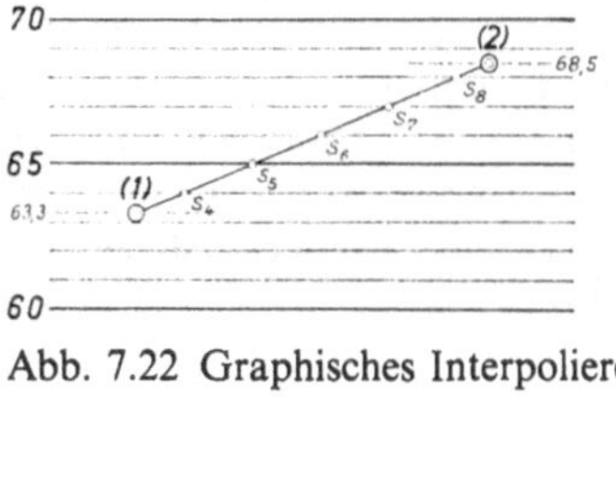

Abb. 7.22 Graphisches Interpolieren

Linealkante mit der 5. bis 9. Parallelen (von unten) mit einer Nadel oder Zirkelspitze durch. Die Nadelstiche sind die gesuchten Schnittpunkte. Zweckmäßig beschafft man sich zwei Parallelenscharen, eine engere für steiles, und eine weitere für flaches Gelände, oder man versieht ein und dieselbe Parallelenschar mit verschiedenen Bezifferungen.

Beim Entwerfen der Höhenlinien werden sich nicht selten Zweifel über den besten Verlauf der Höhenlinien ergeben. Deshalb fertigt man zweckmäßig während der Feldarbeit einen Feldhandriß [Bd. III], in dem man den mutmaßlichen Verlauf der Höhenlinien (Formlinien) andeutet; man vermerkt sodann an wichtigen Stellen die Richtung des stärksten Gefälles und gibt schließlich an, auf welchen Linien interpoliert werden darf. Nur bei gleichzeitiger Berücksichtigung aller Daten und sachkundigem, der Aufnahmegenauigkeit Rechnung tragendem Ausgleich kleiner Widersprüche wird man ein richtiges Höhenbild gewinnen.

Die Höhenlinien werden gewöhnlich in brauner Tusche (Sepia oder gebr. Siena) ausgezeichnet und in geeigneten Abständen beziffert. Zur besseren Übersichtlichkeit werden die Höhenlinien mit runden NN-Höhen durch stärkere Auszeichnung hervorgehoben.

Auf die automatische Herstellung von Längsprofilen, Querprofilen und Höhenplänen wird in [Bd. III] eingegangen.

7.6.2 Die Genauigkeit von Flächennivellements

Bei Flächennivellements haben die in [7.4] entwickelten Fehlergesetze insoweit Geltung, als es sich um die Übertragung der Höhe von einem Standpunkt zum anderen handelt. Für die Geländeaufnahme selbst hängt die Genauigkeit von der Geländegestaltung und von der Aufnahmedichte ab, für die allgemeine Regeln nicht aufgestellt werden können. Man sorge aber dafür, daß bei der Bestimmung der Aufnahmestandpunkte die Gesetze der Fehlerfortpflanzung beachtet werden. Bei der Erfassung der Geländepunkte selbst braucht man sich lediglich gegen grobe Fehler zu sichern.

Literaturverzeichnis

Hand- und Lehrbücher sind mit einem * vor dem Namen des Autors gekennzeichnet.

Abkürzungen:

AVN Allgemeine Vermessungsnachrichten
DGK Deutsche Geodätische Kommission
ZfV Zeitschrift für Vermessungswesen

Angus-Leppan, P. V.: Refraction in Levelling – its Variation with Ground Slope and Meteorological Conditions. Australian Journal for Geodesy, Photogrammetry & Surveying 31, (1979) S. 27–41

Angus-Leppan, P. V.: Preliminary Study for a New Levelling System. Australian Journal for Geodesy, Photogrammetry & Surveying 39, (1983), S. 69–81

Bayer-Helms, F.: Über die Definition der Basiseinheit Meter. AVN 81 (1974), S. 24–36

Becke, J.: Stand und Entwicklung bei Kunststoffolien für die Kartographie. In: Kartographische Originalherstellung, Ergebnisse des 8. Arbeitskursus Niederdollendorf 1970. Bielefeld 1973, S. 29–45

**Deumlich, F.:* Instrumentenkunde der Vermessungstechnik. VEB Verlag für Bauwesen, Berlin 1980

Drodofsky, M.: Stromübergangsnivellement mit dem Zeiss-Nivellier Ni 2. ZfV 85 (1960), S. 227–235

Drodofsky, M.: Stromübergangsnivellement mit dem Zeiss-Nivellier Ni 2. ZfV 89 (1964), S. 241–242

Gervaise, J.: Entfernungsmessungen hoher Genauigkeit mit Invardraht in der Mikrogeodäsie. In: DGK, Reihe B, H. 123. München 1966

Gigas, E.: Handbuch für die Verwendung von Invardrähten bei Grundlinienmessungen. Berlin 1934

**Gotthardt, E.:* Einführung in die Ausgleichsrechnung. 2. Aufl. Karlsruhe 1978

Grabe, M. und F. Lebowsky: Prozeßrechnergesteuerte Prüfung von Nivellierlatten. Physikalisch-Technische Bundesanstalt, Bericht Me-25. Braunschweig 1979, S. 24–51

**Hake, G.:* Kartographie II. Walter de Gruyter, Berlin–New York 1984

Hasse, D.: Strom- und Talübergangsnivellement mit Theodoliten. AVN 71 (1964), S. 380

Heer, R.: Application of Different Refraction Models on Measuring Results of the „Levelling Test Loop Koblenz". In: Pelzer u. Niemeier (Hrsg.), Precise Levelling. Dümmler Verlag, Bonn 1984, S. 251–281

Heggli, S.: Wild Geomap: Ein interaktiv graphisches System für Anwendungen im Vermessungswesen. Firmenschrift Wild Heerbrugg, Schweiz. Heerbrugg 1982

Holdahl, S. R.: A Model of Temperature Stratification for Correction of Levelling Refraction. Bull. Geod. 55 (1981), S. 231–249

Holdahl, S. R.: The Correction for Levelling Refraction and its Impact on Definition of the North American Vertical Datum. Surveying and Mapping, Vol. 43, No 2 (1983), S. 123–140

**Jordan, W., O. Eggert und M. Kneissl:* Handbuch für Vermessungskunde. Band IV/1, Stuttgart 1958/59

**Kahmen, H.:* Elektronische Meßverfahren in der Geodäsie. Herbert Wichmann Verlag, Karlsruhe 1978

Kakkuri, J.: Versuche mit dem automatischen Doppelinstrument Zeiss Ni 2 beim Stromübergangsnivellement. ZfV 91 (1966), S. 160–164

Kakkuri, J.: Über den Einfluß von Temperaturveränderungen auf das bei Stromübergängen benutzte automatische Doppelinstrument Zeiss Ni 2. ZfV 94 (1969), S. 99–105

**Konecny, G.:* Photogrammetrie. Walter de Gruyter, Berlin – New York 1984

Kovari, K. u. a.: Entwicklung, Bau und praktische Anwendung des Distometers ISETH. VII. Intern. Kurs für Ingenieurvermessungen hoher Präzision, Darmstadt 1976

Kovari, K. und Ch. Amstad: Ein Beitrag zum Problem der Deformationsmessungen hoher Präzision der Geotechnik. In: Conzett/Matthias/Schmid (Hrsg.), Ingenieurmessung 80, Dümmler Verlag, Bonn 1981

Kukkamäki, T. J.: Über die nivellitische Refraktion. Veröffentlichungen des Finnischen Geodätischen Instituts, Nr. 25. Helsinki 1938

Ledersteger, K.: Das internationale Meter und seine Festlegung. ZfV 81 (1956), S. 33–46

Leitz, H.: The Influence of the Geomagnetic Field on the Zeiss Ni 1 Precision Level. In: Pelzer u. Niemeier (Hrsg.), Precise Levelling, Dümmler Verlag, Bonn 1984, S. 97–108

Löffler, F.: Geodätische Präzisionsmessungen beim Deutschen Elektronen-Synchroton (DESY). Wolz-Festschrift, 1973

Martin, H.: Über die Möglichkeiten, die Schlauchwaage als Präzisionsnivellierinstrument zu verwenden. Freiberger Forschungshefte Reihe C Nr. 7, 1953

Nieders. Min. d. Innern: Aufbau und Erhaltung des Nivellement Festpunktfeldes (Niv P-Erlaß). Hannover 1971

**Pelzer, H.* (Hrsg.): Geodätische Netze in der Landes- und Ingenieurvermessung. Konrad Wittwer, Stuttgart 1980

Pelzer, H.: Systematic Instrumental Errors in Precise Levelling. In: Pelzer u. Niemeier (Hrsg.), Precise Levelling, Dümmler Verlag, Bonn 1984, S. 3–17

Peschel, H.: Das motorisierte Präzisionsnivellement, leistungsfähigstes Verfahren genauer Höhenmessungen. Vermessungstechnik 22 (1974) S. 57

**Rösler, A.:* Einführung in die Programmierung. Herbert Wichmann Verlag, Karlsruhe, 1973

Rumpf, W. E. und H. Meurisch: Systematische Änderungen der Ziellinie eines Präzisions-Kompensator-Nivelliers – insbesondere des Zeiss Ni 1 – durch magnetische Gleich- und Wechselfelder. XVI. International Congress of Surveyors. Montreuse, Switzerland, 1981

Sandig, H. U. und G. Scheel: Hydrostatische Stomübergänge im Gezeitengebiet. DGK, Reihe B, Nr. 32, 1957

Sandig, H. U. und G. Scheel: Hydrostatische Elbübergänge im Rahmen des Nordseeküstennivellements. DGK, Reihe B, Nr. 33, 1957

Schlemmer, H.: A New Technique to produce Precise Graduations on Invar Tape. In: Pelzer und Niemeier (Hrsg.): Precise Levelling. Dümmler Verlag, Bonn 1984, S. 119–125

Schnädelbach, K.: Neuere Verfahren zur präzisen Längen- und Höhenmessung. AVN 87 (1980), S. 2–21

**Schrader, B.:* EDV im Vermessungswesen. Stuttgart 1975

Schwebel, R.: Auswertung und Kartierung im Rahmen eines integrierten Gesamtsystems. Sammlung Wichmann, Neue Folge, Nr. 22, Karlsruhe 1981, S. 73–95

**Schwidefski, K. und F. Ackermann:* Photogrammetrie – Grundlagen, Anwendungen. 7. Aufl. Stuttgart 1976

Simmerding, F.: Zur gesetzlichen Neuordnung des Eich- und Meßwesens mit einer geschichtlichen Betrachtung über die Definition der Längeneinheit. ZfV 95 (1970), S. 141–149 u. 361–362

Snedon, J.: The wider Application of Hydrostatic Levelling. Survey Review 191 (1979), S. 23–27

Spettmann, J.: Anwendung und Nutzen der Präzisionsschlauchwaage auf bautechnischem und bergbaulichem Gebiet. Mitteilungen aus dem Markscheidewesen 4 (1958), Vol. 65, S. 145–199

Straßer, G.: Die Toise, der Yard und das Meter. AVN 81 (1974) S. 2–23

Strubecker: Einführung in die Höhere Mathematik. München 1956

**Thierbach, H.:* Hydrostatische Meßsysteme. Herbert Wichmann Verlag Karlsruhe, 1979

Tille, R.: Einige moderne Verfahren zur Kalibrierung von Nivellierlatten In: Schriftenreihe Wissenschaftlicher Studiengang Vermessungswesen, Hochschule der Bundeswehr München, Heft 10, 1984

**Torge, W.:* Geodäsie. Walter de Gruyter, Berlin – New York 1975

**Torge, W.:* Geodesy. Walter de Gruyter, Berlin – New York 1980

Whalen, C. T. und W. E. Strange: The 1981 Saugus to Palmdale, California, Levelling Refraction Test. NOAA Technical Report NOS 98 NGS 27

**Winter, F. W.:* Die neuen Einheiten im Meßwesen. Verlag W. Girardet, Essen 1974

Sachverzeichnis

FSC
www.fsc.org
MIX
Papier | Fördert gute Waldnutzung
FSC® C083411

Zeitfracht Medien GmbH
Ferdinand-Jühlke-Straße 7
99095 Erfurt, Deutschland
produktsicherheit@kolibri360.de